KB033550

무너지는
부모들

The Collapse of Parenting
Copyright ©Leonard Sax
Korean Translation Copyright ©Dabom Publishing Co.
Korean edition is published by arrangement with Basic Books,
an imprint of Perseus Books, LLC,
a subsidiary of Hachette Book Group, Inc., New York, New York, USA
through Duran Kim Agency, Seoul.
All rights reserved.

이 책의 한국어판 저작권은 듀란킴 에이전시를 통한
Perseus Books Group과의 독점 계약으로 도서출판 다봄에 있습니다.
저작권법에 의하여 한국 내에서 보호를 받는 저작물이므로
무단전재와 무단복제를 금합니다.

딱 적당한 엄격함을 가져라

레너드 색스 지음 | 안진희 옮김

다봄.

***일러두기**

이 책에 언급된 나이는 모두 만 나이입니다.

아내 케이티와 딸 세라에게 바친다.

차례

Part One 문제들

Part Two 해결책들

Part One

문제들

서문

표류하는 부모들

나는 하고 싶은 말이 있었다. 그렇지만 하지 않았다.

알 맥마스터와 메리 맥마스터 부부에게는 두 딸, 타라와 마고가 있다. 메리는 열네 살인 타라를 데리고 병원에 왔다. 메리는 타라의 입양 끝 언저리에 생긴 염증성 발진 때문에 걱정이 심했다. "약국에서 몇 가지 크림을 사서 써 봤지만 아무 효과가 없었어요." 메리가 말했다. "뭐가 문제일까요?"

발진을 살펴본 후에 내가 대답했다. "이런 발진은 비타민 부족 증상일 수 있습니다. 브로콜리나 방울양배추, 양배추, 콜리플라워 같은 십자화과의 채소 혹은 시금치나 케일 같은 푸른 잎줄기채소를 먹지 않는 사람들에게 자주 발견되곤 하죠. 타라는 이런 채소들을 잘 먹나요?"

타라는 코웃음을 쳤고 엄마인 메리는 한숨을 쉬었다. "남편과 저는 매우 건강한 식습관을 가지고 있어요." 메리가 말했다. "하지만 타라는 대부분의 채소를 먹기 싫어해요. 솔직히 말해서, 타라가 요즘 먹는 거의 유일한 건 감자튀김과 …….”

“맥도널드 감자튀김이요.” 타라가 끼어들었다.

“맥도널드의 감자튀김, 피자, 치킨 너겟, 포테이토칩뿐이에요.” 엄마가 말했다. “요즘은 그게 거의 전부에요. 이탈리아식 아이스크림 같은 빙과류를 제외하면요.”

“브로콜리나 콜리플라워는요? 시금치는 어떤가요?” 내가 물었다.

“그런 건 안 먹어요.” 메리가 대답했다.

‘엄청나게 배가 고프다면 아마 먹을 겁니다.’ 나는 속으로 생각했지만 입 밖으로 꺼내진 않았다.

짐 바더스와 태미 바더스 부부에게는 여덟 살 먹은 외동딸 킴벌리가 있다. 집 근처의 공립 학교들을 신중하게 알아본 후에 짐과 태미 부부는 공립 학교가 읽기와 쓰기 같은 기초 기술을 지나치게 강조하고, 요즘 ‘다양화 프로그램’이라고 부르는 것, 특히 미술과 음악을 배제하는 것이 걱정됐다. 지역 예산 부족 때문에 이런 프로그램들이 없어진 거였다. 그래서 짐과 태미는 재정상 빠듯함에도 불구하고 킴벌리를 사립 학교에 입학시키기로 결정했다.

태미는 킴벌리와 함께 사립 학교 4군데를 방문했다. 태미와 짐은 X 학교가 마음에 들었다. 학교 분위기가 따뜻하고 우호적이었으며 교사들은 열정이 넘쳤다. 학생들의 장기적 성과도 잘 기록돼 있었다. 그렇지만 킴벌리는 Y학교를 맘에 들어 했다. 킴벌리는 Y학교에 방문했을 때 학교 안을 안내해 주던 메디슨과 친구가 됐다. 메디슨과 킴벌리 둘

다 비벌리 클리어리가 쓴 〈라모나와 비저스 *Ramona and Beezus*〉 시리즈 책들과 '아메리칸 걸스 돌스'를 좋아했다. 하지만 태미와 짐은 학교 건물이 심하게 낡은 점과 교직원들의 열정이 부족한 점, 졸업생들이 어느 고등학교에 갔는지를 공개하지 않는 점 등이 신경 쓰였다. 태미와 짐은 딸에게 X학교에 다니라고 권했지만 킴벌리는 Y학교에 다니겠다고 고집을 부렸다. 현재 킴벌리는 Y학교에 다니고 있다.

왜 여덟 살짜리 딸아이가 최종 결정을 내리도록 내버려 두었냐고 묻자 태미는 이렇게 말했다. "저는 좋은 자녀 교육은 아이에게 결정을 맡기는 것이라고 생각해요. 아이들은 그러면서 배우잖아요. 그렇지 않나요? 제가 아이를 대신해 모든 결정을 내린다면 아이가 스스로 결정하는 법을 어떻게 배울 수 있겠어요? 게다가 아이가 제일 원하는 학교가 아닌 곳에 억지로 다니게 한다면, 나중에 학교에 대해 불평이라도 할 때 뭐라고 말할 수 있겠어요?"

40년 전만 해도, 아이를 사립 학교에 보낸 부모 중 대부분은 아이에게 어떤 학교를 선호하느냐고 묻지 않았다. 그때는 부모가 결정을 내렸고, 아이의 선호를 아예 무시하는 경우도 수두룩했다. 내가 의대를 졸업하던 30년 전에도 부모가 여덟 살짜리 아이에게 어느 초등학교에 들어갈지 선택하도록 최종 결정권을 주는 일은 그다지 흔하지 않았다. 하지만 요즘 이런 일은 흔해졌다.

1970년대나 1980년대가 지금보다 더 나았다고 말하고 싶은 것이 아니다. 모든 시대에는 나름의 한계가 있다. 문제는 우리가 현재 우리 시대의 한계를 용감하게 직시하지 않고 있다는 점이다.

내 친구 재닛 필립스와 그의 작고한 남편 빌 필립스(모두 실명이다)는 아들 넷을 낳고 키웠다. 아들들이 고등학교에 다닐 무렵 재닛과 빌은 청소년 음주에 대한 이런저런 이야기를 듣고 걱정에 빠졌다. 그리고 그때쯤 두 사람은 이 문제를 직접 목격하게 됐다. 고등학생들이 술에 취한 게 분명해 보이는데도 자동차를 운전하고 있었다. '어떻게 해야 하지?'

빌은 고민 끝에 음주 측정기를 구입했다. 다음에 그들의 집에서 파티가 열렸을 때 빌은 술에 취한 것 같아 보이는 아이를 발견하고 이렇게 말했다. "따라오렴." 빌은 음주 측정기를 건네면서 입김을 불어넣으라고 말했다. 아니나 다를까 술에 취해 있었다. 재닛은 아이의 부모에게 전화를 걸어서 술에 취한 아들을 집으로 데려가라고 요구했다. 놀랍게도 아이의 부모는 이 전화에 불쾌해했다. 아이의 엄마는 재닛이나 빌에게 고맙다는 말 한마디 없이 아들을 집으로 데려갔다.

다른 부모들 역시 재닛과 빌의 음주 측정기 전략을 탐탁지 않게 여겼다. 스톨츠 부인은 재닛에게 언짢은 심기를 비쳤다. "요즘 아이들은 어쨌든 술을 먹을 거예요. 우리가 좋아하든 좋아하지 않든 상관없이 말이지요." 스톨츠 부인이 말했다. "부모의 책무는 아이들에게 책임감 있게 술 마시는 법을 가르치는 것이라고 생각해요."

"열다섯 살짜리 아이한테요?" 재닛이 물었다.

"몇 살이든 상관없어요. 아이들이 술 마시는 사실을 숨기게 하느니 차라리 집에서 마시게 하겠어요."

며칠 후, 재닛은 스톨츠 부인이 열두 살쯤 된 막내아들을 학교 앞에서 차에 태울 때 우연히 몇 발짝 옆에 서 있었다. 아이가 뒷좌석에 타자 스톨츠 부인이 뒤를 돌아보면서 물었다. "오늘 하루 어땠니?"

아들이 말했다. "고개 돌리고 입 다물고 운전이나 하셔."

스톨츠 부인은 재닛을 힐끗 보고 난 후 아무 말 없이 차를 몰고 떠났다.

재닛과 남편은 음주 측정기를 두 번밖에 사용하지 못했다. 하지만 10대 아들들 중 누구라도 집에서 파티를 벌일 때면 음주 측정기를 모든 아이들이 볼 수 있도록 눈에 띄는 곳에 두었다. 이들의 집은 '제정신이 아닌 부모가 음주 측정기를 들이대는 집'으로 유명해졌다. 그리고 결과가 나타났다.

일부 결과는 예측한 대로였고 일부는 그렇지 않았다. 이들 부부의 네 아들은 친구들에게 인기가 많았고 아이들은 이 집에 초저녁에 모여서 놀기를 좋아했다. 그러다가 밤 9시 30분쯤 되면 한 무리가 자유롭게 술을 마실 수 있는 다른 파티 장소로 떠났다. 떠난 아이들을 제외하고는 이 집에 그대로 남았다.

그리고 때때로 그제야 도착하는 아이들도 있었다. 아무도 예상치 못한 일이었다. 10대라고 해서 모두 술에 취하는 것을 좋아하지는 않는다. 술이라면 질색을 하는 아이들도 있다. 그렇지만 현대 미국 문화 안에서, 10대가 '찌질해' 보이지 않으면서 단호히 '싫다'고 말하기란 쉽지가 않다. 마땅한 핑곗거리가 있다면 고마울 수밖에 없다. "이런, 나도 그러고 싶어. 그렇지만 막 필립스네 집에 가려던 참이야. 너도 알잖아. 걔네 아빠 제정신 아닌 거. 음주 측정기를 가지고 있다니까." 이는 술을 마시지 않아도 되는 훌륭한 핑곗거리가 된다.

기이한 일이다. 부모들은 점점 더 많은 시간과 돈을 자녀 교육에 투자하고 있다. 그렇지만 결과를 살펴보면 상황이 좋아지는 게 아니라 더 나빠지고 있다. 현재, 미국 아이들은 25년 전보다 주의력 결핍 과잉 행동 장애(ADHD)나 양극성 기분 장애나 다른 정신 장애 질환들로 진단 받는 비율이 훨씬 더 높다(3장에서 증거를 제시하겠다). 게다가 요즘 미국 아이들은 25년 전보다 더 뚱뚱한 데다 덜 건강하다(2장 참고). 장기적 결과를 연구한 바에 따르면 요즘 미국 아이들은 과거에 비해 회복 탄력성이 낮고 더 나약하다고 한다. 5장에서 '더 나약하다'는 말이 무슨 뜻인지 설명하고 이 주장을 뒷받침하는 증거 또한 제시할 것이다.

도대체 무슨 일이 벌어지고 있는 것일까?

내 생각은 이렇다. 지난 30년 동안 부모들에게서 아이들에게로 거대한 권력의 이동이 있었다. 이러한 권력의 이동과 함께 부모가 아이의 의견과 취향을 어떻게 생각하는지에도 변화가 생겼다. 요즘 많은 가정에서는, 아이의 생각과 취향과 욕구가 부모의 생각과 취향과 욕구만큼이나, 혹은 그보다 더 중요하다. "아이가 결정하게 하자."는 좋은 자녀 교육을 위한 공식이 되어 버렸다. 앞으로 설명하겠지만 선의에서 비롯된 이러한 변화들은 아이들에게 대단히 유해하게 작용한다.

이 책의 앞 절반에서는 다양한 문제들을 제기할 것이다. 뒤 절반에서는 그에 대한 해결책들을 제시할 것이다. 어디서부터 잘못됐는지 그리고 잘못을 어떻게 고쳐야 하는지에 대해 알아낸 사실들을 독자와 나눌 것이다. 내 처방은 지난 25년 동안 진료실에서 알게 된 사실들에 주로 기초하고 있지만, 국내외에서 부모들, 교사들, 아이들과 많은 대화를 나누며 알게 된 사실들에 기대고 있기도 하다.

아마 이 책의 필자가 어떤 사람이고 도대체 누가 전문가로 인정했는지 궁금한 독자도 있을 것이다. 나는 가정의학과 전문의이고 현재 개업 의사로 일하고 있다. 심리학 박사 학위도 보유하고 있다. MIT 대학에서 생물학 학사 학위를 취득했고 펜실베이니아 대학교에서 의학 박사 학위와 심리학 박사 학위를 받았다. 그리고 가정의학과에서 3년 동안 레지던트로 근무한 다음, 메릴랜드주에서 19년 동안 개업의로 일했다. 그 후 펜실베이니아주로 병원을 옮겼다. 이 책의 주요한 원천은 1989년부터 현재까지 개업의로 일하면서 행한 9만 번 이상의 진료이다. 매우 다양한 배경과 환경 출신의 아동, 10대 그리고 그들의 부모를 만났는데, 가정의학과 전문의의 따뜻하면서도 객관적인 관점을 지니고서 지난 25년 동안에 걸쳐 미국인의 삶에 어떠한 중대한 변화들이 일어났는지를 관찰했다. 즉, '무너지는 부모들'을 직접 생생하게 목격했다.

2001년부터는 수많은 학교와 공동체를 방문하기 시작했다. 처음에는 미국 전역을, 그 다음에는 호주, 캐나다, 영국, 독일, 이탈리아, 멕시코, 뉴질랜드, 스코틀랜드, 스페인, 스위스 등지를 다니면서 교사와 학부모를 만나고 아동, 청소년들과 이야기를 나누고, 교육 전문가들과 의견을 주고받았다.[1] 그런 다음 부모들을 위해 세 권의 책 《남자아이 여자아이 *Why Gender Matters*》, 《알파걸들에게 주눅 든 내 아들을 지켜라 *Boys Adrift*》, 《위기의 여자아이들 *Girls on the Edge*》을 출간해 그동안 알게 된 사실들을 독자들과 나눴다. 이 책들의 성공 덕분에 학교와 공동체를 방문해 달라는 요청이 더 많아졌고, 이 만남을 위해 2008년 7월부터 2013년 6월까지 병원에 장기 휴가를 냈다. 그리고 지금까지 북미를 비롯하여 전 세계 380여 곳을 방문해서 학생, 교사, 부모 들을 직접 만났다.

전작들에서 나는 젠더 문제에 초점을 맞췄고 지금도 여전히 이 문제가 중요한 주제라고 생각한다. 여자아이가 성취감을 느끼는 성공한 여성으로 성장하기 위해 필요한 것들은 남자아이가 성취감을 느끼는 성공한 남성으로 성장하기 위해 필요한 것들과 때때로 다를 수 있다. 그렇지만 이 책에서 탐구하고자 하는 문제는 젠더 차이를 초월한다.

이 책에서는 지난 30년 동안 '무너지는 부모들'에 대해 알게 된 사실들을 나누려고 한다. 여느 유능한 의사와 마찬가지로, 우선 증거를 살펴볼 것이다. 그런 다음 진단을 내리고, 왜 그런 진단을 내렸는지 설명하고, 치료 방법을 처방할 것이다. 3가지 치료 방법을 처방할 텐데 집에서 돈 한 푼 들이지 않고 즉시 이용할 수 있는 방법들이다. 이 방법들은 아이가 좋은 결과를 낳을 가능성을 더 높여 줄 것이다.

또한 성공 이야기를 공유할 것이다. 재닛 필립스 부부와 네 명의 아들들, 그리고 그와 비슷한 가족들에 대해 더 많이 접하게 될 것이다. 역경에 굴하지 않고 좋은 성과를 이룬 가족들이다. 최근의 학문적 연구 결과들과 더불어 이러한 이야기들은 요즘 세상에서 아이를 건강하게 키우고자 한다면 반드시 실천해야 할 3가지 방법들의 근거를 제공해 줄 것이다. 신체적으로 건강할 뿐만 아니라 정서적으로도 건강하고, 성품이 좋고, 정직하고, 성실한 아이로 키우고 싶다면 말이다. 건강한 아이로 키우는 일은 가능하다. 쉽지는 않지만 불가능하지도 않다.

'무너지는 부모들'의 일부 측면들은 미국 못지않게 영국이나 호주에서도 문제가 많다. 지금껏 방문한 모든 국가에서 나는 부모들이 자신의 역할에 대해 확신을 가지지 못하는 모습을 많이 목격했다. 그들은 이렇게 물었다. "아이에게 가장 믿을 수 있는 친구가 되어 줘야 할까요? 베스트 프렌드 같이요? 하지만 제가 만약 아들의 베스트 프렌드가 되어 준다면, 아이에게 폭력적인 비디오 게임은 허용할 수 없다고 어떻게 말하죠?"

티모시 라이트 박사는 호주 시드니에 있는 쇼어 사립 학교 교장이다. 라이트 박사는 최근 한 학부모가 자신에게 비디오 게임을 적절히 사용하는 법에 대해 아들에게 조언해 달라고 부탁했다고 말했다. 어떤 게임은 해도 괜찮고 어떤 게임은 아닌지, 그리고 하루에 얼마 정도 게임을 해야 하는지에 대해서 말이다. 라이트 박사는 부드럽지만 단호하게 학부모의 부탁을 거절했다. 그는 비디오 게임 사용에 대한 지침을 정하고 아이를 통제하는 일은 부모가 해야 할 일이지 교사가 해야 할 일이 아니라고 설명했다.

'무너지는 부모들' 문제의 어떤 측면은 전 세계에서 관찰되지만 북아메리카, 그중에서도 특히 미국에만 특유하게 존재하는 측면도 있다. 그중 가장 두드러지는 것이 바로 '무례함의 문화'이다.

Chapter 1

무례함의 문화

'유년기'는 왜 존재할까? 유년기를 '젖떼기'와 '성적 성숙' 사이의 기간이라고 정의해 보자. 동물 종 대부분의 목표는 가능한 한 빨리 유년기를 마치고 최대한 빨리 번식을 시작하는 것이다. 새끼 토끼는 생후 2개월 무렵이나 혹은 더 빨리 젖을 뗀다.[1] 4개월이 더 지나 생후 6개월 무렵이 되면 토끼는 자신의 새끼를 낳을 준비를 마친다.[2] 그러므로 토끼에게 있어서 젖떼기와 성적 성숙 사이의 기간은 약 4개월이다. 일반적으로 토끼는 생후 4년여를 살다가 죽기 때문에 수명의 10분의 1 이하를 유년기로 보낸다고 할 수 있다.[3]

말이 그 다음이다. 망아지들은 보통 생후 6개월 무렵에 젖을 뗀다. 대부분의 암망아지는 생후 18개월 무렵에 성적 성숙에 이른다(즉, 새끼를 밸 수 있게 된다.). 그러므로 말은 약 12개월의 유년기, 혹은 '소아기'를 가지는 것이다. 하지만 생후 18개월인 말이 완전히 자란 것은 아니다. 생물학자나 수의사가 말하는 '청소년기'는 성적 성숙을 시작하는 시기와 완전한 성적 성숙을 달성한 시기, 즉 성체기 사이의 기간이다. 말은 생후 4년 무렵에 완전히 자란다. 이는 말이 4년에서 18개월을 뺀 약 2년 6개월 동안 청소년기를 겪는다는 뜻이다.[4] 반면 생후 6개월인 토끼는 이미 완전히 자란 성체이다. 청소년기 토끼 같은 것은 존재하지 않는다. 말의 평균 수명은 25~33년이다.[5] 그러므로 말은 유년기로 수명의 약 4%를 보내고 청소년기로 10%까지를 보내는 셈이다.

대부분의 인간 아기들은 생후 1년까지 젖을 뗀다. 그보다 전에 젖을 뗄 때도 많다.[6] 요즘 여자아이들의 초경 연령(임신을 할 수 있는 연령)은 평균적으로 12세 무렵이다.[7] 또한 대부분의 남자아이들은 13세 무렵에 성적으로 성숙해진다. 그렇다면 인간에게 유년기는 여자아이들에게는 약 11년 지속되고 남자아이들에게는 약 12년 지속되는 셈이다. 그렇지만 2세기 전만 해도 여자아이들은 16세 무렵에 성적 성숙에 도달했다. 요즘에도 원시 사회의 수렵 채집 공동체에서 살고 있는 여자아이들은 초경 연령이 15세 혹은 16세 무렵이다.[8] 지난 2세기 동안 선진국들에서 인간의 수명은 상당히 길어졌다. 1820년에 미국인의 평균 수명은 약 39세였다. 그러므로 2세기 전에 여자아이는 16세까지 어린이였지만 기대 수명은 39년밖에 되지 않았다.[9] 오늘날, 미국인의 평균 기대 수명은 78년이다. 하지만 유년기는 더 '짧아졌다'. 그럼에도 불구하고 인간이 유년기로 보내는 시간의 비율은 생애의 15% 정도로, 다른 어떤 종보다 훨씬 길다.[10] 게다가 이는 청소년기를 포함하지 않은 수치이다.

앞에서 말했듯이, 청소년기는 성적 성숙(아이를 낳거나 임신시킬 수 있는 능력)이 시작되는 시기와 완전한 성적 성숙에 도달하는 시기 사이의 기간이다. '성적 성숙'에 대해서는 신체 발달의 면에서뿐만 아니라, 두뇌 발달과 정신적 성숙, 정서적 성숙의 면에서도 생각해 볼 수 있다. 두뇌 발달의 면에서 볼 때, 여자아이들은 약 22세에 완전한 성숙에 도달한다. 반면 남자아이들은 약 25세가 되어서야 비로소 완전한 성숙에 도달한다.[11] 만약 성인 여성을 22세가 넘은 여성으로 규정하고 성인 남성을 25세가 넘은 남성으로 규정한다면, 여자아이들에게 청소년기는 10년가량 지속되고(12세~22세) 남자아이들에게는 12년가량 지속되는(13세~25세) 셈이다.[12] 정확한 기간을 어떻게 산정하는지에 상관없이, 인간의 유년기와 청소년기 둘 다 다른 어떤 포유 동물보다 더 길다. 절대적 기간에서도 그러하고 수명과의 비율에서도 그러하다.[13]

왜일까? 무엇 때문에 인간은 다른 동물들과 이렇게 크게 다른 것일까?

대답은 '문화'이다. 인류학자는 '문화'라는 용어로 한 공동체 안에 속한 개인들 특유의 관행과 관습 모음을 지칭한다. 같은 종이지만 다른 공동체에 속한 개인들은 관행과 관습을 공유하지 않는다. 또한 인류학자들은 두 공동체 사이의 차이는 유전적으로 프로그램화 돼 있지 않다고 말한다. 어린아이와 청소년은 어른을 관찰하거나 어른으로부터 적극적인 가르침을 받는 방법으로 이러한 관행과 관습을 배운다.[14]

생물학자들과 인류학자들은 인간 외에 다른 어떤 동물이 '문화'라는 것을 엄밀히 보이는지를 두고 여전히 논쟁중이다.[15] 문화는 한 공동체를 다른 공동체와 구별 짓는 일관된 편차이며 여러 세대에 걸쳐서 계속 이어지지만 유전적으로 프로그램화 되는 것처럼 보이지는 않는다. 이렇게 규정한다면, 야생에 사는 침팬지들이 문화를 가지고 있다는 꽤 그럴듯한 증거가 존재한다. 우간다의 키발레 열대 우림 지역에 사는 침팬지들은 막대기를 사용하여 먹이를 구하는 경우가 많은 반면, 부동고 열대 우림 지역에 사는 침팬지들은 막대기를 거의 사용하지 않는다. 막대기를 손쉽게 구할 수 있음에도 불구하고 말이다. 부동고에 사는 침팬지들은 손가락 사용을 더 선호한다. 유사한 서식지에 살고 있는 두 이웃 야생 침팬지 그룹 사이의 이러한 차이는 선천적인 것이 아니라 후천적으로 학습한 것처럼 보인다.[16] 말하자면 이 두 그룹은 식사 예법이 서로 다른 것이다.[17]

손가락 대신 막대기를 이용하여 먹이를 먹는 것은 비교적 작은 차이점이라 할 수 있다. 하지만 인간 종 안에서 서로간의 문화적 차이는 다른 어떤 동물에서도 유사성을 찾을 수 없을 정도로 어마어마하게 크다. 일본의 교토에서 자란 어린아이를 상상해 보라. 그런 다음 스위스의 아펜젤에서 자란 아이와 비교해 보라. 두 아이는 서로 다른 언어를 사용할 것이다. 또한 또래 친구들과 부모에게서 서로 다른 행동 방식을 관찰할 것이다. 서로 다른 음식을 먹고, 서로 다른 방법으로 음식을 먹을 것이다(젓가락 사용 vs. 포크, 나이프, 스푼 사용). 스위스 아이는 현지의 아펜젤러 치즈 만드는 법에 대해 배우고, 12세가 되면 치즈 제조의 일부 과정을 직접 실행할 수 있을지도 모른다. 한편, 교토에서 자란 일본 아이는 치즈 제조에 대해서는 아무것도 모르지만 다도의 규칙에 대해서는 어느 정도 알고 있을지도 모른다.

이러한 차이들은 유전적으로 프로그램화 돼 있지 않고 문화에 따라 고유하다. 일본 아이와 스위스 아이가 태어난 후 뒤바뀌어서 스위스 아이는 교토에서 자라고 일본 아이는 아펜젤에서 자랐다고 가정해 보자. 스위스 양부모 아래에서 자란 일본 아이는 아펜젤에서 자란 다른 여느 아이처럼 스위스 독일어를 유창하게 구사하고 스위스 문화를 수월하게 마스터할 것이다. 마찬가지로 교토에서 자란 스위스 아이 또한 교토에서 태어나고 자란 여느 아이처럼 일본어를 잘 구사하고 문화적으로 능숙한 모습을 보일 것이다.

대부분의 학자들은 인간 종의 유년기와 청소년기가 길어진 것은 '문화화' 때문이라는 이론에 동의한다.[18] '문화화'는 자신이 살고 있는 문화권 안에서 능력을 획득하기 위해 요구되는 기술과 지식 전반을 습득하고 관습과 행동 양식을 마스터하는 과정이다. 일본 언어와 문화, 행동 양식을 세부 사항까지 마스터하기 위해서는 수 년이 걸린다. 스위스 언어와 문화, 행동 양식을 마스터하는 것도 마찬가지이다. 만약 성인인 상태로 교토나 아펜젤로 거처를 옮겨야 한다면, 남은 일생동안 그 나라의 언어, 예술, 문화의 복잡한 사항들을 마스터하느라 분투해야 할지도 모른다. 또한 항상 외부인인 것 같은 느낌을 떨치지 못할 가능성이 높다. 20년쯤 지난 후에 가까스로 언어 정도는 마스터했다 하더라도 말이다.

그렇지만 우리는 성인이다. 성인의 두뇌는 아동이나 청소년의 두뇌에 비해 바꾸기가 힘들다. 최근에는 성인 인간의 두뇌가 변화할 수 있는 능력을 지칭하는 용어인 '신경 가소성'에 대해 말들이 많다.[19] 성인의 두뇌가 확고하게 고정되어 있지 않은 것은 사실이다. 하지만 성인의 두뇌가 아동이나 청소년의 두뇌보다 훨씬 더 변화하기 힘든 것 또한 사실이다. 여성은 22세, 남성은 25세가 되고 나면 새로운 언어, 새로운 문화, 새로운 생활 양식을 완전히 마스터하기가 어려워진다.[20]

문화를 배운다는 것은 어떤 의미일까? 문화를 배운다는 것은 단순히 특정한 사업이나 직업을 수행하는 것, 언어 혹은 요리법을 배우는 것 이상의 일이다. 문화를 배운다는 것은 그 문화권에서 사람들이 서로 교류하는 방법을 배우는 것을 의미한다.

30년 전, 로버트 풀검이라는 목사는 《내가 정말 알아야 할 모든 것은 유치원에서 배웠다 *All I Really Need to Know I Learned in Kindergarten*》라는 책을 썼는데 1,500만 부 이상이 팔렸다. 다음은 이 책에 나오는 글이다.

모든 것을 공유하라.
정당하게 승부하라.
사람들을 때리지 말라.
물건을 사용하고 나면 다시 제자리에 갖다 놓으라.
자기가 어지른 것은 자기가 치우라.
자기 것이 아닌 물건은 가져가지 말라.
누군가를 아프게 했으면 미안하다고 말하라.
음식을 먹기 전에는 손부터 씻으라.

화장실 물을 잘 내리라.

균형 잡힌 생활을 하라. 매일 조금 배우고 조금 생각하고 조금 그림을 그리라. 매일 조금씩 노래하고 춤추고 놀고 공부하라.

밖에 나가면 자동차를 조심하고, 친구와 손을 잡고, 무리에서 떨어지지 마라.[21]

이 규칙들이 인류에게 보편적인 규칙이거나 혹은 선천적으로 알고 있는 규칙이라고 생각할지 모르지만 절대 그렇지 않다. 1700년 무렵에 일본에서 자란 사무라이의 아들은 "사람들을 때리지 말라."라고 배우지 않았을 것이다. "누군가를 아프게 했으면 미안하다고 말하라."라고 배우지도 않았을 것이다. 로버트 풀검 목사의 책에 나오는 내용을 1700년대 초기에 야마모토 츠네토모가 쓴《하가쿠레: 어느 사무라이가 들려주는 인간 경영의 촌철살인 *Hagakure: The Book of the Samurai*》에 나오는 내용과 비교해 보자.

기예는 신체를 파멸시킨다. 모든 경우, 기예를 연마하는 사람은 예술가이지 사무라이가 아니다. 사내라면 사무라이로 불리고 싶은 마음이 있을 것이다.

상식으로는 위대한 업적을 이룰 수 없다.

사내가 하는 일은 모두 피투성이이다.

수치를 피하는 길은…… 죽음뿐이다.

죽느냐 사느냐를 선택해야 한다면 죽는 것이 더 낫다…… 사무라이

의 길은 죽음에서 발견된다.

진정한 사내는 승리나 패배에 대해 생각하지 않는다. 그는 무모한 죽음을 향해 겁 없이 돌진한다.

만약 사무라이가 싸우다가 죽었다면 반드시 적을 똑바로 마주 보고 죽어야 한다.

사무라이의 아이를 키우는 '가장 좋은 방법'은 태어날 때부터 아이에게 용기를 북돋는 것이다.[22]

각 문화권은 적절한 행동에 대한 규칙을 서로 다르게 세운다. 우리의 방법이 옳고 일본 사무라이의 방법이 틀렸다는 이야기를 하려는 것이 아니다. *규칙을 아는 채로 태어나는 아이는 아무도 없다.* 반드시 가르침을 받아야 알 수 있다.

우리는 예전에는 우리 문화권만의 특정한 규칙들을 가르치는 일을 지금보다 훨씬 더 잘했다. 30년 전만 해도, 유치원과 초등학교 1학년 교실은 말 그대로 '사회화'의 최적지였고 풀검 목사의 규칙과 그 밖의 규칙들을 가르쳤다. 하지만 1980년대 중반부터 많은 학교들과 학군들은 초등 교육 초기의 최우선 사항은 사회화를 시키는 일이 아닌 문해력과 산술력을 키우는 일이어야 한다고 결정했다. 그 당시에 미국 안에서는 교육 문제에 대해 염려가 많았는데, 일본 학생들이 학업 성취 측정 시험에서 미국 학생들을 앞질렀기 때문이다.[23] 당시에는 아이들이 모범적인 행동에 대한 기본 규칙(문화화의 가장 중요한 부분)을 다른 방법을 통해 배운다는 암묵적인 합의가 이루어졌던 것 같다. 가정에서 배운다든지 더 큰 공동체에서 배우는 식으로 말이다.[24] 1980년대와 1990년대 내내(많은 학군에서, 심지어 오늘날도) 학교 행정가들은 초등 교육에 '엄격함'의 개념을 도입하면서 득의만면했다. 메릴랜드주의 몽고메리에 살던 때, 당시의 지역 교육감은 유치원을 '학업 면에서 엄격하게' 만든 업적으로 전국적으로 찬사를 받았다. 그는 유치원 교사들에게 수건 돌리기 놀이, 현장 학습, 합창하기 같은 '중요하지 않은 활동들'을 줄이고 그 대신 더 많은 시간을 파닉스(발음 중심 어학 교수법–옮긴이)를 가르치는 데 할애하라고 요구했다.[25]

초기 초등 교육 커리큘럼이 바뀌고 학교의 사회화 역할을 무시하게 되면서 미국 부모들은 그 어느 때보다 더 무거운 짐을 떠안았다.

그렇지만 부모가 아이에게 특정한 문화권에서 좋은 사람이 되는 것이 어떠한 의미인지에 대해 하나부터 열까지 가르쳐야만 하는 지금 시대에, 정작 그 일을 해야 할 부모의 권위는 땅바닥에 떨어진 상태이다. 현재 우리는 아이가 자기 부모의 의견보다 또래 친구들의 의견을 더 중시하는 문화권에 살고 있다. 이 문화권에서 부모의 권위는 아이의 시각에서 봤을 때뿐만 아니라 부모 자신의 시각에서 봤을 때 역시 크게 추락했다.

요즘 부모들은 '역할 혼란Statusunsicherheit' 때문에 고통 받고 있다. '역할 혼란'은 독일의 사회학자인 노베르트 엘리아스가 부모에게서 아이에게로 권위가 이동한 현상을 설명하기 위해 사용한 용어이다.[26] 엘리아스 교수는 20세기 중반 이후로 서유럽인들이 사회적 관계에서 모든 종류의 권력 차이를 불편하게 여기게 된 현상을 관찰했다. 교수는 1차 세계 대전 이전에는 권력 차이가 다양한 영역에서 뚜렷하게 규정됐다고 지적한다. 귀족과 하층 계급 사이에, 남성과 여성 사이에, 경영자와 직원 사이에, 그리고 부모와 아이 사이에 그러했다. 그러나 20세기에 들어선 이후, 특히 1945년 이후에 서유럽의 사람들은(북아메리카의 사람들도 추가하고 싶다) 모든 종류의 권력 차이에 불편함을 느끼게 됐다. 남성과 여성 사이의 권력 차이에 관해서 보자면, 사회 정의의 명목으로 여성들은 남성들과 동등한 권리를 쟁취했다. 비록 나라마다 서로 다른 속도였긴 하지만 말이다(스위스의 아펜젤에 사는 여성들은 투표할 권리를 1991년이 돼서야 획득했다). 경영자와 직원 사이를 생각해 보자. 최근 몇 십 년 동안, 많은 회사들은 '직원들에게 목소리를 낼 권리를 부여하기' 위해서 구식의 계층적 관리 시스템을 포기했다. 예전에 하층 계급이 귀족 계급에게 가졌던 경외심에 대해 생각해 보자. 이제 귀족 계급은 거의 사라졌다. 적어도 〈다운튼 애비 *Downton Abbey*〉(20세기 초 한 귀족 가문의 이야기를 다룬 영국 드라마-옮긴이)에 나오는 식의 전통적인 주인과 하인 개념에서는 말이다. 마지막으로 부모와 아이 사이를 보자. 아이의 삶에서 부모의 권위, 더 심각하게 말하자면 부모의 '중요성'은 크게 줄어들었다.[27]

50여 년 전에, 존스홉킨스 대학교의 사회학 교수인 제임스 콜맨은 미국의 10대들에게 다음과 같은 질문을 던졌다. "네가 학교의 특정한 동아리에 계속 가입하고 싶었고 마침내 가입할 수 있게 됐다고 해 보자. 그런데 부모님이 허락하지 않는 거야. 그래도 가입할 거니?" 그 시대에 다수의 10대 아이들은 가입하지 않겠다고 대답했다. 부모가 허락하지 않는다면 특정한 동아리에 가입하지 않겠다는 거였다.[28] 그 시대에는 대부분의 아이들에게 부모의 의견이 또래 친구들의 평가보다 더 중요했다.

요즘은 그렇지 않다. 2009년부터 2015년 사이에 콜맨 교수의 질문을 새롭게 바꿔서 미국 전역에 있는 수백 명의 아동들과 10대 청소년들에게 던져 보았다. "친구들이 어떤 소셜 미디어에 가입해 있고 모두 네가 가입하기를 바란다고 생각해 보자. 하지만 부모님 중 한 명이 반대하셔. 그래도 가입할 거니?" 이 질문에 대한 가장 많이 나온 대답은 '네'도 '아니요'도 아니었다. 아이들은 웃음을 가장 많이 터뜨렸다. 소셜 미디어에 가입하는 일에 대해 부모와 의논한다는 생각 자체가 너무 말도 안 되어서 웃음을 터뜨린 것이다. "저희 부모님은 ask.fm이 뭔지도 몰라요. 아마 일종의 라디오 방송국 같은 거라고 생각할걸요! 그렇다면 왜 가입해야 하는지 말아야 하는지 물어봐야 하죠? 만약 친구들 모두가 가입했나면, '당연히' 저도 가입해야죠."

요즘 미국 문화에서는 또래 친구들이 부모보다 더 중요하다. 그리고 부모들은 규칙을 바꾸기를 주저한다. 가령, 가족과 함께 보내는 시간이 또래 친구들과 함께 보내는 시간보다 더 중요하다고 주장하기를 주저한다. 엘리아스 교수가 말한 '역할 혼란'을 겪고 있기 때문이다. 부모들은 자신이 어떠한 권위를 가져야만 하는지 그리고 그 권위를 어떻게 실행해야 하는지 확신하지 못한다. 그 결과, 풀검 목사의 규칙들을 자녀들에게 가르치기가 훨씬 더 어려워졌다. 그리고 아이가 나이를 더 먹을수록 그런 경향은 더 심해진다. 한 연구에서는 미국 10대들이 자신의 부모를 대하는 태도를 '경멸 섞인 배은망덕'이라고 묘사했다.[29]

캐나다의 심리학자인 고든 뉴펠드 박사는 다음과 같이 말했다. 대부분의 문화권에서 어느 시대, 어느 곳에서든 아이를 문화화하는 일은 엄마와 아빠만의 소임이 아니다. 문화권 전체가 서로 협력한다. 학교, 지역 공동체, 심지어 인기 소설 등 모든 것이 서로 힘을 합쳐서 기본 규칙들, 문화의 기본 구조를 아이에게 심어 준다.[30] 하지만 요즘은 학교들이 학업에 집중하기 위해서 옳고 그름에 대한 규범을 가르치는 일에서 뒤로 물러났다. 풀검 목사의 규칙들이나 모범적 행동에 대한 절대 개념을 가르치는 것보다 파닉스에 집중하는 편이 논쟁을 덜 불러일으키기 때문이다. 교사와 교직원들은 아이에게 주의력 결핍 과잉 행동 장애나 적대적 반항 장애가 있고 약물 치료가 도움이 될지 모른다고 부모들에게 쉽게 제안한다. 아이에게 대인 기술을 더 열심히 가르치라고 권고하는 대신 말이다. 앞에서 이미 말했듯이, 결과적으로 부모들은 이전 세대의 부모들에 비해 더 큰 짐을 떠맡고 있지만 자신의 임무를 다하는 데 도움이 되는 자원은 거의 없다시피 하다.

부모의 권위가 사라진 문제에 대해 더 깊이 논의하기 전에 '부모의 권위'라는 용어의 의미에 대해 우리가 이해하고 있는 내용이 서로 같다는 점을 명확히 해야겠다. 많은 부모가 '부모의 권위'와 '부모의 규율'을 혼동한다. 그들은 규율을 집행하는 일이 부모 권위의 전부라고 생각한다. 그렇지만 사실, 부모의 권위는 기본적으로 가치 척도에 대한 문제이다. 부모의 권위가 강하다는 말은 아이에게 부모가 또래 친구들보다 더 중요하다는 뜻이다. 그렇지만 요즘 미국 문화에서는 또래 친구들이 부모보다 더 중요하다.

인간 종 역사 대부분의 시간 동안, 아이들은 어른들로부터 문화에 대해 배웠다. 인간 종의 유년기와 청소년기가 그토록 오랫동안 지속되는 이유이기도 하다. 하지만 요즘 미국 아이들은 더 이상 어른들로부터 문화를 배우지 않는다. 대신 자기들만의 문화를 가지고 있다. 바로 '무례함의 문화'인데, 또래 친구로부터 이 문화를 배우고 다른 또래 친구에게 이 문화를 가르친다.

여기에서 말하는 무례함의 문화는 앞서 요즘 미국 아이들이 부모를 대하는 태도라고 말했던 '경멸 섞인 배은망덕'만을 지칭하는 것이 아니다. 아이들은 '서로를 향해서도' 무례함을 보이고 그러한 무례함이 새로운 규범으로 여겨지는 문화 안에서 살고 있다. 50년 전에 비틀즈의 노래 '아이 원트 투 홀드 유어 핸드I Want to Hold Your Hand'가 전 세계적으로 히트했다. 한편 2006년에 에이콘(Akon, 미국의 유명한 힙합 가수 겸 프로듀서–옮긴이)은 '아이 워너 퍽 유I Wanna Fxxx You'(너와 섹스하고 싶어.'라는 뜻–옮긴이)라는 제목의 노래를 발표했다. (라디오에서는 더 순화된 버전인 '아이 워너 러브 유I Wanna Love you'가 방송됐지만, 상스러운 말이 들어 있는 원래 버전이 미국에서 빌보드 1위를 차지했다).

티셔츠는 또 어떤가. 최근 미국 아이들이 입고 있는 티셔츠에 다음의 문구가 적혀 있는 것을 흔히 볼 수 있다.

'내가 신경이나 쓸 것 같아?'

'너랑 수준이 안 맞아.'

'그게 전부야?'

'네 얼굴을 보니 술 생각이 난다.'

혹은 이렇게 응용되기도 한다.

'술 한 잔 더 사 준다고 해도, 넌 여전히 못생겼어.'

'난 너 필요 없어. 내겐 와이파이가 있거든.'

'페이스북에선 완전히 딴 얼굴이던데.'

이러한 티셔츠는 기본적으로 어른들(25세 이상 남성, 22세 이상 여성)에게 보여 주기 위한 것이 아니다. 또래 친구들이 보라고 입는 것이다. 티셔츠의 문구들은 '서로에 대한' 무례함을 전형적으로 보여 준다.

단순히 힙합 문화와 티셔츠만의 문제가 아니다. 무례함의 문화는 어디에나 있다. 심지어 디즈니 채널조차도 적극적으로 무례함의 문화를 홍보하고 부모의 중요성을 폄하하고 있다. 디즈니 채널의 인기 있는 프로그램들을 떠올려 보라. 가령 〈제시 *Jessie*〉라는 시트콤에서는 부모가 거의 항상 부재중이다(그리고 중요하지 않다). 반면 세 명의 아이들은 서투른 집사와 얼빠진 유모보다 더 능력이 뛰어나다. 혹은 드라마 〈리브 앤드 매디 *Liv and Maddie*〉에서 한심한 엄마(우연히 학교의 심리 상담 교사가 됐다)는 매우 여성스러운 딸아이와 말괄량이 딸아이(둘은 쌍둥이로 같은 배우가 연기한다) 모두에게 주기적으로 망신을 당한다. 혹은 〈스탠의 블로그 일기 *Dog with a Blog*〉라는 드라마에서 심리학자인 아빠(또 심리학자이다!)는 아이들의 행동에 대해 아무것도 모르고, 기이한 행동을 일삼는 통에 자녀들에게 늘 당연하다는 듯 조롱을 받는다. 이 아빠의 멍청함은 반복적으로 웃음을 야기하는 요소이다. 말을 하는 강아지인 스탠이 아빠보다 더 통찰력이 깊다.

미국 문화가 이런 면에서 어떻게 변화했는지 알아보기 위해서는 그리 멀리 볼 필요도 없다. 1960년대~1980년대에 가장 인기 있던 TV 프로그램들은 일관적으로 부모를 아이의 가장 믿을 만하고 가장 신뢰하는 안내자로 묘사했다. 1960년대의 〈앤디 그리피스 쇼 *The Andy Griffith Show*〉나 1980년대의 인기 시트콤 〈패밀리 타이즈 *Family Ties*〉에서도 그랬다. 하지만 오늘날은 그렇지 않다. 현재 미국에서 가장 인기 있는 150개의 TV 프로그램 목록을 훑어보면 부모를 믿을 만하고 신뢰할 수 있는 존재로 묘사하는 프로그램은 단 하나도 없다.[31]

끊임없이 부모의 권위를 약화시키는 문화 안에서 부모 노릇을 제대로 하기란 쉽지 않다. 2세대 전만 해도 미국의 부모와 교사들은 훨씬 더 큰 권위를 가졌고, 옳고 그름에 대해 확실하게 가르쳤다. '대우받길 원한다면 남을 잘 대우해라.', '이웃을 네 몸처럼 사랑해라.' 이러한 말들은 제안이 아니라 명령이었다.

오늘날, 대부분의 미국 부모와 교사들은 더 이상 이러한 권위를 가지고 행동하지 않는다. 더 이상 명령하지 않고, 대신 물어본다. "만약 어떤 사람이 네게 그렇게 한다면 기분이 어떨 것 같니?" 그리고 학생이 다음과 같이 대답하면 어떤 반응을 보여야 할지 당황한다. "그 사람 머리통을 차 버릴 거예요." 어른들이 듣고 싶었을 전형적인 대답을 내놓을 때조차도 아이들은 그저 어디에서 듣거나 읽은 내용을 별 생각 없이 반복한다. 아이들은 아무것도 소화하지 않는다. 세대 간에 진정한 의사소통이 전혀 이루어지지 않는다. 문화화의 가장 중요한 측면임에도 불구하고 말이다.

부모로서의 권위를 확고히 한다는 것은 어떤 의미일까? 이는 반드시 냉정하고 엄격한 사람이 되어야만 한다는 의미는 아니다. 다른 무엇보다, 부모와 아이의 관계가 아이와 또래 친구들과의 관계보다 우선한다는 사실을 확실히 하는 것을 의미한다. 걸음마기 아기뿐만 아니라 10대 아이도 마찬가지이다. 부모가 아이에게 가정 안팎에서 어떻게 행동해야 하는지를 가르치는 임무를 다하는 것을 의미한다. 인간 종의 유년기가 길어진 첫 번째이자 가장 중요한 이유는 아이가 어른들로부터 성인의 문화를 배우기 위해서라는 사실을 다시 떠올려 보라. 부모가 권위를 잃어버리면(또래 친구들이 부모보다 더 중요하면) 아이는 더 이상 부모의 문화를 배우는 일에 관심을 가지지 않고 어린아이의 문화, 10대의 문화를 배우고 싶어 한다. 이 책의 곳곳에서 이러한 현상이 얼마나 해로운지를 살펴볼 것이다.

부모의 권위가 주는 혜택은 매우 많다. 부모가 또래 친구들보다 더 중요하면 의미 있는 방법으로 아이에게 옳고 그름을 가르칠 수 있다. 또한 또래 친구들과의 애착보다 가족 안의 애착을 더 우선시할 수 있다. 아이가 다른 어른들과 더 나은 관계를 맺도록 도울 수도 있고, 탄탄하고 정확한 자아상을 세우도록 도울 수 있다. 인스타그램이나 페이스북에서 '좋아요'를 얼마나 많이 받는지에 뿌리 내린 자아상이 아닌 아이의 진정한 본성에 뿌리 내린 자아상 말이다. 아이에게 욕구에 대해 제대로 가르칠 수도 있다. 음악이나 미술, 자기 자신의 성품에 있어서 더 높고 더 나은 수준을 갈망하도록 북돋울 수 있다.

왜 부모와 교사들이 권위를 가지고 행동하지 않게 된 것일까? 그리고 왜 서유럽보다 미국이 더 심각한 수준인 걸까? 이 질문에 대답하기 위해서 일단 앞에서 언급한 노베르트 엘리아스 박사의 통찰부터 만나보자. 20세기 내내, 거의 모든 종류의 권위는 타당성을 의심받았다. 정치적으로 보자면, 우리는 20세기의 후반세기를 이전에 권한을 박탈당했던 사람들에게 권한을 부여했던 시기로 요약할 수 있다. 노동자들은 권한을 새로이 부여받았다(적어도 이론과 립 서비스 차원에서는). '아동들' 또한 권한을 새로이 부여받았다. 그렇지만 아무도 굳이 다음과 같이 주장하지는 않았다. "성인들은 서로의 관계 안에서 동등한 권리를 가져야 한다. 여성과 유색 인종은 백인 남성과 동등한 권리를 가져야 한다. 하지만 성인이 다른 성인과의 관계 안에서 가지는 권리는 자녀가 부모와의 관계 안에서 가지는 권리와 일치하지 않는다."[32] 대신 이렇게 이야기했다. "아이가 부모와 동등한 권리를 가지지 못할 이유가 뭐가 있단 말인가?"

내 대답은 이것이다. 아이가 부모와 동등한 권리를 가질 수 없는 이유는 부모의 첫 번째 임무가 아이에게 문화를 가르치는 일이기 때문이다. 그리고 권위 있는 교육을 하려면 일단 권위가 필요하기 때문이다.

앞에서 언급했듯이 이 문제의 어떤 측면은 미국에서 더 두드러진다. 왜 그럴까? 이는 미국인들이 '발전'이라는 개념을 어떻게 여기는지와 관계가 있다. 일반적으로 미국에서는 '발전'을 좋은 것으로 여긴다. 많은 미국 공립 학교에서 가르치듯이, 미국 역사는 완만하게 상향 곡선을 그려 왔다. 비록 지난 50여 년 동안 몇 번의 위기가 있었지만 말이다(가령, 베트남 전쟁이라든지). 미국은 한때 영국의 해안 식민지들의 집합체였다. 하지만 이제 미국은 한 대륙을 아우르는 50개의 주(알래스카와 하와이 섬을 포함하여)로 이루어진 강력한 국가이다. 한때 미국의 제도들은 인종 차별적이었다. 하지만 지금은 법으로 모든 사람들에게 동등한 권리를 보장한다. 2세기 전만 하더라도 미국은 부유하지 않았다. 하지만 지금은 풍요롭다. 미국의 광고 분야 어휘 목록에서 '새로운'은 사실상 '발전한'과 동의어나 마찬가지이다.

이러한 생각은 역사와 광고뿐만 아니라 건축 양식에도 구석구석 스며들어 있다. 부동산 개발업자들이 오래된 건물을 허물고 새 건물을 짓는 모습을 다른 어느 나라보다 미국에서 더 흔하게 볼 수 있다. 개발업자들의 시각에서 보자면, 새 건물은 오래된 건물보다 더 크고 때때로 훨씬 더 낫기까지 하다. 유럽에 사는 사람에게 오래된 건물을 떠올려 보라고 하면 쾰른 대성당을 떠올린다. 반면 미국에 사는 사람은 석면(과거 건물 속에 불연재/단열재로 쓰이던 잿빛 물질–옮긴이)을 떠올린다.

경험상, '새로운 것'이 보통 '더 낫다'는 추정은 스위스나 스코틀랜드 같은 나라들에서는 훨씬 덜하다. 건축물을 보자면, 취리히와 루체른

(스위스), 에든버러와 스털링(스코틀랜드)에서 가장 웅장한 건물은 중세의 대성당, 성, 탑 등이고 아동과 청소년을 포함하여 그 지역에 사는 모든 세대의 사람들은 이러한 건물들을 유지, 보수하고 찬양한다. 역사를 살펴보자면, 유럽인들은 1, 2차 세계 대전에 대한 기억을 공유하고 있다. 중립국인 스위스에서조차도 대부분의 사람이 이 전쟁들에서 사망한 가족이나 친척에 대한 이야기를 하나쯤은 알고 있다. 사실, 역사가 완만하게 상향 곡선을 그리며 발전한다는 개념은 1870년대부터 1914년 여름까지 유럽 전역에서 인기를 끌었던 개념이다.[33] 그렇지만 이 개념은 오늘날 유럽에서는 찾아볼 수 없다. 스털링이나 루체른에서 텔레비전을 켜면 심지어 광고 스타일도 미국과 다르다. 어떤 제품의 주된 특징이 '새롭다는 것'이라고 선전하는 광고가 덜 흔하다.

오래된 것보다 새로운 것을 찬양하는 현상은 나이 든 사람보다 젊은 사람을 찬양하는 현상으로 쉽게 변형될 수 있다. 젊음에 대한 추종, 즉 젊다는 이유 하나만으로 찬양하는 현상은 다른 어떤 나라보다 미국에서 유독 만연하다. 미국 대도시들에서 젊어 보이게 만들어 주겠다고 약속하는 성형외과 광고판을 흔히 볼 수 있다. 그러한 광고판은 영국이나 독일이나 스위스에서는 거의 보기 힘들다.

성숙함보다 젊음을 가치 있게 여기는 문화에서는 부모의 권위가 약화되기 쉽다. 젊은이들이 청년 문화의 중요성을 과대평가하고 이전 세대들의 문화를 과소평가하기 쉽다. "왜 우리가 셰익스피어를 읽어야 하죠?"는 미국 학생들이 밥 먹듯이 던지는 불만이다. "아무 짝에도 쓸모가 없잖아요."

발전에 대한 유럽인들의 양면적인 태도는 20세기 후반 철학자 니콜라스 고메즈 다빌라가 한 말에 잘 요약돼 있다. 남아메리카의 콜롬비아에서 태어나 프랑스에서 교육을 받은 그는 이렇게 말했다. "200년 전만 하더라도 미래를 신뢰하는 일은 합리적이었습니다. 하지만 지금은 완전히 바보 같은 짓입니다. 과거에 꿈꿨던 찬란한 미래가 우리의 현재 모습인 이 판국에, 오늘의 예언을 믿는 바보가 누가 있겠습니까? ……결국, '발전'은 인간을 고귀하게 만드는 것들을 빼앗아 가고 인간의 가치를 떨어뜨리는 것들을 싸게 파는 일입니다."[34]

또한 서유럽과 영국은 미국에 비해 문화적 균형이 잘 잡혀 있다. 에든버러, 퍼스샤이어, 스털링 등에서 스코틀랜드 학생들과 그 가족들을 만난 적이 있다. 많은 남자아이들과 일부 여자아이들은 자신들의 부모와 조부모가 입었던 전통 의복 킬트(전통적으로 스코틀랜드 남자들이 입던, 격자무늬 모직으로 된 짧은 치마—옮긴이)를 입는 것을 자랑스러워했다. 킬트는 한 세대에서 다음 세대로 대물림된다. 박물관의 소장품이 아닌 특별한 행사마다 입는 옷으로 말이다. 게다가 그 특별한 행사는 자주 벌어진다. 스코틀랜드 남자아이들은 내가 질문하자 대단히 기뻐하며 스코틀랜드 정통 킬트의 특징과 진품을 싸구려 모조품과 구별하는 방법에 대해 즉석에서 강의해 줬다.

반면 미국에서는 남자아이든 여자아이든 조부모의 옷을 입고서 자랑스러워하는 아이를 찾기가 쉽지 않을 것이다.

부모로서의 임무에 관한 문화가 바뀌었는지 혹은 왜 무례함의 문화가 다른 선진국들보다 미국에서 더 두드러지는지를 밝히는 것은 크게 중요하지 않다. '이 문제에 대해 무엇을 해야 하는지'를 알아내는 것이 중요하다. 이 책은 바로 여기에 초점을 맞추고 있다.

부모들이 자신의 권위를 확고히 하기 꺼린다는 사실만이 문제인 것은 아니다. 때때로 부모들은 자신이 한 걸음 물러나고 아이에게 직접 결정하도록 기회를 주는 것이 아이를 돕는 일이라고 믿는다. 다음은 부모가 하지 '말아야' 하는 일에 대한 사례이다. 미국의 많은 부모가 현재 어떻게 행동하고 있는지에 대한 사례이기도 하다.

40대 부모인 메건과 짐은 크리스마스에 4일 동안 스키 여행을 떠나기로 계획했다. 그들의 열두 살짜리 딸 코트니는 같이 가지 않겠다고 공손히 거절했다. "제가 스키 별로 안 좋아하는 거 아시잖아요." 코트니가 말했다. "그동안 아덴의 집에 있을게요. 아덴의 부모님도 허락하셨어요. 남는 손님 방도 있고, 있을 거 다 있대요." 그래서 코트니의 부모는 둘이서만 스키 여행을 떠났고 코트니는 4일을 제일 친한 친구의 집에서 보냈다. "개의치 않았어요. 사실, 코트니가 그렇게 독립적인 게 살짝 기쁘기까지 했죠." 메건이 말했다.

하지만 이건 메건의 착각이다. 코트니는 독립적이지 않다. 정말로 독립적인 열두 살짜리 아이는 없다. 코트니는 다만 자연적인 의존성을 부모로부터 또래 친구에게로 옮겼을 뿐이다. 부모는 마땅히 의존해야 할 대상이지만 또래 친구에게는 의존해서 안 된다. 이제 코트니에게 가장 중요한 것은 친구들을 기쁘게 하는 것, 친구들에게 사랑받는 것, 친구들에게 받아들여지는 것이다. 코트니의 부모는 뒷전으로 밀렸다. 목적을 위한 수단이 된 것이다.[35]

아이를 사랑하는 좋은 부모들은 이러한 덫에 걸리기 쉽다. 부모는 아이를 사랑한다. 사랑하는 사람을 기쁘게 해 주고 싶은 것은 당연하다. 딸이 함께 스키 여행을 가고 싶어 하지 않을 때 이렇게 말하는 것이 가혹하게 느껴질 것이다. "가기 싫어도 같이 가야 해." 하지만 부모는 이 말을 해야 한다. 왜일까? 함께 즐거운 시간을 보내는 일은 현대에서 권위 있는 자녀 교육을 위한 핵심 토대이기 때문이다. 또한 만약 아이가 다른 아이들과 즐거운 시간을 보낼 때 좋은 추억의 대부분이 쌓인다면, 아이가 더 이상 어른들과 더 많은 시간을 보내려 들지 않을 것이기 때문이다. 게다가 만약 아이가 부모와 함께 재밌는 일을 하며 시간을 보내지 않는다면, 아이가 부모와의 시간보다 또래 친구들과의 시간을 더 소중히 여기게 될 것이기 때문이다.

앞서 언급한 뉴펠드 박사는 아동, 청소년과 40년 동안 일한 후에 최근 은퇴한 캐나다 심리학자이다. 지난 40년 동안 박사는 북아메리카 아이들이 애착을 형성하는 방법과, 애착과 다른 것들 사이에 우선순위를 매기는 방법에 있어 근본적인 변화가 일어나는 모습을 직접 목격했다. 40년 전에 아이는 부모에게 주요한 애착을 형성했다. 하지만 오늘날 미국과 캐나다의 아이들 대부분은 다른 또래 아이들에게 주요한 애착을 형성한다. 뉴펠드 박사는 이렇게 말한다. "역사상 최초로 아이들은 더 이상 엄마, 아빠, 교사, 책임이 있는 다른 어른들에 의지해서 뭔가를 배우고, 모범을 삼고, 안내를 받지 않습니다. 양육자 역할이 주어지지 않은 사람들에게 의지하지요. 바로 또래 친구들입니다. ……요즘 아이들은 절대 자신을 성숙함으로 안내할 수 없는 미성숙한 사람들에 의해 양육되고 있습니다. 서로가 서로에 의해 양육되고 있는 것입니다."[36] 오늘날 북아메리카 아이들 대부분은 부모의 칭찬보다 또래 친구의 칭찬에 더 많이 신경 쓴다.

뉴펠드 박사는 한 소녀의 사례를 들었다. 신시아는 부모에게는 무례하고, 뭔가를 숨기고, 때때로 적대적이기까지 한 반면, 친구들과 있을 때는 늘 행복해하고 활력이 넘친다. "신시아는 자신의 프라이버시에 대해 강박적이었고 자기 인생은 부모가 상관할 바가 아니라고 우겼습니다. 신시아의 부모는 딸과 대화를 나눌 때마다 자신들이 부당한 간섭을 하고 있는 듯한 느낌을 받았습니다. 다정했던 딸은 부모 옆에 있는 것을 점점 더 불편해하는 것 같았죠. ……어떤 대화도 길게 지속하기가 불가능했습니다."

나 또한 초등학생부터 고등학생까지 수많은 아이들에게서 이러한 모습을 본다. 진료실에서뿐만 아니라 미국 전역에서 부모들과 대화를 나누면서도 많이 봤다. 이런 현상을 어떻게 이해하는 것이 좋을까?

뉴펠드 박사는 다음과 같이 묻는다.

당신의 배우자나 연인이 갑자기 이상하게 행동하기 시작한다고 상상해 보세요. 당신과 눈을 마주치지 않는다거나, 신체 접촉을 거부한다거나, 짜증을 내며 짧게 대답한다거나, 당신의 접근을 피한다거나, 당신과 함께 있기 싫어한다고 상상해 보세요. 그런 다음 친구들에게 조언을 구하러 갔다고 상상해 보세요. 친구들이 당신에게 이렇게 말할까요? "타임아웃 규칙은 써 봤어? 제약을 가하고 네가 뭘 기

대하는지 확실히 밝혔어?" 아닐 것입니다. 성인들의 상호 작용 맥락에서는 이럴 때 '행동'이 문제가 아니라 '관계'가 문제라는 사실에 모두 동의할 겁니다. 그리고 아마도 제일 처음 드는 생각은 당신의 배우자가 바람을 피우고 있지 않나 하는 의심일 겁니다."[37]

뉴펠드 박사는 신시아와 부모의 관계에서 가장 큰 문제는 신시아가 또래 친구와의 애착을 부모와의 애착보다 더 소중하게 생각하게 된 점이라고 말한다. 일단 이렇게 되면 아이와 또래 친구와의 상호 작용에 제약을 가하려고 시도(가령, 밤 9시 이후에 휴대폰 문자나 통화를 금지하는 것)하면 그 즉시 아이는 부루퉁해지거나 성질을 부릴 것이다. 부모는 아이가 부루퉁해지거나 성질을 부리는 이러한 모습이 아이의 주된 애착이 부모로부터 또래 친구에게로 이동하는 징후라고 인식할 필요가 있다.

요즘 부모들은 아이를 기쁘게 하고 싶은 마음에 제대로 된 자녀 교육을 하지 않고 아이를 내버려 두는 경향이 지나치다. 아이와의 관계가 아이에게 사랑받고 싶은 욕망에 지배된다면 사랑받겠다는 목적조차 이루지 못할 가능성이 높다.

여기에서는 아이들만이 가진 선천적 특징이 작용한다. 아이들은 부모를 존경하고, 부모에게 가르침을 받고, 부모에게 통솔받기를 기대한다. 만약 그러는 대신 부모가 아이의 시중을 든다면 부모와 아이의 관계는 자연적 균형을 잃어버리게 된다. 부모는 아이의 사랑을 전혀 얻지 못할지도 모른다. 노력하면 할수록 측은할 정도로 실패할지도 모른다. 지난 25년 동안 이러한 역학 관계를 진료실에서 최소한 백 번 이상 목격했다. 아이의 희망 사항을 가장 중시하는 부모는 아이에게 사랑받기는커녕 무시 받기 십상이다.

그렇지만 만약 아이의 사랑과 애정을 얻으려 안달하지 않고 부모로서 자신의 의무(사는 곳의 문화적 제약 안에서 아이에게 옳고 그름을 가르치고, 책임 있는 사람이 된다는 것이 어떤 것인지 이야기 나누는 것)에 집중한다면, 아이는 부모를 사랑하고 존경할 것이다.

최근 나는 스코틀랜드 전역의 많은 학교들을 방문한 후 각 학교에서 학생들과 만나고, 학부모들과 대화를 나누고, 교사들을 위한 워크숍을 열었다. 필라델피아에서 런던의 히드로로 간 다음 비행기를 갈아타고 에든버러로 향했다. 필라델피아 국제공항에서 비행기를 기다리는 동안 한 미국인 가족을 봤다. 엄마, 아빠, 10대 딸아이, 두 명의 남동생으로 이루어진 가족이었다.

"내 도넛 어디 있어요?" 남자아이 중 하나가 물었다. 여덟 살가량 돼 보였다.

"아들, 비행기 타고 나서 먹을 거야." 엄마가 말했다.

"내 도넛 어디 있어요? 지금 당장 먹고 싶어요!" 아이가 더 크게 말했다.

"아들, 방금 과자 먹었잖아. 조금 기다리면……."

"지금 당장 먹고 싶다고요!!" 아이가 악을 바락바락 썼다.

엄마는 교통안전국에서 자신을 체포할지도 모른다는 듯이 죄진 표정으로 주위를 두리번거렸다. 그리고 더는 아무 말 하지 않고 가방에서 도넛 상자를 꺼내서 통째로 아이에게 건넸다. 잠시 후 탑승 안내 방송이 흘러나왔다.

10대 딸아이는 휴대폰으로 문자를 보내고 있었다. "트리시, 휴대폰을 치워야 할 시간이야. 탑승 준비해야 해." 엄마가 말했다. 여자아이는 들은 척 만 척했다.

"트리시?"

"엄마, 제발 좀 닥쳐 줄래요? 저 바쁜 거 안 보여요?"

"트리시, 비행기에 탈 준비해야 하잖아?" 엄마의 말은 명령보다는 질문처럼 들렸다.

딸은 계속 들은 척 만 척했다. 엄마는 나를 힐끗 봤다. 나는 마음이 불편해서 그 자리를 떠나 버렸다.

엄마의 불편을 느낄 수 있었다. 나 또한 불편했다. 하지만 아이들은 다른 문화에 살고 있는 것처럼 자신들만의 세계에 빠져 있었다. 이 엄마는 아이들을 어른들의 문화 안으로 '문화화하지' 않았다. 그 대신 아이들의 문화에 적응하려고 애쓰고 있었다. 바로 아이들이 자신의 또래 친구들로부터 배운 '무례함의 문화'였다. 이 아이들은 그 순간에는 도넛을 먹고 문자를 보내며 실컷 즐겼을지 모른다. 하지만 부모가 문화화하고 올바르게 교육시키지 못했기 때문에, 나중에 올 청소년기와 성인기의 어려움들을 잘 견뎌낼 준비를 갖추지 못할 가능성이 높다.

때로는 도넛을 먹기 위해 기다려야 한다. 때로는 아예 먹지 못하게 되기도 한다. 그것이 인생이다.

Chapter 2

왜 그렇게 많은 아이들이 과체중인가?

요즘 미국 아이들은 예전에 비해 몸무게가 많이 나간다. 이러한 추세는 1970년대에 시작해서 2000년대까지 꾸준히 이어졌고 2000년대 중반 이후로는 주춤했다. 하지만 유년기의 양상은 크게 변화했다.

1970년대 초반에는 5세~11세 미국 아동의 4%만이 비만이었다. 2008년에는 같은 연령대에서 미국 아동의 19.6%가 비만이었다. 40년도 채 되기 전에 비만 아동의 비율은 4배 이상(4%에서 19.6%로)으로 증가했다. 마찬가지로, 12세~19세 미국 청소년의 비만율도 1970년대에 4.6%였다가 2010년에는 18.4%로 4배 이상 증가했다.[1] 단순 과체중이 아니라 비만이 말이다.[2]

최근에, 이런 40년간의 추세가 이제 끝이 났고 심지어 역전됐을지도 모른다는 사실을 보여주는 데이터에 관한 뉴스가 난무했다. '아동 비만율이 급격히 떨어졌다'가 전형적인 헤드라인이었다.[3] 〈뉴욕타임스〉

에 기고하는 한 칼럼니스트는 이것이 '환상적인 뉴스'라고 자랑하면서 뉴스 보도가 미셸 오바마의 '놀이60 프로그램'이 효과가 있다는 사실을 증명했다고 말했다. '놀이60 프로그램'은 아이들에게 매일 최소한 60분씩 운동하라고 권장하는 프로그램이다.[4]

이 데이터가 실제로 무엇을 보여줬을지 잠깐 생각해 보자. 자세히 살펴보면, 2세~5세 아동을 제외한 다른 모든 연령대 미국인들의 비만율에는 전혀 차이가 없었다. 게다가 2세~5세 아동 비만율이 떨어졌다 한들 2000년의 비만율과 비슷한 수준으로 돌아갔을 뿐이다.

〈뉴욕타임스〉를 비롯한 여러 언론의 호들갑은 다음과 같은 추측에 기반하고 있다. 만약 요즘의 3세 아동이 5년 전 3세 아동에 비해 비만일 가능성이 적다면, 지금으로부터 5년 후 그 아동이 8세가 됐을 때 8세 아동들의 비만율은 더 낮을 테고 계속 그런 식으로 진행되리라는 것이다. 하지만 추측은 추측에 불과하다. 역사적 기록은 다른 의견을 보여 준다. 다음 페이지에 나오는 그래프의 수치를 보면 알 수 있듯이, 미국의 데이터는 3세 아동 비만율이 더 나이가 많은 아동의 비만율을 잘 예측하지 못한다.

오해하지 말기 바란다. 2세~5세 아동 비만율이 떨어졌다는 소식은 분명히 좋은 소식이다. 다만 축하하기에는 시기상조라는 것이다. 우리의 바람대로 앞으로 10년 안에 모든 연령대에서 비만율이 상당히 떨어져서 그래프에 있는 2000년의 비만율로 되돌아간다고 해도 그것만으로는 충분하지가 않다. 만약 비만이 미국 아이들에게 심각한 문제가 아니었던 때로 시계를 되돌리고 싶다면, 40년 이상을 거꾸로 돌아

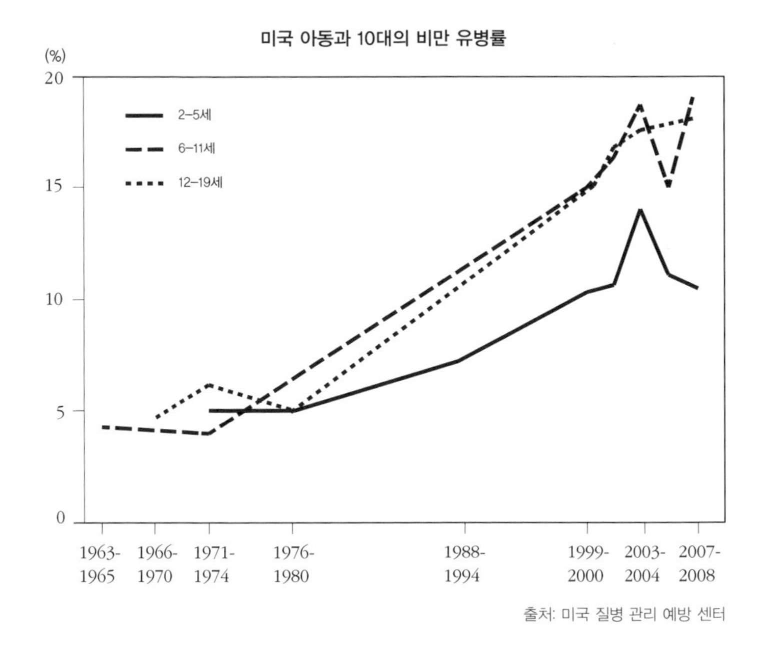

가 1971년으로 가야 한다.

건강함은 날씬함과 다르다. 또한 건강함의 부족이 비만을 의미하지도 않는다. 물론, 뚱뚱한 아이가 날씬한 아이보다 신체적으로 덜 건강한 편인 것은 사실이다. 하지만 미국에는 날씬하지만 건강이 좋지 않은 아이도 많다. 이 아이들은 400m만 뛰어도 숨을 헐떡거리며 힘들어 한다. 지난 10년 동안 6세~18세 미국 아이들의 비만율은 매우 안정적이었지만 건강도는 심각할 정도로 안 좋아졌다. 보통의 아동들은 더 뚱뚱해지지 않았는데도 불구하고 말이다. 2014년에, 질병 관리 예방 센터에서는 2012년도의 12세~15세 아이들의 신체적 건강도를 1999년도~2000년도의 같은 연령대 아이들의 신체적 건강도와 비교하는 연구를 진행하고 결과를 발표했다. 연구 결과에 따르면, 이 기간 동안 여자아이와 남자아이 모두 건강도가 크게 안 좋아졌다. 운동 능력에 기초해서 볼 때, 신체적 건강도의 최소 기준을 충족하는 아이의 비율은 1999년~2000년에 52.4%였지만 2012년에는 42.2%로 하락했다. 게다가 2012년도의 아이들이 1999년~2000년의 아이들보다 심하게 더 뚱뚱하지 않음에도 불구하고 이러한 체력 저하가 일어났다. 2012년도의 아이들은 그저 운동 능력이 더 떨어지는 것뿐이었다.[5]

인종, 출신 국가, 가계 수입 등은 연구 결과에 아무 영향을 끼치지 않았다. 부유한 가정의 아이들이 저소득층 가정의 아이들보다 더 건강한 것도 아니었다. 백인 아이들이 흑인 아이들이나 히스패닉 아이들보다 더 건강하거나 덜 건강한 것도 아니었다. 이러한 요소들에 상관없이, 전반적으로 건강이 안 좋아지고 있는 것이다. "이는 절대 좋은 소식이 아닙니다." 질병 관리 예방 센터의 수석 연구원인 재닛 펄튼은 말한다. 클리블랜드 클리닉의 심장병 전문의 고든 블랙번 박사도 이 말에 동의한다. "30년 전만 해도, 열두 살짜리 아이가 성인 심장병 증상을 보이리라 상상도 할 수 없었습니다." 박사가 말했다. "요즘은 소아과에 심장병 예방 클리닉을 만들어야 할 정도입니다."[6]

열한 살짜리 소년이 부모와 함께 응급실에 왔다. 소년은 운동장에서 친구들과 놀다가 갑자기 가슴이 조여 오고 숨이 가빠져서 병원에 온 터였다. 심전도와 흉부 엑스레이를 포함하여 온몸을 철저히 검사했지만 모든 것이 정상이었다. 나는 흉부 압박감과 호흡 곤란이 '컨디션 저하' 때문이라고 결론을 내렸다. '건강이 안 좋다.'를 그럴듯하게 표현한

말이다.[7]

이러한 현상을 그동안 많이 목격했다.

다른 선진국도 비슷하다. 최근 몇 십 년간 호주, 캐나다, 핀란드, 독일, 네덜란드, 스페인, 스웨덴, 스위스, 영국 등의 나라에서 과체중과 비만율이 상승했다는 연구 결과가 발표됐다. 단, 나라마다 규모가 다르다. 예를 들어, 네덜란드에서는 1980년에 남자아이 1,000명 중 오직 1명만이 비만이었는데 1997년에는 11명으로 늘어났다. 엄밀히 따지면, 이는 1980년~1997년 사이에 네덜란드 남자아이들의 비만율이 11배 높아졌다는 사실을 의미한다. 하지만 1997년 네덜란드 남자아이들의 비만율은 1980년 미국 남자아이들의 비만율보다 더 낮다.(같은 기간 동안에 네덜란드 여자아이들의 비만율은 1,000명 중 5명에서 19명으로 증가했다). 그러므로 선진국 사이에 경향은 서로 유사하지만, 문제의 절대 등급은 매우 다르다고 할 수 있다.[8] 과체중 문제와는 별도로, 최근 몇 십 년 간 미국 외의 나라에 사는 아이들의 건강이 약화되었다는 보고가 있었다. 미국과 마찬가지로 말이다.[9]

지난 40년 동안 무슨 일이 벌어진 것일까? 1971년만 해도 아동이나 청소년이 비만이거나 겨우 400m 달리기를 하고서 헐떡이는 숨을 주체하지 못하는 일은 별로 없었다. 하지만 2000년에는 이러한 일들이 흔해졌다. 2000년도 이후로 보통의 미국 아이는 더 뚱뚱해지지는 않았지만 신체적 건강도는 더 낮아졌다. 왜 그럴까?

연구자들은 아동 비만과 과체중 비율을 높이고 체력을 떨어뜨리는 데에 다음의 세 가지 요소가 작용했다는 것에 대부분 동의한다.

1. 아이들이 먹는 음식

2. 아이들이 하는 활동

3. 아이들의 수면 시간

다른 요소들(내분비계 교란, 장내 박테리아, 유전자 조작 식품 섭취, 항생제 등) 또한 일정한 역할을 했을지 모르지만, 이것들의 역할에 대한 의견 일치는 적은 편이다.[10] 1~3번 요소들을 살펴보면서 부모의 권위가 각각의 요소에서 어떠한 중심 역할을 하는지 알아보자. 더 정확히 얘기하자면 부모의 권위 저하와 역할 혼란이 어떠한 역할을 하는지 얘기해보자.

아이들이 먹는 음식

일반적인 미국 아이의 식사에서 건강한 음식들은 덜 건강한 음식과 음료로 대체되고 있다. 피자, 감자튀김, 포테이토칩, 아이스크림, 탄산음료가 과일, 채소, 우유의 자리를 꿰찼다. 모든 미국 가정에서 이러한 변화가 일어나는 것은 아니지만 상당히 많은 가정에서 일어나고 있는 것이 사실이다.

부모가 아이의 식습관을 확실히 책임지고 있다면, 부모는 저녁 식사로 무엇을 먹을 것인지를 결정하고 아이들은 주는 대로 먹든지 아니면 굶어야 한다. 1970년대까지만 해도 미국 가정들에서 이것이 일반적이었다. 하지만 요즘은 이례적인 일이 돼 버렸다. 1970년대에 부모들은 이렇게 말하곤 했다. "브로콜리 먹기 전에는 디저트 못 먹어.", "식사 시간 사이에 간식은 어림없어." 여전히 이러한 규칙들을 고수하는 부모도 있지만, 극히 소수에 불과하다. 1978년~1994년 사이에 미국 10대 남자아이들의 1인당 탄산음료 소비량은 거의 3배 증가했다.[11] 1977년~1995년 사이에 패스트푸드 레스토랑에서 미국인이 식사를 하는 비율은 200% 증가했다.[12] 심지어 일부 학교들은 콜라나 과자를 파는 자동판매기를 설치해서 돈을 벌고 있다. 2014년에 발효된 연방 법규는 학교에서 정크 푸드(열량은 높지만 영양가는 낮은 패스트푸드나 인스턴트식품의 통칭-옮긴이)와 설탕이 든 음료의 판매를 금지하고 있다.[13]

2009년 가을~2010년 여름까지의 한 학년도 동안 전미 학교 급식 프로그램은 피자에 4억 5천2백만 달러, 치킨 너겟에 2억 4천1백만 달러, 햄버거에 1억 4백만 달러를 소비했다.[14] 미셸 오바마는 학교들에게 건강한 급식을 단계적으로 도입하도록 강제하는 연방 법안을 지지했다. 2010년에 발효한 이 법안은 전미 학교 급식 프로그램을 통해 무료로 점심 식사를 제공받는 아이들만을 대상으로 하지 않았다. 급식 비용을 내는 아이들을 포함해 공립 학교에서 밥을 먹는 모든 아이들을 대상으로 했다.

이 법안은 '건강하고 굶주림에서 해방된 아이들 법'이라고 명명됐다. 학교들은 이 법안에 따라 점심 시간에 더 건강한 음식을 제공해야 하고, 덜 건강한 음식 일부를 없애야 했다. 4년이 지난 후인 2014년에, 한 전문가는 새로운 법이 '건강하고 굶주림에서 해방된 쓰레기통들'만을 양산했다고 농담했다. 아이들이 건강한 음식을 거부하고 쓰레기통에 버렸기 때문이다.[15] 2014년 10월, 전미학교위원회는 이 법안이 발효한 이후 미국 학군의 84%에서 음식물 쓰레기가 증가했고 미국 학군의 76%에서 학생의 급식 프로그램 이용이 줄어들었다고 보고했다.[16]

미셸 오바마는 새로운 법에 규정된 건강한 음식들 중 상당량이 버려지고 있다는 보고서에 대해 공개적으로 불만을 표현하며, 일부 학군에 근무하는 교육 행정가들이 "팔짱을 낀 채 앉아서 '음, 아이들이 정크 푸드를 좋아하는군요. 그럼 정크 푸드를 줍시다.'라고 말만 하고 있지 않냐."며 혐의를 제기했다. 그리고 심혈을 기울여 아이들에게 새로운 음식들을 소개한다면 인기를 끌 수 있을 것이라고 말했다.[17]

이 의견을 당연히 존중하지만, 퍼스트레이디가 교육 행정가들의 열정 부족을 탓한 것은 잘못된 판단이라고 생각한다. 요즘 아이들은 자신의 욕구가 다른 무엇보다 가장 중요한 문화 안에서 자라고 있다. 이러한 문화에서 학교 수업은 일종의 오락거리로 받아들여질 때가 많고, 대학 교수들은 수업이 얼마나 재밌는지를 근거로 하여 학생들에게 수업 평가를 받는다. 이러한 문화에서, 피자와 감자튀김에 익숙해질 대로 익숙해진 아이들이 군말 없이 브로콜리와 방울양배추를 먹을 거라고 기대하는 것은 지나치다. 부유한 동네에 있는 학군에서는, 많은 아이들이 새로운 법에 규정된 건강한 점심 급식을 이용하는 대신 점심 도시락을 싸 오는 경우가 많아졌다.[18] 특히 아이들에게 선택권이 많은 매우 부유한 동네에서는, **아이들에게 건강한 음식을 '제공하는 것'만으로 당연히 아이들이 그것을 선택하리라 기대하는 것은 한마디로 비현실적이다.**

요즘 부모들, 특히 부유한 부모들은 보통 아이를 학교에 태워다 주고 태워 오는 자동차 안에 간식이 잔뜩 든 가방을 갖고 다닌다. 아이들은 한순간도 배고픔을 느껴서는 안 된다. "아이가 저혈당이 되길 원하지 않아요." 한 부모는 이렇게 말했다. 30분여의 통학 시간을 위해서 자동차 안에 냉장 간식을 넣은 아이스박스를 가지고 다니는 부모였다. 나는 별말 하지 않았다. 버거킹에서 치즈 버거와 감자튀김을 먹는 것보다는 집에서 싸 온 당근 스틱을 먹는 게 더 낫기 때문이다.

아이가 자신의 욕구에 따라 음식을 자유로이 먹도록 허용하면 총 칼로리 소비량에 상관없이 비만을 조장할 수 있다는 새로운 연구 결과가 있다. 온종일 먹고 싶은 대로 먹으면 하루의 주기 리듬이 깨지고, 정상적인 신진대사가 방해를 받고, 식욕을 조절하는 호르몬의 균형에 이상이 생긴다. 실험 동물을 대상으로 한 최근 연구에 따르면 밥에 '임의로' 접근하도록 내버려 둔 동물들은 스케줄에 맞춰 밥을 준 동물들에 비해 더 뚱뚱해졌다고 한다. 두 그룹에서 소비한 칼로리의 총량이 동일했음에도 불구하고 말이다. 하지만 밥을 먹을 수 있는 시간을 24시간에서 9시간이나 12시간으로 제한하면(총 칼로리는 제한하지 않고) 건강이 향상되고 몸무게 또한 정상으로 되돌아갔다. "시간 제한 식사는 비만을 예방할 뿐만 아니라 이미 생긴 비만을 없애기도 했습니다."라고 관련 연구 논문을 쓴 사치다난다 판다 박사는 말한다.[19]

도대체 언제부터 단 몇 분의 배고픔도 용납하지 못하게 됐는가? 아이에게 최종 결정권을 주면 부모는 매 순간 아이가 불편하지는 않은지 확인하기 위해 갖은 애를 써야 한다. 단 5분도 불편해선 안 된다. 이제 배고픔(학교에서 집에 차를 타고 오는 짧은 시간조차도)은 참을 수 없는 것이 돼 버렸다. 한 번도 배고파 본 적이 없는 아이는 자라면서 더 무거워진다. 하지만 심리적으로는 더 가벼워질 가능성이 높다. 자신의 욕구를 통제하는 법을 배우지 못했기 때문이다.

부모가 마지못해 아이를 통제한다 해도 음식 선택권이 첫 번째 걸림돌이 될 경우가 많다. 예전의 "브로콜리를 먹을 때까지 간식 못 먹어."는 요즘 "브로콜리를 세 입 먹으면 간식을 먹기로 하는 건 어때?"로 바뀌었다. 앞에서도 짚었듯이, 명령은 뇌물이 걸린 요청이나 질문으로 대체됐다. 최근 한 레스토랑에서 옷을 잘 차려입은 아빠가 다섯 살쯤 돼 보이는 딸에게 애원하고 있는 모습을 목격했다. "아가야, 제발 아빠 부탁 하나만 들어주면 안 될까? 완두콩 한 개만 먹어 주면 안되겠니?" 아이들은 이러한 간청을 문자 그대로 받아들인다. 가령, 이 아이가 거들먹거리며 완두콩을 한 개 먹는다고 치자. 아이는 자신이 아빠의 부탁을 들어줬고 그렇기 때문에 아빠가 그 보답으로 자신의 부탁을 하나 들어줘야 한다고 믿을 것이다.

아이들이 하는 활동

요즘 미국 아이들은 3, 40년 전의 아이들에 비해 상당히 덜 활동적이다. 1965년에 아이들이 흔히 즐기는 여가 활동은 바깥에서 뛰어노는 것이었다. 반면, 요즘 아이들은 텔레비전이나 컴퓨터 앞에 앉아 있을 가능성이 높다. 한 연구에 따르면, 1965년에 미국인은 하루에 평균 92분 동안 텔레비전을 봤다. 일주일로 치면 약 10시간 30

분이 된다.[20] 훨씬 더 중요한 사실은, 1965년에 텔레비전이 있는 미국 가정의 80% 이상은 한 대의 텔레비전밖에 없었다는 점이다. 이는 부모와 아이가 텔레비전을 함께 시청했다는 사실을 의미한다.[21] 게다가 1965년에는 전국 방송 TV채널이 ABC, CBS, NBC 세 곳 밖에 없었다. 케이블 TV는 존재하지 않았다. 디즈니 채널도, MTV도 없었다. 1960년대 후반과 1970년대 초반에 낮 시간에 텔레비전을 켜면 〈애즈 더 월드 턴즈 *As the World Turns*〉, 〈사랑은 아름다워 *Love Is a Many Splendored Thing*〉, 〈제너럴 호스피털 *General Hospital*〉 같은 연속극만 볼 수 있었다. 아이들이 볼 수 있는 프로그램은 없었다. 최근의 전국 조사에 따르면, 요즘 미국의 9세 아동은 일주일에 평균 50시간 이상, 10대는 평균 70시간 이상을 전자 스크린(텔레비전, 컴퓨터, 스마트폰을 포함한) 앞에서 보낸다.[22]

1960년대와 1970년대에 오하이오주에서 자랄 때, 나와 같은 동네에 사는 아이들 대부분은(확실하게, 모든 남자아이들은) 자유 시간을 집 바깥에서 보냈다. 식사 시간이 되면 밥을 먹기 위해 집 안으로 들어오긴 했지만 그게 다였다. 매일같이 야구 경기를 하느라 뒷마당이 움푹 팬 나머지 아이들이 이사 가고 난 3년 후에도 투수 마운드와 베이스가 있던 자리를 알아볼 수 있을 정도였다.

얼마 전에 내가 아는 어떤 엄마가 자신의 열한 살짜리 아들에게 물었다. "날씨가 엄청 좋은데 밖에 나가 놀지 그러니?" 아이가 매우 진지하게 대답했다. "밖엔 비디오 게임기 코드를 꽂을 데가 없잖아요?"

요즘 아이들은 예전보다 자유 시간이 적은 데다 그마저도 어른들이 미리 대신 계획을 세워 주고 옆에서 감독하는 경우가 많다.[23] 하지만 가장 큰 변화는 집 밖으로 나가서 사방치기나 피구, 줄넘기를 하며 놀기보다 전자 기기 가지고 놀기를 더 좋아한다는 점이다. 미국의 많은 학교들은 피구 같은 전통적인 게임을 금지하기까지 했다. 아이들이 다치면 법적 책임을 져야 하기 때문이다. 또한 그러한 게임들이 약자 괴롭힘을 조장하고 아이들의 자존감을 낮출지도 모른다는 염려 때문이었다.[24]

지금 당장 화면을 꺼라. 아이들을 밖으로 내보내라. 당신도 밖으로 나가서 아이와 함께 놀아라. 만약 아이의 학교가 걸어갈 수 있는 거리 안에 있고 동네가 안전하다면 아이에게 학교까지 걸어 다니는 것은 어떠냐고 물어보라. 1969년에 미국 아이들의 41%는 학교까지 걸어 다니거나 자전거를 타고 다녔다. 하지만 2001년에 이 비율은 13%로 떨어졌다.[25] 만약 집에서 1.6km 안에 식료품점이 있다면, 매일 혹은 이틀에 한 번씩 아이와 함께 걸어가서 장을 봐 오는 것은 어떤가.

아이들의 수면 시간

지난 15년 동안, 밤에 잠을 덜 자면 과체중과 비만으로 이어질 수 있다는 사실이 밝혀졌다. 이러한 영향은 성인보다 아동과 10대에게 더 뚜렷하게 나타난다.[26]

약 10년 전부터 나는 수면 부족과 비만 사이의 관계에 대한 연구 논문들을 읽기 시작했다. 처음에는 잠을 덜 자면 몸무게가 늘어날 수도 있다는 생각 자체가 전혀 말이 안 되는 것처럼 느껴졌다. 왜냐하면 잠을 덜 자면 아마 다른 일을 할 것이고, 활동량은 더 늘어날 것이기 때문이다. 대부분의 활동은 잠자기보다 더 많은 칼로리를 연소시킨다. 하지만 밝혀진 바로는, 아동이나 성인이 잠이 부족하면 식욕을 조절하는 호르몬에 이상이 생기고 이 호르몬 이상은 두뇌를 온갖 안 좋은 방향으로 혼란시킨다. 두뇌는 이렇게 말하기 시작한다. "너무 피곤해. 나는 감자튀김/아이스크림/사탕/쿠키/케이크를 먹을 '자격이 있어.' '지금 당장' 먹어야 해."

좋지 않다.[27]

미국 아이들은 필요한 만큼 잠을 자고 있지 않다. 지난 20년 동안 아이들의 수면량은 급격히 감소했다.[28] 아이들에게 필요한 수면의 양에 대해 전문가들은 다음과 같이 말한다.[29]

- 어린이집과 유치원에 다니는 2세~5세 아동은 하루 최소 11시간
- 초등학교와 중학교에 다니는 6세~12세 아동은 하루 최소 10시간
- 13세~18세의 10대는 하루 최소 9시간

이 수치를 미국 아이들의 실제 수면량과 비교해 보면 어떤 결과가 나올까? 10세 미국 아동은 하루에 평균 9.1시간 잔다. 15세 청소년은 7.3시간 자고, 17세 청소년은 6.9시간밖에 안 잔다.[30] 6세~18세의 모든 연령 그룹에 속한 미국 아이들이 수면 부족 현상을 겪고 있다. 나이가 더 많을수록 수면 부족 가능성은 더 높아진다. 미국 아이들은 20년 전에 비해 엄청나게 덜 자고 있다. 반면 영국 아이들은 20년 전에 비

해 약간 더 많이 자고 있다.[31]

이유가 무엇일까? 침실 안에 전자 기기를 두는 것이 한 가지 요인일 수 있다. 만약 아동이나 10대의 침실 안에 텔레비전이나 스마트폰, 비디오 게임기, 인터넷이 되는 컴퓨터가 있다면, 잠을 자는 대신 이러한 기기들을 사용하고 싶은 유혹이 치밀 것이다. 침실에 전자 스크린을 두면 수면에 방해가 된다는 사실에 대한 또 다른 증거가 새로 나왔다.[32]

2013년에 미국 소아과 학회는 아동과 10대의 미디어 사용에 대한 새로운 권고 기준을 발표했다. 2001년 이후 처음으로 가이드라인을 대폭 수정한 것이었다.[33] 여러 권고 사항들 중에서, 소아과 의사들은 특히 '침실에 전자 스크린을 두지 말라.'고 권고했다. 텔레비전, 스마트폰, 컴퓨터, 태블릿 PC 등을 말이다. 아이들이 이러한 전자 기기를 아예 사용하지 말아야 한다는 뜻은 아니고, 침실에 두면 안 된다는 뜻이었다. 침실은 잠을 자기 위한 곳이어야 한다.

미국 소아과 학회의 권고 기준은 타당하고 합리적이었다. 나 또한 거의 똑같은 의견을 오랫동안 주장해 왔다. 그래서 많은 미국 미디어가 이 가이드라인에 보인 경멸 섞인 반응에 깜짝 놀랐다. 미국 연합통신사는 비꼬는 듯한 해시태그 '#행운을빌어요'를 달아 기사를 내보냈다.[34] 또 다른 주요한 매스컴은 '헛수고'라는 딱지를 붙이고 새 가이드라인이 대중들에게 완전히 무시당할 것이라고 예측했다.[35]

나는 2001년부터 아동과 10대들을 위한 워크숍을 열기 시작했다. 워크숍의 형식은 설교도 강의도 아닌 편안한 대화였다. 여러 가지 질문을 던지고는 손을 든 아이를 지목했다. 그런 다음 다른 아이들에게 방금 또래 친구가 한 말에 대해서 어떻게 생각하느냐고 물어봤다. 2001년부터 매번 던진 질문 중 하나는 이것이다. "여가 시간에 무엇을 하는 것을 가장 좋아하는가? 혼자 있고 아무도 감시하는 사람이 없을 때." 2001년부터 2010년 무렵까지는 많은 다양한 답변을 들을 수 있었다. 하지만 2011년 정도부터 한 가지 답변이 두드러지게 나타났다. 특히, 부유한 집 아이들에게서 더욱 그랬다. 바로 '잠을 잔다.'였다. 요즘 미국의 부유한 집 아이들은 엄청나게 많은 일을 하느라 너무 바쁜 나머지, 대부분 수면이 부족하다. 해야 할 일이 엄청나게 많아서 가장 좋아하는 여가 활동이 음악이나 미술, 운동이나 독서가 아니라 잠자기가 돼 버렸다. 슬픈 일이라 하지 않을 수 없다.

우리는 무례함의 문화가 더 뚱뚱한 아이들을 양산할 수 있다는 사실을 이미 여러 면에서 목격할 수 있다. 부모의 권위를 존중하지 않는 아이들은 자기에게 할당된 채소를 제대로 먹을 가능성이 낮다. 집안일을 도울 가능성이 낮고 비디오 게임에 몰두할 가능성이 높다. 정해진 시간에 잠자리에 들 가능성이 낮고 밤늦게까지 전자 스크린 앞을 떠나지 않을 가능성이 높다. 이 둘 사이의 직접적인 연관성을 뒷받침하는 흥미로운 증거가 또 있다. 무례한 아이가 뚱뚱해질 가능성이 높다는 연관성 말이다.

지난 20년 동안, 상당히 많은 연구들은 이러한 발견을 보고했다. 다시 말해, 반항적이고, 무례하고, 노골적으로 건방진 아동들과 10대들은 행실이 바른 아이들에 비해 과체중이 되거나 비만이 될 가능성이 높다는 사실이 밝혀졌다.[36] 또 다른 연구에서는 만성적으로 반항적이고 무례한 아이들은 행실이 바른 아이들에 비해서 비만이 될 가능성이 3배 더 높다는 사실이 드러났다. 아이가 날씬할수록 영향은 더 커진다. 날씬한 아이들이 지속적으로 반항을 하고 무례하게 굴면 똑같이 날씬하면서도 품행이 바른 아이들에 비해 비만이 될 가능성이 5배 더 높았다.[37]

일리가 있다. 만약 아이들이 반항을 하고 무례하게 굴고 채소 먹는 것을 거부하면, 어떤 부모들은 아이가 저녁 식사로 피자와 감자튀김을 먹게 내버려 둘 것이다. 다음과 같이 말하지는 않을 것이다. "채소를 다 먹을 때까지 디저트 못 먹어." 아이가 잘못된 행동을 하면, 이런 부모들은 강경한 태도를 취하는 대신 아이에게 피자와 아이스크림을 주는 것이 더 쉽다고 생각할지 모른다.

그렇다면 왜 이러한 영향은 날씬한 아이들에게 더 뚜렷하게 나타날까? 만약 연구가 시작됐을 때 아이가 이미 과체중인 상태라면, 커다란 변화를 목격할 여지가 그다지 크지 않다. 만약 아이가 원래 날씬하다가 그 후에 비만이 된다면, 연구자들은 이미 과체중이나 비만인 아이들 사이에서보다 날씬한 아이들 사이에서 더 큰 영향이 있음을 발견할 것이다.

뜻밖의 연구 결과도 있다. 불량 행동과 향후 비만과의 관계는 미국에서 실행된 수많은 연구에서 확인됐다. 하지만 뉴질랜드에서는 달랐다. 뉴질랜드에서는 이 주제에 관해 오직 한 가지 연구만 이뤄졌다. 그런데 1990년대에 실행된 이 연구에서, 행동이 불량한 여자아이들은 품행이 바른 여자아이들에 비해서 비만이 될 가능성이 약간 더 '낮았다.' (남자아이들은 연구하지 않았다.) 연구자들은 행동이 불량한 여자아이들이 '품행이 바른' 여자아이들보다 몸무게가 덜 나가는 것은 담배를 피울 가능성이 더 높기 때문일지도 모른다고 추측했다.[38] 이 추측은 설득력이 없다. 행동이 불량한 여자아이들이 품행이 바른 여자아이들보다 담배를 피울 가능성이 더 높은 것은 뉴질랜드뿐만 아니라 미국도 마찬가지이다. 나는 오클랜드, 헤이스팅스, 혹스베이, 크라이스트처치 등 뉴질랜드의 곳곳에서 학부모, 10대들과 대화를 나눴고 그 결과 위와는 다른 가설을 세웠다. 뉴질랜드의 부모들은 1990년대까지만 하더라도 아이에게 저녁 식사로 무엇을 먹을 것인지를 정하게 하는 일이 매우 드물었다. 만약 부모가 건강에 좋은 음식을 준비했는데 반항적이고 무례한 아이가 먹지 않겠다고 거부하면 그 아이는 쫄쫄 굶은 채로 잠자리에 들어야 했다. 몇 달이나 몇 년 동안 이런 일이 반복되면 몸무게가 빠질 수 있는 것이다.

그렇지만 뉴질랜드에서 1990년대 중반에 실행한 연구를 기반으로 한 이 연구 논문은 1998년에 발표됐다. 그 이후 20년 동안 많은 변화가 있었다. 얼마 전 뉴질랜드 크라이스트처치에 있는 학교를 방문해서 교육 행정가에게 이 연구 결과에 대해 이야기했는데, 이 행정가는 최근 뉴질랜드 일부 아이들 사이에 특권 의식이 증가하고 있다고 말했다. "2011년의 크라이스트처치 대지진 이후 청소년의 불안감 수준과 이와 관련된 정신 건강 문제들이 특권 의식을 만들어 냈는지도 모릅니다. 부모들과 전문가들은 청소년의 웰빙 문제를 다룰 때면 마치 살얼음 위를 걷는 것 같습니다. 이러한 두려움은 일부 응석받이 10대들에게 나타나고 자율권의 강화와 함께 똘똘 뭉칩니다. 혼란스러운 부모들은 학교에 점점 의존하면서 가정 안에서 아이가 보이는 무례함과 반항을 어떻게 해결해야 하는지 가르쳐달라고 합니다."[39]

그러므로 아마 뉴질랜드도 예외는 아닐지 모른다.

이 책의 두 번째 파트에서는 지금 21세기 문화의 맥락 안에서 부모의 권위를 강화할 수 있는 구체적인 전략으로 무엇이 있는지 중점적으로 살펴볼 것이다. 하지만 이러한 전략은 부모가 자신이 아이에게 가르치고자 하는 것에 대해 자신감을 가질 때에만 효과적이다. 다음은 부모가 식습관과 운동에 관련하여 아이에게 가르쳐야 할 것들이다.

올바르게 먹어라: 피자나 아이스크림보다 브로콜리나 양배추를 더 중시해야 한다.

적게 먹어라: 1인분의 양을 줄이고 아이들에게 채소를 포함하여 자기 그릇에 있는 모든 것을 다 먹으라고 말하라. 두 그릇째 먹기 전에 말이다.

운동을 더 많이 하라: 전자 기기를 끄고 밖으로 나가라. 그리고 움직여라.

부모가 권위를 포기한 채 아이에게 식단을 결정하게 하면 점점 더 많은 아이가 브로콜리나 콜리플라워 대신 피자나 감자튀김을 먹을 것이다. 이는 요즘 아동들과 10대들 사이에 과체중과 비만이 급증하고 있는 이유 중 하나임에 확실하다.

아이에게 결정권을 넘기는 일이 어떻게 과체중 현상으로 이어지는지는 쉽게 알 수 있지만, 다른 중요한 결과들은 그다지 인과 관계가 뚜렷하지 않다. 예를 들어, 부모의 권위가 떨어지는 현상이 어떻게 아이들의 주의력 결핍 과잉 행동 장애나 반항 장애, 소아 양극성 장애 증가를 초래할 수 있는지(특히 미국에서)는 직접적으로 분명해 보이지는 않는다.

그렇지만 이 둘은 서로 연관돼 있다. 다음 장에서 살펴볼 주제이기도 하다.

Chapter 3

왜 그렇게 많은 아이들이 약물 치료를 받고 있는가?

진료실에서 만난 트렌트는 행복해 보였다. 여덟 살인 트렌트는 내가 만화에 나오는 검은 오리 캐릭터 인형 가면을 쓰고 목소리를 흉내 내자 킥킥거리며 웃었다. 하지만 트렌트의 부모는 아이가 뭔가가 자기 뜻대로 되지 않거나 예기치 못한 일이 생기면 울화통을 터뜨리며 폭발한다고 했다. "미친 것처럼 길길이 날뛰어요." 아이의 엄마가 말했다. "소리를 지르고 울고 물건을 집어던지죠. 하지만 5분만 지나면 언제 그랬냐는 듯이 다시 깔깔거려요." 내가 미처 말을 꺼내기 전에 엄마가 말을 이었다. "인터넷에 들어가서 검색을 해 봤는데 양극성 장애가 아닐까 싶어요. 급속 순환형 양극성 장애 말이에요."

흠. 나는 진지한 표정으로 고개를 끄덕였다.

종합 검진을 한 결과 트렌트에게 양극성 장애나 혹은 다른 어떤 정신 장애도 없다는 사실이 명확해졌다. 아이는 단지 기분이 갑작스럽게 널뛰듯 좋아졌다 나빠졌다 할 뿐이었다. 일이 자기 뜻대로 되지 않으면 몹시 화를 내는 것이다. 이는 여덟 살짜리 아이에게 정상 범주에 속하는 행동이다. 하지만 트렌트의 부모는 아이의 행동을 교정하거나 아이의 분노 발작에 적절하게 대응하지 못하고 속수무책인 것처럼 보였다. 나는 어떻게 해야 할지 난처했다. '약물 치료가 전혀 필요하지 않다고 이 엄마에게 어떻게 전달하지?' 문제는 아이에게 있지 않았다. 부모가 일관적인 한계 기준과 그에 따른 보상이나 처벌을 명확히 설정하고 실행하지 못한 것이 문제였다.

1장에서 언급했듯이 '문화화' 임무 중 가장 큰 부분은 아이에게 풀검 목사의 규칙을 가르치는 것이다. *"정당하게 승부하라./ 사람들을 때리지 말라./ 물건을 사용하고 나면 다시 제자리에 갖다 놓으라./ 자기가 어지른 것은 자기가 치우라. /누군가를 아프게 했으면 미안하다고 말하라."* 1955년 이후 30여 년 동안 부모들은 유치원 교실에서 이 규칙을 가르칠 것이라고 신뢰할 수 있었다. 이 시대에는, 자녀 교육에 그다지 열성이지 않은 부모들조차도 아이들이 이 규칙을 잘 배우고 내면에 받아들일 거라는 것을 당연하게 생각했다. 하지만 더 이상 그렇지 않다. 1장에서 말했듯이, 요즘 미국의 많은 유치원에서 존중, 공손함, 예의를 가르치는 일보다 이중 모음을 가르치는 일을 더 중요하게 생각할 가능성이 높다.

요즘 부모는 풀검 목사의 규칙과 이에 관련된 모든 것을 직접 아이에게 명확하게 가르쳐야 한다. 하지만 그렇게 하지 않는 부모가 많다. 최소한 두 가지 이유 때문이다. 첫 번째로, 부모들은 자신이 그렇게 해야 한다는 사실 자체를 모를 수 있다. 이들의 부모는 2,30년 전에 이러한 주제에 관해 이들에게 설파하지 않았다. 그렇다면 이러한 규칙을 내 아이에게 가르쳐야 할 이유가 무엇인가? 두 번째로, 요즘 부모는 이전 세대의 부모보다 부모의 권위를 행사하는 것을 불편해한다.

요즘 트렌트의 엄마와 같은 부모를 자주 본다. 이들은 자신의 아이에게 양극성 장애 혹은 불량 행동을 설명할 수 있는 신경 정신과적 다른 이유가 있는지 궁금해한다. 나는 이런 부모들에게 여덟 살짜리 아이가 30분 만에 기분이 휙휙 변한다 해도 지극히 정상이라고 설명한다. 때때로 아이들은 단 5분 만에 그러기도 한다. 급속 순환성 양극성 장애가 있어서가 아니다. 여덟 살이어서 그런 것이다. 나는 반복해서 말해 준다. "부모의 임무는 아이에게 자기 통제력을 가르치는 것입니다. 무엇은 해도 되고 무엇은 하면 안 되는지 아이에게 설명해야 합니다. 경계선을 설정하고 아이가 그 경계선을 넘으면 처벌을 해야 합니다."

20년 전에는 이런 것이 상식이었다. 하지만 더 이상 아니다. 최소한 미국에서는.

1994년만 해도 미국에서 20세 이하의 개인이 양극성 장애로 진단받는 일은 흔치 않았다. 하지만 2003년에는 매우 흔해졌다. 1994년과 2003년 사이에, 양극성 장애로 진단받은 아동과 10대는 40배나 증가했다. 다시 말해, 1994년에 1명의 아이가 양극성 장애로 진단받았다면 2003년에는 40명의 아이가 진단받은 것이다. 게다가 대부분 15세 이하였다.[1]

1990년대 초 이전에, 소아 양극성 장애는 미국뿐만 아니라 다른 어떤 나라에서도 좀처럼 진단되지 않았다. 1994년 이전에, 전문가들은 양극성 장애는 울증 주기와 조증 주기가 번갈아가며 나타나는 특징이 있다고 합의했다. 조증 주기를 겪고 있는 사람은 큰 행복감을 느끼고 정력적이며 며칠씩 잠을 자지 않기도 한다. 조증 주기는 며칠 혹은 몇 주 동안 이어질 수 있다. 그에 비해 울증 주기는 몇 주 혹은 몇 달 동안 이어질 수 있다.

1990년대 중반부터, 하버드 의과대학의 조셉 비더만 박사가 이끄는 연구팀은 아동의 양극성 장애는 성인의 양극성 장애와 양상이 다르다고 주장하는 일련의 논문들을 발표했다. 비더만 박사와 동료들은 아동의 양극성 장애는 울증 주기와 조증 주기가 번갈아가며 나타나지 않는다고 주장했다. 대신 급속 순환을 하는데, 성인처럼 몇 주나 몇 달 동안 지속되지 않고 몇 분이나 몇 십분만 지속된다는 것이다. 더 나아가 비더만 박사는 아동기의 조증은 성인기의 조증과 양상이 다르다고 주장했다. 비더만 박사와 하버드 의대 동료들에 따르면, 조증인 아이는 큰 행복감을 느끼거나 정력적이지 않다. 대신 짜증을 잘 낸다.[2]

비더만 박사가 묘사하는 아동들은 양극성 장애를 가진 성인들과 매우 다른 모습을 보이기 때문에 진짜 양극성 장애가 맞는지 의문이 드는 사람도 있을 것이다. 그렇지만 박사는 이 증상이 아동의 양극성 장애 증상이 분명하고, 성인의 양극성 장애 치료에 자주 사용되는 리스페달과 세로켈 같은 강한 항정신 약물로 똑같이 치료해야 한다고 주장했다.

물론, 그 당시에도 지금도 이 주장에 대한 회의론자들 또한 있다. 회의론자 중 한 명인 심리 치료사 도미닉 리쵸는 비더만 박사와 그 동료들이 급속한 기분 변화를 겪는 아이를 양극성 장애로 진단했다고 생각한다. "만약 어떤 아이가 행복해하다가 갑자기 슬퍼하면서 충동적으로 분노를 터뜨린다면, 양극성 장애 증상을 보인다고 볼 수도 있을 것입니다. 하지만 원래 아이들은 기분이 심하게 오락가락합니다. 이를 정신 장애의 특징으로 보는 것은 심각한 실수입니다."[3] 정신과 의사인 제니퍼 해리스는 비더만 박사가 소아 양극성 장애 진단에 대해 한창 홍보하던 때인 2002년에 청소년 정신과의 특별 연구원이었다. "엄청나게 많은 아이들이 양극성 장애로 진단받은 후 찾아왔습니다." 해리스 박사가 말했다. "하지만 종합 검사 결과, 그중 다수가 양극성 장애가 아닌 것으로 밝혀졌습니다." 박사는 이렇게 결론을 내린다. "많은 의사들은 부모에게 아이의 두뇌에 장애가 있다고 말하는 것보다 자녀 양육 방식을 바꾸라고 말하는 것을 더 어려워합니다."[4]

이것이 내가 트렌트와 트렌트의 엄마와 처했던 상황이다. 아이는 기분이 갑자기 좋아졌다 나빠졌다 하는 것뿐이었다. 자신이 원하는 장난감을 부모가 사 주지 않으면 장난감 가게에서 소리를 고래고래 질렀다. 하지만 부모는 아이에게 어떻게 행동해야 하는지를 한 번도 제대로 가르쳐 주지 않았다. 트렌트의 행동은 일관적인 규율을 접해 본 적이 없는 아이라면 으레 보일 수 있는 행동이었다.

트렌트의 엄마는 〈뉴스위크〉에서 소아 양극성 장애에 대한 커버 스토리를 읽은 적이 있었다. 그 기사는 비더만 박사와 하버드 의과대학 동료들을 다루고 있었고 의사들이 소아 양극성 장애 진단을 제대로 하지 못하는 것이 문제라는 비더만 박사의 주장이 나와 있었다.[5] 트렌트 엄마의 불만도 이해가 갔다. 자그마한 병원의 개업의에 불과한 내가 어떻게 감히 〈뉴스위크〉와 하버드 의대 아동 정신과의 저명한 비더만 박사에게 이의를 제기할 수 있겠는가?

트렌트의 엄마는 내가 아이의 두뇌에 리스페달이나 세로켈로 치료할 수 있는 화학적 불균형이 있다고 말해 주기를 바랐다. 비더만 박사가 옹호했던 약물들이다. 그러나 나는 이러한 약물 치료가 필요 없다고 말했다. 아이에게는 풀검 목사의 규칙을 가르칠 수 있는, 자신감과 권위가 있는 부모가 필요할 뿐이었다.

트렌트의 엄마는 씩씩거리면서 진료실을 떠났다.

그로부터 채 3주도 지나지 않아 비더만 박사와 그의 동료들은 리스페달과 세로켈의 제조사 그리고 다른 여러 제약 회사들로부터 400만 달러 이상의 돈을 받았다고 시인했다. 이 뇌물 수수 행위는 국정 조사 과정에서 밝혀졌다.[6] 엄밀하게 말하자면 비더만 박사와 그의 동료들이 법을 어긴 것은 아니다. 제약 회사로부터 수백만 달러를 받는 행위를 금지하는 법은 미국에 없다. 하지만 비더만 박사는 비윤리적 행위를 했다. 나는 비더만 박사가 〈뉴스위크〉와 모든 사람들에게 자신이 제약 회사들을 위해 돈을 받고 공식 대변인 역할을 했다는 사실을 밝혀야 한다고 생각한다. 그렇지만 박사는 이 돈에 대해 철저히 비밀에 부쳤다. 혹은 적어도 그렇게 노력한 것처럼 보인다.[7]

정신 의학 분야 사회 복지사인 엘리자베스 루트는 부모들이 약물 치료가 주는 빠른 효과에 만족하는 것 같다고 말한다. 부모들은 문제의 맨 밑바닥까지 내려가는 수고를 하고 싶지 않은 것이다.[8] 아동 정신과 의사인 엘리자베스 로버츠는 이를 강하게 비판한다. "점점 더 많은 정신과 의사들이 정상적인 반항과 비행을 하는 아이들을 오진하고 과잉 진단하고 있습니다. 공격적인 아이들이 울화통을 터뜨리면 정신 장애의 한 증상이라고 진단하죠. 의사들은 양극성 장애, 주의력 결핍 과잉 행동 장애, 아스퍼거 증후군이라는 진단명을 이용해서, 다루기 힘든 아이들을 강한 항정신 약물로 진정시키는 일을 정당화하고 있습니다. 심각하거나, 영구적이거나, 혹은 치명적인 부작용을 일으킬지도 모르는 약물인데도 말입니다."[9]

아이의 삶에는 권위자가 필요하다. 가정이 제대로 기능하기 위해서는 권위가 필요하다. 그렇지만 부모가 자신의 권위를 포기하는 순간, 공백 상태가 생긴다. 자연은 공백 상태를 몹시 싫어한다. 이때, 처방전으로 무장한 의사가 개입하거나 혹은 누군가에 의해 개입하게 된다. 약물이 아이의 행동을 통제하는 임무를 한다. 원래는 부모가 했어야 하는 임무이다.

많은 미국 부모들이 단호하게 아이를 가르치고 나쁜 행동에 대해 처벌을 하기보다 전문 의사가 처방한 약물을 이용한다. 부끄러운 일이다. 그리고 이는 미국에서 이러한 약물 처방이 폭발적으로 증가하고 있는 주요한 요인이라고 생각한다.

이러한 현상은 북아메리카에서만 특유하게 나타난다. 독일 연구자들은 미국에서 소아 양극성 장애 진단이 폭발적으로 증가한 기간과 거의 같은 기간 동안 독일에서는 소아 양극성 장애로 진단받은 아동의 비율이 감소했다는 사실을 발견했다.[10] 마찬가지로 스페인에서는 1990년부터 2008년 사이에 남자아이의 소아 양극성 장애 진단 비율은 변동이 없었고 여자아이의 비율은 오히려 감소했다.[11] 뉴질랜드의 한 연구에 따르면, 1998년부터 2007년 사이에 소아 양극성 장애 진단 비율은 여자아이와 남자아이 모두에게서 크게 감소했다.[12]

독일 연구자들은 덤덤하게 말했다. "유럽보다 미국에서 아동과 청소년의 양극성 장애 발생 빈도가 실제로 훨씬 더 높다고 추정할 만한 확실한 근거는 없습니다. 그렇기 때문에 유럽 연구자들은 미국 아동의 소아 양극성 장애 비율이 매우 높은 현상에 대해 대단히 회의적입니다. 미국 외의 나라에서는 아이들을 소아 양극성 장애로 진단하는 일이 매우 드뭅니다. …… 독일에서 아동기에 소아 양극성 장애로 진단받는 일은 '극도로' 드뭅니다."[13]

최근 연구자들은 미국과 영국의 종합적인 데이터베이스를 이용하여 두 나라의 소아 양극성 장애 진단을 비교했고 전체 인구에 맞춰 수치를 조정한 후 다음과 같은 결과를 발견했다. 영국에서 소아 양극성 장애로 진단받은 아이가 1명이라면 미국에서는 73명의 아이가 진단받았다.[14]

지금까지 몇 페이지나 할애해서 소아 양극성 장애에 대해 이야기한 이유는 이 사실이 미국이 선진국들과 비교해서 정신 장애 진단 비율이 어느 정도까지 높은지 매우 잘 보여 주기 때문이다. 하지만 단지 소아 양극성 장애뿐만 아니라 다른 정신 장애 또한 다른 어떤 나라보다 미국에서 훨씬 더 높은 비율로 진단되고 있다. 이러한 정신 장애들 중 주의력 결핍 과잉 행동 장애(ADHD)는 가장 지배적으로 나타난다. 내가 만나 본 또 다른 환자에 대해 이야기해 보겠다.

딜런은 초등학교 내내 훌륭한 학생이었고 친구도 많았다. 하지만 중학교에 들어가고 나자 변했다. 학교생활, 친구 대부분, 스포츠 등에 대한 관심을 잃어버린 것이다. 친구의 범주가 좁아졌고 자유 시간 대부분을 비디오 게임에 대한 관심이 같은 몇몇 남자아이들과만 보냈다. 또한 부모를 포함한 어른들을 향해 반항적이고 무례한 태도를 보였다. 가족과 함께 저녁을 먹는 것도 거부하기 시작했다. 대신 저녁 식사 시간에 자기 방에서 비디오 게임을 했다.

딜런의 부모는 소아 정신과 전문의에게 진단을 받았고, 의사는 딜런과 딜런의 부모와 대화를 나눈 후 학교의 몇몇 교사들이 딜런에 대해 작성한 ADHD 평가 척도 보고서를 검토했다.

"처음에는 딜런이 우울증이 아닌가 생각했는데 이제는 생각이 바뀌었습니다. 딜런이 다른 두 가지 정신 장애의 기준에 들어맞는 것 같습니다." 의사가 딜런의 부모에게 말했다. "반항 장애와 ADHD입니다. ADHD 치료제인 애더럴, 바이반스, 콘서타 같은 중추 신경 자극제를 복용하면 상당히 호전될 가능성이 높습니다. 이 약물 중 하나를 복용해 보고 효과가 있는지 지켜봅시다."

"약물 치료는 도움이 됐어요." 딜런의 엄마인 소피가 내게 말했다. "몇몇 부분에서는요. 딜런은 다시 학교 수업에 관심을 갖기 시작했어요. 집에서도 말을 더 잘 듣는 것처럼 보였죠. 그리고 다시 가족과 저녁을 먹기 시작했어요. 그렇지 않으면 최소한 식탁에 앉아 있기라도

했죠. 그다지 많이 먹지는 않았어요. 약물 치료를 시작한 이후로 식욕이 심하게 떨어졌거든요. 그리고 또 달라진 게 있어요. 예전에 딜런은 눈이 반짝거렸어요. 불꽃, 장난기 어린 불꽃이 있었죠. 하지만 더 이상 그 불꽃을 볼 수 없어요."

소피는 그 불꽃을 잃어버린 것이 걱정돼서 딜런을 내게 데려온 것이다. 소피와 딜런과 대화를 나누면서 딜런의 방에 비디오 게임 콘솔이 있다는 사실을 알게 됐다. 잠자는 시간에는 방문을 닫아 놓기 때문에 소피는 딜런이 비디오 게임을 얼마나 많이 하는지 정확히 모르고 있었다.

딜런과 이야기를 나누고 나서 나는 딜런이 수면 부족에 시달리고 있다는 결론을 내렸다. 딜런은 거의 매일 밤 늦게까지 잠을 자지 않고 비디오 게임을 한다는 사실을 인정했다. 그래서 침실의 전자 기기를 모두 치우라고 조언했다. TV도, 휴대폰도, 비디오 게임도 말이다. 학교에 다니는 평일에는 밤에 40분 동안 비디오 게임을 하고 주말에는 1시간까지 할 수 있지만, 반드시 비디오 게임 콘솔은 딜런의 방이 아니라 거실 같은 공용 공간에 둬야 한다고 조언했다.[15]

또한 중추 신경 자극제 약물 복용을 점점 줄이다가 끊으라고 권고했다. 중추 신경 자극제 약물 치료가 '효과가 있었던' 이유는 강력한 자극제를 복용했기 때문이라고 설명했다. 이 자극제는 딜런의 수면 부족을 보상했다. 수면이 부족한 아이는 주의를 기울이는 일에 어려움을 겪는다. ADHD가 있기 때문이 아니다. 수면 부족으로 인한 증상은 ADHD로 인한 증상과 거의 완벽하게 닮아 있다. 애더럴이나 바이반스 같은 약물은 암페타민 계통 약물로, 일종의 각성제이다. 나는 소피에게 수면 부족에 대한 적절한 해결책은 중추 신경 자극제를 처방하는 것이 아니라 부모가 비디오 게임 콘솔과 전등을 꺼서 아이가 편히 잠들 수 있게 하는 것이라고 설명했다.

부모의 기본 임무 중 하나는 아이가 밤늦게까지 자지 않고 게임을 하게 두는 대신 반드시 충분히 숙면을 취하게 하는 것이다. 이는 전혀 새로운 이야기가 아니다. 하지만 30년 전에는 아이가 새벽 2시에 다른 아이들과 온라인으로 게임을 손쉽게 할 수 있는 인터넷 접속 전자 기기가 없었다. 요즘은 차고 넘친다. 이는 부모들이 몇 십 년 전보다 권위를 더 확고히 해야 한다는 사실을 의미한다. 그렇지만 많은 미국 부모들은 그렇게 하는 대신 권위를 포기했다. 그 결과 남자아이들은 새벽 2시에 비디오 게임을 하고 여자아이들은 자정이 넘도록 잠을 자지 않고 친구와 휴대폰으로 메시지를 주고받거나 인스타그램에 셀피(다른 사람이 찍어 주는 사진이 아닌 자기 자신이 스스로 찍는 사진-옮긴이)를 올린다.

진료실에서 아이들을 만나 본 경험에 기초해 볼 때, 요즘 미국 아이들이 30년 전의 아이들에 비해 ADHD로 진단받을 가능성이 높은 한 가지 이유는 수면 부족 때문이라고 생각한다. 그리고 부모들이 권위를 확고히 하는 데 실패한 것이 아이들이 예전보다 잠을 덜 자고 있는 현상에 크게 일조했다고 생각한다.

딜런은 약물 치료를 중단하고 난 후 금방 생기를 되찾았다. 하지만 다른 문제들은 그다지 쉽게 해결되지 않았다. 딜런은 여가 시간의 대부분을 다른 게이머들(자유 시간의 대부분을 비디오 게임을 하며 보내는 아이들)과 어울리면서 보내 왔다. 딜런의 부모가 계산한 바로는 딜런은 일주일에 20시간 혹은 그 이상을 비디오 게임 하는 데 썼다. 부모가 게임 시간을 제한하자 딜런은 게임을 거의 끊어 버리다시피 했다. "하루에 40분이요? 온라인에 접속해서 무슨 일이 벌어지고 있는지 둘러보기만 해도 그것보단 더 걸려요." 딜런이 불만을 터뜨렸다. "의미 없어요." 딜런은 게이머 친구들과 어울리기를 그만 뒀다. 하지만 비디오 게임에 빠지기 전에 친했던 옛 친구들은 딜런을 순순히 다시 받아들이지 않았다. 그들은 이미 앞으로 나아갔기 때문이다. 딜런은 일종의 외톨이가 됐다. 학구적인 외톨이긴 하지만 말이다. 딜런은 성적이 급상승했고 교사들과의 관계도 좋아졌다.

딜런이 예전의 우정을 회복하지 못했다는 소식은 유감스러웠다. 아이들에게는 또래 친구들이 필요하다. 부모들에게 가족을 또래 친구들보다 더 우선시하는 일의 중요성에 대해 설명할 때마다 이렇게 묻는 부모가 있다. "하지만 아이에게는 또래 친구가 필요하지 않나요?" 물론 필요하다. 그렇지만 재무 설계 원칙에서 힌트를 하나 얻을 수 있을 것이다. '달걀을 한 바구니에 담지 말라.' 만약 아이의 친구들 모두가 한 가지 특정한 관심사만 공유하고 있다면 이는 건강하지 않다. 만약 당신의 딸이 축구 스타이고 친구들 모두가 축구를 하는데 딸이 갑자기 심한 무릎 부상을 입어서 3개월이나 1년, 혹은 평생 축구를 할 수 없게 된다면 어떻게 될까? 나는 이런 아이가 거의 모든 친구들로부터 버림받은 경우를 본 적이 있다. 이 아이는 축구 경기와 관계가 없는 새로운 정체성을 찾으려고 애썼다. 만약 이 아이의 부모가 처음부터 아이에게 다양한 활동을 하라고 격려하고, 친구를 사귀기 위한 다른 기회들을 가지도록 도왔다면(교회나 유대교회당이나 회교 사원이나 승마장에 데려가거나, 혹은 같은 동네에 사는 아이들과 어울리도록 도왔다면), 이 아이는 더 이상 축구를 하지 못하게 됐을 때 그토록 삶이 절망적으로 느껴지지 않았을 것이다.

딜런의 경우도 마찬가지이다. 딜런의 부모는 무슨 일이 벌어지고 있는지 알고 있었다. 그들은 딜런이 비디오 게임 중독이 점점 더 심해지는 동안 다른 교우 관계들이 어떻게 약해지고 있는지 목격했다. 하지만 자신들이 무력하다고 느꼈기 때문에 개입하지 못했다. 요즘 미국 부모들은 아이의 교우 관계에 영향을 미치려고 애쓰는 것이 지나치게 간섭하거나 '헬리콥터 부모'처럼 아이 주위를 맴도는 것은 아닌지 걱정할 때가 많다. 물론 "제이콥은 정말 괜찮은 아이야. 우리 집에 초대하면 어떨까?"라고 말해 봤자 아무 소용이 없다는 점에는 동의한다. 그렇지만 딜런의 부모가 훨씬 일찍 딜런의 비디오 게임 시간을 제한했으면 매우 좋았을 것이라고 생각한다. 딜런의 다른 교우 관계들이 약해지기 전에 말이다. 그렇게 제한했다면 딜런은 어떤 교우 관계가 잘 돌보고 계속 유지할 가치가 있는지를 스스로 선택할 수 있었을 것이다.

2013년에 미국 질병 관리 예방 센터(Centers for Disease Control and Prevention, CDC)는 ADHD로 진단받은 미국 아동의 비율을 조사한 결과를 발표했다. 미국 전역에 걸쳐서, 14세~17세의 남자아이 중 약 20%와 여자아이 중 약 10%가 ADHD로 진단을 받았다. 이는 미국 고등학생 중 15%가 현재 ADHD로 진단받았다는 의미이다.[16] CDC는 ADHD로 '진단받은' 미국 아이 중 약 69%가 ADHD로 '약물 치료'를 받고 있다고 추정했다.[17] 15%와 69%를 곱하면 10.3%가 나온다. 이는 1,000명의 미국 10대 중 약 103명이 현재 ADHD로 약물 치료를 받고 있거나 혹은 이전에 받은 적이 있다는 사실을 의미한다.

최근 한 영국 조사팀은 영국 전역에서 3,529,615명을 조사한 비슷한 데이터를 발표했다. 이들은 영국의 10대 1,000명 중 7.4명이 현재 ADHD로 약물 치료를 받고 있거나 혹은 이전에 받은 적이 있다고 발표했다.[18]

두 나라를 비교해 보자. 미국에서는 10대 1,000명 중 약 103명이 ADHD로 약물 치료를 받고 있거나 받은 적이 있다. 영국에서는 1,000명 중 7.4명이다. 미국과 영국을 비교해 보면 교차비(odds ratio)는 다음과 같다.

103/7.4=13.9

다시 말해, ADHD로 약물 치료를 받을 가능성은 미국의 10대가 영국의 10대에 비해 14배 가까이 높다.

더 어린 아동의 교차비는 덜 놀랍다. 미국은, 4세~13세 아동 1,000명 중 약 69명이 ADHD로 현재 약물 치료를 받거나 받은 적이 있다.[19] 영국은 6세~12세 아동의 수치가 1,000명 중 9.2명이다. 그러므로 미국과 영국을 비교한 교차비는 다음과 같다.

69/9.2=7.5

ADHD로 약물 치료를 받을 가능성은 영국의 초등학생과 중학생에 비해 미국의 초등학생과 중학생이 약 7.5배 더 높다.[20]

핵심은 이것이다. 이 매개 변수에서 볼 때, 미국에서 태어난 것 자체가 약물 치료를 받는 일의 주요한 위험 요소가 된다. 그리고 그 위험은 아동기에서 청소년기로 넘어가면서 더 커진다. 영국으로 이주한다면 위험은 훨씬 더 낮아진다. 비록 영국에서도 ADHD 진단 비율은 오름세에 있지만 말이다.[21]

영국에서 몇 년 동안 산 경험이 있는 미국인 가족을 알고 있다. 이들에게는 아들이 하나 있는데 평범한 학생이었다. 아주 뛰어나지도 아주 형편없지도 않았다. 미국으로 돌아온 후 이 부모는 아들을 지역 공립 학교에 입학시켰다. 아이의 엄마는 교사들과 다른 학부모들의 계속되는 성화에 깜짝 놀랐다. "당신의 아들은 ADHD일지도 몰라요. 약물 치료 받는 걸 고려해 봤나요?" 아이 엄마가 내게 말했다. "정말 기이했어요. 마치 모두들 내 아들에게 약물 치료를 받게 하려고 손발을 맞추기라도 한 것 같았어요. 영국에서는 약물 치료를 받는 아이는 아무도 없었어요. 혹은 있다 하더라도 비밀에 부쳤겠죠. 하지만 그다지 많이 있다고 생각하지도 않아요. 여기서는 거의 '모든' 아이들이 약물 치료를 받는 것처럼 보여요. 남자아이들은 특히요."

3, 40년 전 미국은 이 문제에 있어 어떤 모습이었을까? 1979년도만 해도 미국 아이 중 약 1.2%(1,000명 중 12명)만이 우리가 현재 ADHD라

고 부르는 정신 장애를 가졌다고 추정된다. (그 당시에는 '아동기의 과운동 장애'라고 알려졌다.)[22] 그렇지만 2013년도 CDC 데이터에 따르면, 4세~17세의 모든 연령대에 걸쳐 수치가 증가한 결과, 1,000명 중 110명이 ADHD로 진단을 받았다. 1979년에 1,000명 당 12명에서 2013년에 1,000명 당 110명으로 증가했으니 거의 10배 이상 증가한 셈이다.

이렇게 급격히 증가한 이유는 무엇일까? 왜 3, 40년 전보다 요즘의 미국에 ADHD가 이렇게 흔해졌을까? 그리고 오늘날 다른 나라들보다 유독 미국에서 ADHD가 훨씬 더 흔한 이유는 무엇일까?

나는 '문제 행동을 병원에서 치료하기 때문'이라고 생각한다.[23] 요즘 미국 부모들은 아이의 문제 행동을 직접 적극적으로 교정하는 대신, 알약으로 쉽게 고칠 수 있다는 희망을 품고서 약물 치료를 받게 하는 경향이 더 많아졌다.

앞서 1장에서도 설명했듯이 미국 부모들은 아이를 '문화화'해야 하는 임무를 제대로 수행하지 않고 있다. 부모도, 학교도, TV 쇼도, 인터넷도 *"정당하게 승부하라./사람들을 때리지 말라./물건을 사용하고 나면 다시 제자리에 갖다 놓으라."* 같은 풀검 목사의 규칙을 제대로 가르치지 않고 있다. 그 결과 요즘 미국에서 태어나고 자란 아이들은 다른 나라에 사는 아이들에 비해 정신 장애로 진단받고, 강력한 약물로 치료를 받을 가능성이 엄청나게 더 높다. 대부분의 유럽 나라에서, 18세 이하의 개인 중 항정신 약물 치료를 받고 있는 개인의 비율은 일반적으로 2% 이하이고, 게다가 이러한 개인의 대부분은 우울 장애나 불안 장애로 약물 치료를 받고 있는 16세~18세 아이들이다.[24] 미국에서 항정신 약물 치료를 받고 있는 아동과 청소년의 비율은 현재 10% 이상이고 몇몇 조사에서는 20% 이상이라고 보고하고 있기도 하다. 이 중 많은 아이가 12세 이하이고 애더럴, 바이반스, 콘서타 같은 중추 신경 자극제나 라믹탈, 인투니브 같은 '기분 안정제'나, 혹은 비더만 박사가 가장 좋아하는 리스페달, 세로켈 같은 항정신 치료제를 복용한다.[25] 1993년과 2009년 사이에 12세 이하 미국 아동들에게 리스페달과 세로켈 같은 항정신 치료제 처방은 700% 이상 증가했다.[26]

오늘날, 미국 부모들은 두뇌 과학에 기초한 설명을 갈망한다. 아이가 밤에 충분히 숙면을 취할 수 있도록 아이의 방에서 휴대폰과 노트북을 없애는 대신, 애더랄이나 콘서타, 바이반스, 메타데이트 같은 강력한 중추 신경 자극제로 아이들을 약물 치료해서 수면 부족을 보상한다. 이들은 ADHD가 아닌 수면 부족이 아이들이 주의를 집중하지 못하게 하는 근본적인 문제라는 사실을 전혀 알지 못한다. 마찬가지로, 자신의 아이가 문제 행동을 하거나 무례하다는 사실을 인정하는 대신 의사가 아이의 두뇌 화학이 불균형하다고 진단하고 리스페달이나 세로켈, 애더럴, 콘서타 등을 처방하는 것을 더 선호한다.

몇 페이지 앞에서 소개했던 딜런을 다시 떠올려 보라. 소아 정신과 전문의는 딜런이 ADHD와 반항 장애를 가지고 있다고 진단했다. 하지만 그 의사는 잘못 판단했다. 딜런에게는 ADHD도 반항 장애도 없었다. 집중력이 부족한 가장 큰 원인은 ADHD가 아니라 수면 부족이었다. 그리고 수면이 부족했던 이유는 자기 방에서 비디오 게임을 하면서 시간을 낭비하고 있다는 사실을 부모가 제대로 알지 못했기 때문이다. 이 문제를 고치자 딜런의 상태는 약물 치료 없이도 좋아졌다. 딜런의 사례는 부모가 권위를 포기하는 것이 어떻게 정신과 의사가 약물 치료를 처방하는 일로 이어질 수 있는지 잘 보여 준다. 나는 이와 비슷한 사례를 진료실에서 거의 매일 접한다.

호주, 뉴질랜드, 영국에서도 미국에서와 마찬가지로 가만히 앉아 있거나 조용히 있지 못하는 아이들을 많이 봤다. 이런 경우, 미국에서는 교사가 부모에게 짧은 편지를 쓰거나 전화를 걸어서 이렇게 말할 가능성이 높다. "저스틴이 걱정됩니다. 가만히 앉아서 조용히 있지 못하거든요. 병원에 데려가서 검사를 해 보는 게 좋을 것 같습니다." 부모는 순순히 아들을 의사에게 데려가고 의사는 이렇게 말한다. "애더럴을 한 번 먹여 보고 효과가 있는지 살펴봅시다." 물론 약물 치료는 *효과가 있다.* 일단 약물 치료를 받자 저스틴은 가만히 앉아 있고 조용해졌다. 모두가 만족스럽다.

앞 장에서, 과체중인 아이의 비율이 증가하고 있다는 이야기를 했을 때, 나는 과체중인 아이들과 신체적 건강 수준 하락의 문제가 모든 선진국들에 만연한 것처럼 보인다고 말했다. 하지만 이번 장에서 우리는 정신 건강, 정신 장애의 진단, 강력한 정신과 약물의 처방에 대해 이야기를 나눌 것이다. 방금 소개한 사건의 장면("애더럴을 한 번 먹여 보고 효과가 있는지 살펴봅시다.")은 북아메리카 밖에서는 아예 일어나지 않는다. 다른 나라의 아이들이 품행이 더 바르다는 이야기가 아니다. 호주, 뉴질랜드, 영국에도 가만히 앉아 있어야 하는 순간에 깡충깡충 뛰고 부산한 소리를 내는 아이들이 수없이 많다. 하지만 교사는 아이에게 정신과 진단을 받아 보게 하지 않는다. 그 대신 교사(일반적으로 미국의 교사보다 자신의 권위에 대해 훨씬 더 자신감이 있다.)는 단호한 목소리로 아이에게 "충분히 잘 봤고 그 정도면 됐으니 자리에 앉으라."고 말한다.

여덟 살이나 열 살짜리 남자아이가 못되게 구는 모습을 상상해 보라. 아이는 교사에게 말대꾸를 한다. 일부러 악의적이고 앙심을 품은 것처럼 군다. 상대방의 말을 제대로 듣지 않는다. 자기 통제력이 전혀 없는 것처럼 보인다. 30년 전, 아마 20년 전만 해도 이런 경우 학교 상담 교사나 교장이 아이의 부모에게 전화를 걸어서 이렇게 말했을 것이다. "당신의 아들은 무례합니다. 버릇이 없고요. 자기 통제력을 전혀 보이지 않습니다. 아이를 이 학교에 계속 다니게 하려면 아이에게 교양 있는 행동에 대한 기본 원칙을 가르치기 바랍니다." 오늘날 미국 학교의 상담 교사나 교직원이 학부모에게 이렇게 직설적으로 이야기하는 경우는 거의 없다. 그 대신 상담 교사나 교직원은 정신과 의사나 심리학자에게 상담을 받아 보라고 제안할 것이다. 그리고 정신과 의사나 심리학자는 학교에서 보낸 보고서를 읽고서 반항 장애나, ADHD, 소아 양극성 장애에 대해 이야기할 것이다.

"당신의 아들은 무례합니다."라고 말하는 것과 "당신의 아들은 정신장애 진단 기준에 들어맞을지도 모릅니다."라고 말하는 것의 차이는 무엇일까? 큰 차이가 있다. "당신의 아들은 무례합니다."라고 말할 때는 책임이 부모와 아이에게 실린다. 이때 책임이 생기는 것과 함께 문제에 대해 어떤 조치를 취할 수 있는 권위 또한 생긴다. 하지만 "당신의 아들은 정신 장애 진단 기준에 들어맞을지도 모릅니다."라고 말할 때는 책임의 부담이 의사와 급성장 추세인 의학/정신의학/상담 집합체로 이동해 버린다. 그러면 부모는 그 다음 질문으로 "아이의 행동을 변화시키기 위해 어떻게 해야 할까요?" 대신 "아이에게 약물 치료를 시작해야 할까요?"라고 묻게 된다.

약물 치료는 효과가 있다. 약물 치료는 아이의 행동을 변화시킨다. 바로 그 점이 매우 무서운 것이다. 이러한 약물 치료는 행동 수정의 수단으로 이용되고 있고 그 수준은 다른 나라들에서는 상상조차 할 수 없는 정도이다.

약물 치료에 이용되는 약물들은 매우 강력한 것들이다. ADHD 치료에 가장 많이 사용되는 약물들은 애더럴, 리탈린, 콘서타, 메타데이트, 포칼린, 데이트라나, 바이반스 등과 같은 처방용 중추 신경 자극제들이다. 이 약물들은 모두 똑같은 방식으로 작용하는데, 두뇌의 시냅스(신경 접합부)들에서 도파민의 활동을 증가시킨다.[27] 도파민은 두뇌의 동기 유발 중추인 측좌핵의 주요 신경 전달 물질이다. 연구자들은 이 약물들을 실험실의 동물에게 투여했을 때 동물의 측좌핵에 손상을 입히는 것을 발견했다. 인간을 대상으로 한 실험에서도 이와 유사한 발견이 최근 보고됐다.[28] 애더럴, 리탈린, 콘서타, 메타데이트, 포칼린, 데이트라나, 바이반스 같은 약물들을 장기적으로 복용하면 아이가 세상과 더 멀어지고, 현실 세계에서 뭔가를 성취하고 싶은 동기가 더 줄어들지도 모른다.[29]

아직은 확실하게 알 수 없다. 방금 말했듯이, 대부분의 관련 연구가 인간이 아닌 실험실 동물을 대상으로 시행되고 있고, 의학 분야는 확증을 얻는 데 오랜 시간이 걸린다. 부모로서는 불확실성을 앞에 두고 결정을 내려야만 한다. 이러한 불확실성에도 불구하고 반드시 약물을 사용할 수밖에 없다면 잠재적으로 위험한 중추 신경 자극제 대신 더 안전한 비자극제 약물을 사용하기를 권한다. 가령, ADHD의 치료 약물로는 스트라테라, 인투니브, 웰부트린 같은 것들이 있다.

미국 아이들의 성질 부리기와 버릇없는 행동을 통제하기 위해 가장 많이 사용되는 약물은 비정형 항정신 약물들이며, 특히 리스페달, 세로켈, 자이프렉사 등이 많이 사용된다. 이 약물들은 정신과 의사들이 조현병을 치료하기 위해 사용한다.(이 약물들은 토라진과 멜라릴 같은 예전의 '정형' 항정신 약물과 구분하기 위해 '비정형' 항정신 약물로 불린다.) 미국은 선진국들 중 아동에게 항정신 약물을 사용하는 일에서 단연 으뜸이다. 미국 아이가 이러한 약물들로 치료를 받을 가능성은 독일 아이에 비해 약 8.7배 높고, 노르웨이 아이에 비해서는 약 56배 높고, 이탈리아 아이에 비해서는 약 93배 높다.[30]

비정형 항정신 약물 치료의 가장 극적이고 가장 확실한 부작용은 신진대사와 관계되어 있다. 이러한 약물을 복용하는 아이들은 비만이 되고 당뇨병이 생길 가능성이 훨씬 더 높아진다.[31] 이러한 위험은 성인보다 아동에게 더 크며 아동의 나이가 더 어릴수록 위험 또한 더 커진다.[32] 비정형 항정신 약물 치료를 중단한다고 해서 신진대사에 끼치는 영향이 완전히 없어지는 것도 아니다.[33] 그럼에도 불구하고 이 약물을 복용하고 있는 아이의 부모 중 이러한 위험성에 대해 심각하게 조언을 받은 부모는 거의 없다.

이러한 약물들이 야기할 수 있는 심각한 부작용 이외에도 더 중요한 문제가 있다. 바로 '권위'와 '책임'이 부모로부터 처방 의사에게로 넘어간다는 점이다. 그 결과 나중에 아이가 버릇없게 행동할 때면 많은 부모들은 이렇게 말하곤 한다. "어쩔 수 없어요. ADHD/소아 양극성 장애/자폐 증상이 있는걸요."

이런 장면을 세인트루이스에 있는 초등학교의 2학년 교실에서 직접 목격한 적이 있다. 한 남자아이가 교사에게 반항을 하고 있었다. 아이는 교사가 학생들에게 제자리에 앉으라고 하는 동안 부산스러운 소리를 내며 교실 안을 여기저기 뛰어다니고 있었다.

"다른 학생들이 집중할 수 있도록 자리에 앉아서 조용히 하렴." 교사가 아이에게 말했다. 아이는 교사의 말을 무시했다. "네가 그렇게 계속 시끄럽게 돌아다니면 다른 학생들에게 피해가 가잖니. 네가 집중하려고 애쓰는데 다른 누군가가 시끄럽게 교실 주변을 뛰어다니면 기분이 어떨 것 같니?" 아이는 들은 척도 하지 않았다. "진지하게 말하는데 제발 자리에 앉아서 조용히 하렴. 그렇지 않으면." "그렇지 않으면 *뭐요?*" 아이가 잠시 멈추고서 조롱하는 듯한 목소리로 물었다.

"그렇지 않으면 내가 널 가만히 앉아 있게 '만들' 거야." 교사가 말했다.

아이는 이전보다 소리를 더 크게 내면서 교실 안을 다시 뛰어다니기 시작했다. 교사가 붙잡으려고 하자 아이는 교사의 손목을 물고 나서 깔깔거리며 교실 밖으로 달아났다. 아이가 문 자국은 깊었다. 피가 흘렀다.

교사는 아이의 엄마에게 전화를 걸었다. 교사가 엄마에게 무슨 일이 있었는지를 말했지만 엄마는 사과하지 않았다. 심지어 놀라움을 표하지도 않았다. "선생님도 걔가 정신과 진단을 받은 거 아시잖아요." 엄마가 말했다. "약에 적응하는 데 시간이 걸리나 봐요. 정신과 의사에게 직접 전화하지 그러셨어요? 전화번호 안 드렸나요?"

'자기 통제력을 가르치는 일'은 부모와 교사의 가장 중요한 임무 중 하나이다. 6장에서 다시 살펴보겠지만, 11세나 14세 때 아이가 보이는 자기 통제력은 20년이 지난 후 30대가 됐을 때 아이의 건강 수준과 행복 수준이 어떨지 미리 예측할 수 있는 좋은 지표이다. 하지만 만약 아이가 정신 질환 진단을 받고 행동을 통제하기 위해 강력한 약물을 복용하게 되면, 아이의 자기 통제력이 심하게 약화될 수 있다. 한 아이가 내게 이렇게 말했듯이 말이다. "저도 어쩔 수 없어요. 전 아스퍼거 증후군인걸요." 사실, 아이가 정신과 진단을 받았다면 부모는 아이의 일에 더 관여하고, 아이에게 더 관심을 기울이고, 더 헌신적으로 자기 통제력과 품검 목사의 규칙을 가르쳐야 한다. 하지만 직접 관찰한 바로는 정신과 약물 처방은 책임을 아이와 가족으로부터 처방 의사에게로 이동시키는 경우가 많다.

교사와 부모가 자신의 권위를 확신할 때, 아이의 나쁜 행동(성질을 부린다거나 부산스러운 소음을 낸다거나 교사를 무시하는 등 어떤 형태이든)은 있는 그대로 받아들여진다. 이 행동은 아이가 자기 통제력을 잃어버렸음을 의미한다. 그러면 교사와 부모는 아이가 더 나은 자기 통제력을 보여야 한다고 주장할 수 있다. 교사와 부모가 자신의 권위를 행사하면, 대부분의 학생은 더 나은 습관들을 키우고 보다 큰 자기 통제력을 보일 것이다. 교사와 부모가 그것을 요구하고 기대하고 있기 때문이며, 아이는 교사와 부모가 자신에 대해 어떻게 생각하는지에 대해 신경을 많이 쓰기 때문이다.

교사와 부모가 더 이상 이러한 권위를 가지지 못하면 어떤 일이 벌어질까? 세계 어디에서나 아이들은 못된 짓을 한다. 하지만 아이들이 더 이상 교사의 권위를 존중하지 않으면, 권위를 행사하려고 시도하는 교사는 내가 세인트루이스의 초등학교에서 목격한 교사와 똑같은 결과에 맞닥뜨릴지도 모른다. 그렇다면 교실에서 질서를 유지할 수 있는 방법은? 점점 더, 미국에서 이 질문에 대한 답은 '아이의 약물 치료'가 되고 있다.

현재 정신과 약물을 복용하고 있는 많은 미국 아동과 10대는 만약 영국이나 노르웨이나 호주에 살았다면 정신과 약물을 복용하지 않았을 것이다. ADHD나 소아 양극성 장애와 같은 진단에는 특히 그러하다. 절대적으로 필요하지도 않은데 자신의 아이에게 정신과 약물을 복용하도록 하고 싶은 부모는 없을 것이다.

구체적으로 어떻게 하면 아이가 있지도 않은 정신 장애를 이유로 불필요하게 약물을 처방받는 위험을 최소화할 수 있을까?

권고 #1: 명령하라. 물어보지 말라. 협상하지 말라.

현대의 미국 부모들은 자신의 결정을 아이에게 쉴 새 없이 합리화하려는 경향이 있다. 이러한 접근법에는 많은 문제가 있다. 부모가 협상할 수밖에 없다고 느끼는 사실만으로도 이미 부모의 권위가 손상된다. 당신이 규칙을 정했는데 아이가 이유를 묻는다면 그냥 이렇게 대답하라. "왜냐면 엄마(혹은 아빠)가 그러라고 했으니까. 그게 이유야." 2세대 전만 해도 미국 부모들은 이러한 말을 일상적으로 편하게 했다. 영국과 호주의 부모들 대부분은 여전히 그렇게 하고 있다. 하지만 요즘 미국 부모들은 거의 그렇게 하지 않는다.

한 엄마와 아빠가 여섯 살짜리 딸을 데리고 내게 진료를 받으러 왔다. 아이는 열이 났고 목이 아프다고 했다. 먼저 귀를 살펴봤는데 아무 문제가 없었다. 내가 말했다. "이번에는 목구멍을 살펴볼 거야." 하지만 내가 목구멍을 미처 들여다보기 전에 아이 엄마가 말했다. "의사 선생님이 잠깐 동안만 목 안을 들여다봐도 괜찮겠니? 이따가 나가서 아이스크림 사 먹자."

아이는 잠시 가만히 있다가 갑자기 울음을 터뜨리며 말했다. "싫어요! 싫어요!" 간단한 2초의 검진이면 됐을 일이 몇 분 동안 지속되는 심각한 시련으로 바뀌어 버렸다. 20년 넘게 진료를 해 오면서 나는 아픈 아이를 효과적으로 검진하는 핵심 열쇠는 그냥 '검진을 하는 것'이라는 사실을 배웠다. 여섯 살짜리 아이와 협상을 하지 말라. 두 문장만으로 이 엄마는 (1) 내 말을 협상 가능한 요청으로 바꿨고, (2) 협상을 뇌물 매수 행위로 바꿨다. 어른들의 권위는 순식간에 땅에 떨어졌다. 여섯 살짜리 아이에게 "의사 선생님이 목 안을 들여다봐도 괜찮겠니?"라고 묻는다면 아마 대부분의 아이는 "절대 싫어요."나 "안 돼요." 라고 대답할 것이다.

아이가 나이를 더 먹은 후에는 더 적절하게 설명할 수도 있을 것이다. 하지만 여섯 살짜리 아이를 진료실에 데려올 때는 아이에게 의사의 요구에 따르라고 '명령해야' 한다. "왜냐하면 내가 너의 엄마니까. 그게 이유야." 그렇지만 아이가 열다섯 살이라면 부모의 의사 결정 과정을 설명해 주는 것이 더 타당하다. 열다섯 살짜리 아이에게 가족이 다음 주에 스키 여행을 갈 예정이라고 말했는데 아이가 친구와 함께 주말을 보내고 싶다고 얘기한다면, 아이에게 가족 활동이 또래 친구들과의 활동보다 더 우선순위가 높다고 설명해 주는 것이 좋다. 아이를 설득하지 못할 수도 있지만 설득이 목적은 아니다. 설명을 하는 것이지 협상을 하는 것이 아니기 때문이다. 목적은 아이가 의견차를 파악한 다음 평정을 잃지 않고 자신의 생각을 표현하도록 돕는 것이다. 아이가 그렇게 할 수 있는 유일한 방법은 오직 연습을 통해서뿐이다. 10대 자녀에게 상황 설명을 해 주는 것은 타당하다. 다만 설명이 협상으로 바뀌지 않게 주의하기 바란다.

권위 있고, '딱 적당한' 부모들의 일반 규칙은 '묻지 말라. 명령하라.' 여야 한다. 어떤 부모들은 내가 '아이에게 명령하라.'고 말하면 충격으로 얼굴이 핼쑥해진다. 이러한 제안에 크게 충격을 받는 부모들은 애더럴이나 콘서타, 바이반스, 세로켈, 리스페달로 아이를 약물 치료할 가능성이 더 높다.

아이의 세계에는 부모의 권위가 필요하다. 강한 부모의 권위가 없는 가정은 강력한 약물을 이용해서 문제 행동을 억누르려 하기 쉽다.

권고 #2: 아이와 함께 저녁 식사를 하라. 저녁 식사를 하는 동안에 TV를 틀어 놓거나 휴대폰을 이용하지 말라.

식사는 중요하다. 최근 다양한 배경 출신의 캐나다 청소년 26,078명을 대상으로 한 조사에서, 연구자들은 각 아이에게 "지난 일주일 동안 며칠이나 부모와 함께 식사를 했습니까?"라고 질문했다. 부모와 함께 식사를 더 많이 한 아이들은 슬픔, 불안, 우울, 외로움 같은 '내재화 문제'를 가질 가능성이 더 낮았다. 이들은 싸움, 학교 결석, 절도 등과 같은 '외재화 문제'를 가질 가능성 또한 낮았다. 게다가 이들은 다른 사람들을 돕고 자신의 삶에 만족감을 느끼고 있다고 보고할 가능성도 더 높았다.

차이는 일주일에 7일 부모와 저녁 식사를 함께 한 아이들과 일주일에 하루도 부모와 저녁 식사를 함께 하지 않은 아이들 사이에만 있지 않았다. 일주일에 0번의 저녁 식사를 하는 단계에서 7번의 저녁 식사를 하는 단계까지 거의 모든 단계에서, 아이가 부모와 1번씩 저녁 식사를 더 할 때마다 내재화 문제와 외재화 문제가 생길 위험이 줄어들었고 아이의 사회 친화적 행동과 삶에 대한 전반적 만족감은 증가했다.[34] 거의 모든 단계에서 중대한 변화가 일어난다는 사실은 통계상으로도 증명됐다. 가령, 부모와 일주일에 6번 저녁 식사를 함께 하는 아이와 5번 함께 하는 아이를 비교해 보면, 6번 저녁 식사를 함께 하는 아이가 더 만족스러운 삶을 즐기고, 사회 친화적인 행동을 더 많이 하고, 내재화 문제(불안, 우울)와 외재화 문제(문제 행동, 싸움)가 훨씬 더 적다는 사실을 발견할 수 있다. 단 1번의 차이가 변화를 가져오는 것이다. (또 다른 연구에서는 부모와 정기적으로 식사를 함께 하는 아이들은 장래에 비만이 될 위험이 더 적다는 사실을 발견했다.[35])

요즘 미국 가정들은 다른 선진국 가정들에 비해 가족끼리 함께 식사를 할 가능성이 훨씬 더 적다.[36] 게다가 미국 가정의 저녁 식사 시간은 다른 선진국들의 저녁 식사 시간과 많이 다른 모습을 보인다. 미국에서는 식사를 하는 동안 TV 혹은 라디오를(때때로는 둘 다를) 켜 놓는 일이 흔하다. 식탁 앞에서 휴대폰을 들여다보는 일 또한 흔하다. 하지만 스코틀랜드, 스위스, 뉴질랜드 등에서는 이런 일이 훨씬 덜 흔하다.

모든 연구자가 가족 식사 시간의 혜택을 확신하는 것은 아니다. 보스턴 대학교의 연구자들은 아이에 대한 부모의 개입 수준, 아이의 TV 시청 시간, 부모의 학력 수준 등 같은 다른 변수들을 통제하는 실험을 했다. 연구자들은 이 모든 변수들을 통제하는 경우 가족 식사 시간을 기준으로 해서는 더 이상 표본에서 결과를 예측할 수 없다는 사실을 발견했다. “가족 식사 시간을 자주 가지는 것이 이로운 영향을 미친다는 증거가 거의 없다.”라고 이 연구자들은 결론을 내렸다.[37] 하지만 조금 성급한 결론인 듯하다. 나는 보스턴 대학교 연구의 결과가 다음과 같은 사실을 말해 준다고 생각한다. 아이와 함께 식사를 하는 부모는 아이에게 개입할 가능성이 더 높고, 아이가 일주일에 30시간을 TV 보는 데 쓰도록 내버려 둘 가능성이 더 낮다. 다시 말해, 가족 식사 시간은 좋은 결과가 예측되는 행동들의 모둠을 나타내는 '표시'일 수 있다는 얘기이다. 가령 TV 시청 시간이나 인터넷 이용 시간을 제한하는 것 같은 행동들 말이다.

가족 식사 시간에 관한 핵심은 다음과 같다:

- 아이가 부모와 함께 자주 식사를 하는 가정은 부모에게 권위가 있는 가정일 가능성이 높다. 이 가정 안에서는 부모와 가족 상호 작용이 *중요하다.*
- 그렇지만 텔레비전 소리가 요란하게 들리고 아이들이 식탁 앞에서 휴대폰 문자 메시지를 보내고 있는데, 무작정 모두 함께 밥을 같이 먹는 것만 강조한다면 그 자체로는 별로 큰 도움이 되지 않을 것이다.[38]

오늘날 북아메리카 전역, 즉 미국과 캐나다에는 아이가 저녁 식사 테이블에 앉아 가족과 함께 시간을 보내는 것보다 운동, 댄스 혹은 다른 과외 활동에 참여하는 것이 더 중요하다고 믿는 부모가 많다. 이 부모들이 잘못 알고 있다. 가족은 그 무엇보다 최우선이어야 한다.

가족과 보내는 시간이 최우선 사항일 때, 부모는 아이의 삶에서 무슨 일이 벌어지고 있는지를 더 잘 알 수 있다. 만약 학교로부터 아들이 비행을 저질렀다거나 딸이 약한 아이를 괴롭혔다는 보고를 받는다고 해도 소아 정신과 의사에게 성급히 달려가지 말기 바란다. 먼저 아이에게 무슨 일이 있었는지 물어보라. 그런 다음 학교 교사, 교직원과 대화를 나누라. 모든 수단을 동원해서 아이에게 좋은 행동에 대한 규칙을 가르치라. 그리고 그 규칙을 시행하라. 아이에게 좋은 행동에 대한 규칙을 심어 줄 책임이 있는 최고 권위자는 교사도 코치도 아닌 부모여야 한다는 사실을 잊지 말기 바란다.

아이들의 약물 치료 문제와 관련해서는 유럽의 방식을 받아들이는 것이 좋다. 약물 치료를 '최후의' 수단으로 여기는 것이다. 미국에서는 약물 치료가 '최초의' 수단이 됐다. "이 약을 써 보고 도움이 되는지 한번 봅시다." 이러한 미국의 방식은 강력한 정신과 약물 치료를 받고 있는 아이들을 양산해 냈다. 그리고 이러한 약물이 장기적으로 아이들에게 어떠한 영향을 미치는지는 아직 밝혀지지 않았다.

미국 아이들은 다른 나라의 아이들에 비해 약물 치료를 받을 가능성이 상당히 높다. 학업 성취도를 높이기 위해 약물 치료를 처방할 때도 많다. 하지만 지난 20년 동안 아동과 10대에 대한 약물 치료 처방이 급증했음에도, 같은 기간 동안에 학업 성취도는 다른 나라의 아이들에 비해 급격하게 떨어졌다.

이것이 우리가 논의할 다음 주제이다.

Chapter 4

왜 미국 학생들은 뒤처지고 있는가?

미국 아이들은 한때 전 세계에서 가장 뛰어난 학생들 중 하나였다. 그렇지만 지금은 폴란드, 포르투갈, 스페인, 그 외 다른 많은 나라의 아이들에게 뒤처져 있다. 왜 이렇게 됐을까?

지금까지 나는 호주에 모두 6번이나 갔고 호주 전역에 있는 40개 이상의 학교를 방문했다. 수도인 캔버라는 물론 6개의 모든 주를 다 방문했다. 2006년에 첫 방문 차 멜버른에 도착했을 때 공항 서점을 둘러보다 브래드 피트, 안젤리나 졸리, 제니퍼 애니스턴으로 도배된 잡지 표지들을 보고 실망했던 기억이 난다. 미국의 공항과 별반 다를 바가 없었다. 무엇을 발견하고 싶었는지는 잘 모르겠다. 오지에서 악어를 뒤쫓고 있는 사냥꾼 표지?

멜버른(그리고 시드니, 퍼스, 호바트, 브리즈번, 애들레이드, 캔버라)에 있는 잡지 판매대는 미국의 대도시에서 볼 수 있는 여느 잡지 판매대와 거의 똑같아 보였다. 영국 왕실에 상당한 지면을 할애한 잡지가 몇 개 더 있다는 점만 빼면 말이다.

많은 행사에서 호주 학생들을 만났다. 그럴 때마다 그들에게 제일 좋아하는 TV 프로그램이 무엇이냐고 물어봤다. 보통, 미국 학생들이 언급하는 것과 똑같은 프로그램을 줄줄 읊었다. 〈빅뱅 이론 *The Big Bang Theory*〉, 〈그레이 아나토미 *Grey's Anatomy*〉, 〈세 남자의 동거 *Two and a Half Men*〉 등이다. 호주에서 만든 프로그램이 상위 5위 안에 드는 경우는 매우 드물다.

호주의 주류 문화는 미국과 별반 다르지 않았다. 이는 호주에서 교사를 위한 워크숍을 이끌어 달라는 요청이 왔을 때 내가 쉽게 받아들인 한 가지 이유이기도 하다. 나는 두 나라의 문화가 서로 매우 비슷하기 때문에 미국 교사에게 중요한 문제들이 호주 교사에게도 중요할 것이라고 짐작했다.

그렇지만 그건 큰 착각이었다.

2012년 5월, 시드니의 교외에 있는 사립 학교인 쇼어 학교에서 교사들을 위한 워크숍을 진행했다. 아름다운 학교 도서관에서 내려다보니 항구와 시드니 하버브릿지의 멋진 풍경이 펼쳐져 있었다.

나는 교사들에게 수백 개의 학교(주로 미국과 캐나다의 학교)를 방문하면서 교실 안에 존중의 문화를 뿌리내릴 수 있는 방법에 대해 찾아낸 정보를 공유하겠다고 말하며 워크숍을 시작했다.

"학생들 중 다수가 공손하다고 해도,"

내가 말했다.

"교사의 권위를 약화시키고 교사를 이기려고 안간힘을 쓰는 아이들이 항상 있기 마련이죠. 가장 부유한 지역에 있는 엘리트 학교들에서도 마찬가지입니다."

이 말을 하고 난 몇 분 후 캐머런 패터슨이라는 한 교사가 더 이상 못 참겠다는 듯이 손을 들었다.

"죄송합니다만, 색스 박사님."

그가 말했다.

"박사님이 무슨 말씀을 하시는지 전혀 모르겠습니다. 동료들도 박사님 말씀을 잘 이해하지 못하는 것 같네요. 우리 학교에는 교사의 권위를 약화시키거나 '이기려고' 안간힘을 쓰는 학생이 없습니다. 그런 문제 자체가 아예 없습니다."

나는 그 자리에 있는 다른 교사들에게 즉시 여론 조사를 해 봤다. 그들은 패터슨의 말에 동의했을까? 아니면 그들도 무례한 학생들과 씨름하느라 골머리를 앓고 있었을까?

모든 교사가 패터슨의 말에 동의했다. 존중의 문화는 이 학교에 널리 퍼져 있었다. 가령, 쇼어 학교의 학생들은 수업이 끝날 때마다 교사에게 일상적으로 감사 인사를 했다. 학생들은 한 명씩 교실 밖으로 걸어 나가면서 각자 말했다.

"감사합니다, 선생님."

이렇게 말하는 학생도 있다.

"정말 훌륭한 강의였어요, 선생님!"

이는 요즘 미국의 최고 엘리트 학교에서조차도 흔치 않은 일이다.[1] 만약 어떤 미국 학생이 수업이 끝나고 교사에게 찬사를 보낸다면, 다른 학생들이 그 학생을 놀리거나 혹은 그 학생이 아첨을 한다고 의심할 것이다. 그렇지만 호주에서는 그렇지 않았다.

나는 바보가 된 것 같은 기분이 들었다. 그렇지만 동시에 뭔가를 깨달았다. '미국에서 당연한 일이 호주나 스코틀랜드나 네덜란드에서도 당연할 거라고 단정지으면 안 되는구나.'

잡지 판매대에 반영된 대중문화는 미국과 호주 사이에 그다지 큰 차이가 없을지 모르지만, 미국의 아동과 청소년 사이에 만연한 무례함의 문화는 호주에서는 일반적이지 않다. 미국에서는 교사를 무시하거나 적극적으로 교사의 권위를 약화시키려 하는 아이들을 거의 모든 교실에서 발견할 수 있다. 내가 앞의 워크숍에서 교사들에게 말한 대로, 가장 부유한 지역에 있는 엘리트 학교에서조차 이러한 일이 벌어지고 있다. 여자아이들은 수업 시간에 휴대폰으로 메시지를 보내고 남자아이들은 일부러 트림 소리를 크게 낸다.

북아메리카 이외의 지역에서 이러한 행동은 저소득층 지역에서 가장 자주 발견된다. 미국에서도 40년 혹은 50년 전에는 그랬다. 저소득층 지역에 있는 미국 공립 학교는 무례함의 문화와 씨름해야 할 때가 많았다. 최소한 2차 세계 대전이 끝난 이후에는 그랬다. 〈폭력 교실 *Blackboard Jungle*〉(1955), 〈선생님께 사랑을 *To Sir with Love*〉(1967) 같은 영화들은 미국과 영국의 저소득층 지역에 있는 학교 안에 만연한 무례함의 문화를 그렸다. 영화에서 묘사하는 무례함의 문화가 중산층 관객들에게 매우 이질적으로 느껴졌기 때문에 이런 영화들이 인기를 끌었던 것일지도 모른다.

오늘날 〈선생님께 사랑을〉과 같은 영화는 매우 신기해 보인다. 이 영화에서 학생들이 시드니 포이티어(미국의 흑인 영화배우—옮긴이)에게 하던 장난질은 요즘 미국 학생들이 교사들에게 일상적으로 가하는 언어 폭력에 비하면 장난스러워 보일 정도이다.

최근 미국과 영국 모두에서 살아 본 경험이 있는 미국인 친구에게 이런 이야기를 했더니 친구는 그렇다고 인정하면서 미국 아이들이 영국이나 호주의 아이들에 비해 품행이 바르지 않고 더 무례한 것 같다고 말했다. 그렇지만 친구는 미국 아이들의 그러한 버릇없는 행동은 아이들이 더 높은 창의성을 발휘하기 위해 치러야 할 대가 같은 것이라고 주장했다.

친구는 미국 아이들이 다른 나라의 아이들보다 더 창의적이라고 추정하고 있었다. 그렇지만 과연 이러한 추정이 옳을까? 실제로 미국 아이들이 다른 나라의 아이들보다 더 창의적일까?

미국인의 창의성이라는 주제에 대해 살펴보자. 아일랜드 작가인 에몬 핑글턴은 미국이 창의성과 혁신에 있어서 세계적으로 우위를 차지하게 된 일이 비교적 근래의 현상이라고 말한다. 전 IBM 연구팀장인 랄프 고모리는 핑글턴에게 1930년대까지 미국은 다른 나라들이 개발한 기술을 응용하는 국가였다고 말했다.[2] 다시 말해, 2차 세계 대전 이전에 미국은 최근 수십 년간 동아시아 국가들이 하고 있는 역할을 하고 있었다고 할 수 있다.

1945년과 1995년 사이의 50년은 미국에게 창의성과 혁신의 위대한 시대였다. 이 시기의 앞 절반인 1945년부터 대략 1970년까지 미국인은 교통, 제조업, 농업 과학과 식량 생산, 커뮤니케이션 등의 분야에서 세계를 선도했다. 뒤 절반인 1970년부터 대략 1990년대 중반까지 미국의 대학과 기업 연구 개발부에 있는 연구자들은 앞서 말한 분야에서 계속 세계를 선도하면서 동시에 생명 공학, 컴퓨터, 정보 통신 기술 같은 새로운 분야에서도 앞서나갔다.

그렇지만 1995년 이후로 세계가 바뀌었다. 실리콘밸리 벤처 투자가인 피터 틸은 핑글턴에게 지난 20년 동안 미국 내 혁신은 놀라울 정도로 미미했고 '주로 정보 통신 기술 분야와 금융 서비스업에 한정돼 있다.'고 말했다. 현재 교통, 제조업, 심지어 생명 공학 분야에서도 새로운 혁신 리더들은 서유럽과 아시아에 있다. 핑글턴은 미국의 국제 특허 출원 또한 줄어들고 있다고 말한다. 세계 지적 소유권 기구가 제공한 자료에 따르면, 특허 출원 수에 근거하여 볼 때 미국은 오직 4개 회사만이 국제 특허를 출원한 회사 상위 20위 안에 들어 있다.[3]

심지어 미국 회사에서 하는 연구조차도 점차 미국 바깥의 나라들에서 수행되고 있다. 핑글턴은 많은 미국 회사들이 연구 개발부를 해외로 옮기고 있다고 지적한다. 2009년, 미국의 다국적 기업 연구 개발부에 근무하는 직원 전체의 무려 27%가 해외에 근무하고 있었다. 2004년의 16%에 비해 상승한 것이다. 핑글턴은 전 연방 항소 법원 판사이자 현재는 특허법 전문가인 폴 미셸을 인터뷰했다. 인텔은 중국에 어마어마한 규모의 연구 개발부를 새로 만들 예정이다. 인텔이 현재 미국 안에 가지고 있는 어떠한 부서보다 더 큰 규모이다. 물론 새로운 시설에서 개발하는 특허는 인텔이라는 이름으로 등록될 것이다. 그렇지만 미셸은 이렇게 말한다. "이 연구실들에 일하는 직원의 대부분은 중국인일 것입니다. 연구 개발 작업에 따르는 부수적인 제조업 일들은 상당 부분 중국에 자리를 잡을 것입니다. 의심할 여지없이 확실합니다."[4] 현재 미국의 1인당 국제 특허 출원 순위는 세계에서 11위이다. 덴마크, 핀란드, 독일, 이스라엘, 일본, 룩셈부르크, 네덜란드, 한국, 스웨덴, 스위스가 미국보다 앞서 있다.[5]

내 친구는 미국 학생들의 반항이 창의성을 위한 전제 조건이라고 주장하며 학생들을 변호했다. 그렇지만 미국 아이들에게 있어서 창의성의 최전성기는 1945년부터 1970년까지였고, 이 동안 미국 학생들은 지금보다 훨씬 더 공손하고 교사를 더 존중했다. (1960년대의 대학 캠퍼스 연좌 농성과 시위는 대부분 정치적인 동기에서 비롯된 것이었고, 베트남 전쟁 반대를 주장하는 경우가 태반이었다. 게다가 매우 큰 규모로 열린 시위들에도 전체 인구 중 극히 일부만이 참여했다. 1960년대 동안, 미국인 중 말없는 다수[6]는 집에 머무르면서 텔레비전으로 〈앤디 그리피스 쇼 Andy Griffith Show〉나 〈기젯 Gidget〉을 시청했다.) 창의성의 두 번째 전성기는 1970년부터 1995년까지였다. 이때까지만 해도 교사를 향한 미국 학생들의 태도는 오늘날보다 훨씬 더 공손했다. 지난 20년 동안 무례함의 문화가 폭발적으로 증가한 것은 사실 미국 안에서 창의성이 쇠퇴한 것과 연관이 있다.

윌리엄메리 대학 교육 심리학과에 재직하는 김경희 교수는 '토랜스의 창의적 사고력 검사(Torrance Tests of Creative Thinking. TTCT)' 결과를 분석했다.[7] 김 박사는 이 분석을 통해 지난 20년 동안 미국 아이들의 창의성 수치가 지속적으로 하락했다는 사실을 발견했다. 김 박사의 말에 따르면, 이는 미국 아이들이 "정서적 표현을 덜 하고, 활동성이 낮아지고, 말수가 줄어들고 언어 표현력이 낮아지고, 유머가 줄어들고, 상상력이 줄어들고, 독창성이 줄어들고, 활기와 열정이 줄어들고, 통찰력이 낮아지고, 자신과 무관한 일에 연결되지 않으려 하고, 통합 능력이 더 떨어지고, 다른 각도에서 상황을 보려하지 않는다."는 사실을 의미한다.[8]

무례함의 문화는 창의성에 필수적이지 않다. 오히려 여러 연구 결과 무례함의 문화는 창의성을 약화시키고 또래 문화 순응주의를 강화한다는 사실이 밝혀졌다.

최근 나는 미국의 부유한 지역에 있는 한 학교를 방문했다. 교사가 정중하고 질서있는 수업 분위기를 조성하려 애쓰고 있었다. 교사는 다른 학생들을 방해하거나 수업을 방해하는 학생은 더 이상 용납하지 않겠다고 말했다. 교사가 이렇게 말하자 교실 뒤쪽에 앉아 있던 한 남자아이가 요란하게 트림을 한 후 말했다.

"아, 그냥 입 좀 다물어요."

"알겠지요? 지금 이야기하고 있는 게 바로 저 모습입니다."

교사가 대답했다.

"부적절한 방해 행위죠. 무례한 행동이에요."

"아, 죄송해요."

남자아이가 말했다.

"제발 입 좀 다물어 줄래요?"

여학생과 남학생 가릴 것 없이 모든 학생들이 일제히 킥킥거렸다.

반항을 독창성과 혼동하지 말라. 어른에게 "입 좀 다물라."고 말하는 미국 아동이나 청소년은 독창성이나 창의성과는 완전히 거리가 멀다. 오늘날 미국에 만연한 무례함의 문화에 순응했음을 의미할 뿐이다.

미국 학생들의 반항 어린 행동을 창의성의 전제 조건이라고 두둔한 내 친구를 변호하자면, 친구는 1970년부터 1995년 사이의 시기에 미국에서 성장했다. 이 시기에 미국 학생들은 많은 종류의 학업 성취 평가 시험에서 세계 선두를 차지했다. 하지만 그 시대는 끝났다. '최근에' 끝나 버렸다.

전 세계의 다양한 국가들에서 학생들의 학업 성취도를 비교할 때 가장 많이 사용하는 평가 시험은 '국제 학업 성취도 평가(Program for International Student Assessment, PISA)'이다. 2000년도에 처음 전 세계적으로 실시된 PISA 시험은 3년마다 한 번씩 치러진다. 학생들은 만 15세에 PISA 시험을 칠 수 있다.[9] 각 참여국에서 무작위로 학교들이 선출된다. PISA 시험은 시험 문제의 철저함 그리고 암기 능력뿐만 아니라 이해력과 창의력을 평가할 수 있다는 점 때문에 극찬을 받았다. 게다가 PISA는 2000년도에 처음 실시된 이후로 시험 체계의 일관성을 계속 유지했기 때문에 어느 시기에 치러졌는지에 상관없이 일관된 척도를 제공해 준다.

PISA가 처음 치러진 2000년도만 하더라도 미국은 세계 순위 목록에서 부끄럽지 않을 정도인 중간 순위를 유지하고 있었다. 다음은 2000년도에 치러진 수학 시험에서 미국이 차지한 순위이다(오른쪽은 원점수이다.).[10]

2000년도 순위

1. 뉴질랜드	537
2. 핀란드	536
3. 호주	533
4. 스위스	529
5. 영국	529
6. 벨기에	520
7. 프랑스	517
8. 오스트리아	515
9. 덴마크	514
10. 스웨덴	510
11. 노르웨이	499
12. 미국	493
13. 독일	490
14. 헝가리	488
15. 스페인	476
16. 폴란드	470
17. 이탈리아	457
18. 포르투갈	454
19. 그리스	447
20. 룩셈부르크	446

2012년에 미국은 같은 국가들 그룹 중에서 12위에서 17위로 순위가 크게 하락했다.[11]

1. 스위스	531
2. 핀란드	519
3. 폴란드	518
4. 벨기에	515
5. 독일	514
6. 오스트리아	506
7. 호주	505
8. 덴마크	500
9. 뉴질랜드	500
10. 프랑스	495
11. 영국	494
12. 룩셈부르크	490
13. 노르웨이	489
14. 포르투갈	487
15. 이탈리아	485
16. 스페인	484
17. 미국	481
18. 스웨덴	478
19. 헝가리	477
20. 그리스	453

경제 위기를 들먹이며 이러한 결과를 변명할 수 없다. 2000년과 2012년 사이에 스페인은 미국보다 더 심각한 경제 위기를 겪었다. 하지만 이 기간 동안 미국은 위의 기준으로 본 학업 성취도에서 스페인

보다 낮은 순위를 차지했다. 또한 2000년에 미국보다 한참 뒤처졌던 폴란드는 2012년도에는 미국보다 훨씬 위로 순위가 급상승했다. 미국의 1인당 교육비가 폴란드의 1인당 교육비보다 2배 이상임에도 불구하고 말이다.[12]

다른 나라의 학생들에 비해 미국 학생들의 학업 성취도가 최근 급락한 사실을 설명하기 위해 많은 이론이 제시됐다. 저서 《무엇이 이 나라 학생들을 똑똑하게 만드는가 *The Smartest Kids in the World: And How They Got That Way*》에서 저널리스트 아만다 리플리는 PISA 시험에서 미국을 큰 차이로 앞지른 국가들과 미국을 세심하게 비교한다. 아만다 리플리는 미국이 다음과 같은 세 가지 면에서 실수를 하고 있다고 생각한다.

- **기술에 대한 과잉 투자:** 아만다 리플리는 요즘 미국의 학교들, 특히 부유한 지역에 있는 학교들에는 태블릿 PC, 최첨단 스마트 보드(전자 칠판), 다른 무선 전자 기기들이 넘쳐난다고 지적한다. 이러한 고급 사립 학교들에 근무하는 교사들은 일상적으로 학생들에게 리모컨을 하나씩 나눠 주고 즉석에서 투표하도록 한다. 하지만 학업 성취도가 가장 높은 학교들의 교실은 디지털 기기가 없어도 잘만 굴러간다.[13] 아만다 리플리는 미국보다 학업 성취도가 높은 국가들은 교실 앞쪽에 있는 칠판이 '아무것에도 연결돼 있지 않고 오직 벽에 붙어만 있다.'라고 지적한다. 반대로, 아이들에게 값비싼 리모컨을 개인별로 하나씩 나눠 주고 학급 투표를 하게 하는 일은 전 세계 대

부분의 국가에서 상상도 할 수 없는 일이다. 다른 대부분의 국가에서는 아이들이 손을 들기만 하면 문제가 해결된다. 아만다 리플리는 다음과 같이 결론을 내린다. "미국은 엄청난 양의 세금을 교사와 학생들을 위한 최첨단 장난감들에 낭비하고 있습니다. 이 중 대부분은 어떠한 학습 효과도 증명된 바가 없습니다. PISA에서 미국보다 순위가 높은 나라들 대부분은 교실과 과학 기술이 놀라울 정도로 동떨어져 있습니다."[14]

- **스포츠에 대한 지나친 강조:** 아만다 리플리는 미국 학교를 여러 개의 운동장이 있고, 스포츠용품이 많고, 운동선수를 위한 명예의 전당이 있지만 학업은 그다지 강조하지 않는 곳이라고 묘사한다. 대부분의 다른 국가들에서 학교의 가장 중요한 임무는 학업이다. 하지만 미국에서는 명문 고등학교에서조차 학교 대표 팀 운동선수들은 시합에 참가한다는 이유로 수업이 면제된다. 이런 일은 미국 밖에서는 잘 일어나지 않는다. "스포츠는 다른 어떤 나라에도 없는 독특한 방식으로 미국 학교들에 뿌리박혀 있습니다." 아만다 리플리는 이렇게 말한다. "그러나 국제 사회에서 미국 교육이 평범한 수준을 벗어나지 못하는 문제에 대해 논쟁을 벌일 때 이러한 차이점에 대해서는 거의 언급하지 않습니다."[15]

- **교원 양성에서의 낮은 경쟁력:** 핀란드는 교원을 양성하는 교육 대학교의 경쟁력이 매우 높다. 핀란드에서 교육 대학교에 입학하는 것

은 미국에서 의과 대학에 입학하는 것만큼이나 어렵다.[16] 하지만 미국에서는 거의 모든 고등학교 졸업자들이 교사가 될 수 있다. 아만다 리플리는 이렇게 말한다. "믿기 힘들지만, 일부 미국 대학교들에서는 교사가 되기 위해서 충족해야 하는 학업 성취도 기준이 축구 선수가 되기 위해 충족해야 하는 기준보다 더 낮습니다."[17]

지금까지 말한 이 세 요소 모두 각각 중요하다. 여기에 한 가지 요소를 추가하고 싶다. 바로 '무례함의 문화'이다. 학업 성취도가 가장 높은 국가들의 보통 학생은 미국의 보통 학생에 비해 자신의 부모가 중시하는 가치를 중시할 가능성이 더 높다. 아만다 리플리는 핀란드의 고등학교에서 1년 동안 교환 학생으로 머문 킴을 인터뷰했다. 한번은 킴이 그동안 죽 궁금했던 것을 핀란드 학생들에게 물었다. "왜 너희는 교육에 대해 그렇게 많이 신경 쓰니?" 핀란드 학생들은 이 질문에 완전히 당황했다. "왜 숨을 계속 쉬어야 한다고 그렇게 열심히 주장하느냐고 묻는 것과 마찬가지라는 반응이었어요. 진짜 미스터리는 왜 핀란드 아이들이 교육에 대해 그렇게 많이 신경 쓰는지가 아니라 왜 그렇게 많은 미국 학생들이 그렇게 하지 않는지일지도 몰라요."[18]

이 말이 옳다고 생각한다. 미국의 학업 성취도가 다른 국가들에 비해 하락한 이유를 이해하기 위해서는 다른 나라가 어떻게 변했는지를 아는 것만큼이나 미국이 어떻게 변했는지를 아는 것 또한 매우 중요하다고 생각한다. 미국의 교사와 교육 행정가들은 학생의 눈에 교육이 멋지고 재밌는 것으로 비치게 만들기 위해 최선의 노력을 다한다. 그렇기 때문에 온갖 전자 스크린과 전자 기기들이 교실에 넘쳐나는 것이다. "만약 아이들이 교육을 멋지고 재밌는 것으로 여기지 않는다면 아이들은 공부를 해야 할 동기를 가지지 못할 것입니다." 미국의 많은 교육 행정가들로부터 이와 비슷한 말을 수없이 들었다. 그리고 학생이 공부를 해야 할 동기를 가지지 못하면, 교실을 운영하는(아이들이 품행 바르게 행동하게 만드는 일) 데 교사의 시간과 에너지가 불필요하게 많이 든다는 것이다.

학교가 비디오 게임 센터와 비슷한 모습으로 변할 지경이 되도록 더욱 더 많은 전자 기기와 전자 스크린을 구입한다고 해서 이 문제를 해결할 수 없다. 이 문제를 해결하기 위해서는 문화를 변화시키고 방향을 새로 잡아야 한다. 그렇게 해서 학생들이 또래 친구들의 눈에 멋지게 보이는 일보다 어른들의 기대를 충족시키는 일에 더 관심을 가지도록 만들어야 한다.

아만다 리플리가 지적한 세 가지 문제를 모두 해결한다고 하더라도 아직 해결해야 할 문제가 많이 남아 있다. 한때 미국은 대학 졸업 비율이 전 세계에서 가장 높았다. 심지어 지금도, 55세에서 64세 사이의 성인 인구 중에서 미국은 학사 학위 취득 비율이 가장 높다. 하지만 요즘 25세에서 34세 사이의 성인 인구 중에서 미국은 학사 학위 취득 비율이 세계 15위로 하락했다. 이 기준에서(4년제 학사 학위를 취득한 25~34세 성인의 비율) 미국은 호주, 벨기에, 캐나다, 덴마크, 프랑스, 아일랜드, 이스라엘, 일본, 룩셈부르크, 뉴질랜드, 노르웨이, 한국, 스웨덴, 영국보다 뒤처져 있다. 다시 말해, 미국은 30년 만에 세계 1위에서 15위로 추락했다.[19] 게다가 대학에 '입학한' 미국 학생들은 다른 선진국의 일반적인 학생에 비해 제대로 대학을 '졸업할' 가능성이 더 낮다.[20]

결론은 이렇다. 아만다 리플리가 지적한 초·중·고 교육 과정의 문제들을 가까스로 모두 해결한다 하더라도 그 결과 대학 졸업자 비율이 많이 높아지리라고 장담할 수 없는 것이다. 요즘 미국 젊은이들 사이에 대학 중퇴 비율이 비교적 높은 현상은 최신 전자 기기에 대한 문화적 집착 같은 것보다 훨씬 더 근본적인 문제를 반영한다. 마음만 먹는다면 우리는 내일 당장 학교에 있는 아이패드와 최첨단 전자 칠판을 모두 제거할 수 있다. 하지만 이러한 변화만으로 대학 졸업자 비율이 눈에 띄게 상승하지는 않을 것 같다.

또한 요즘 젊은 미국인들이 한 세대 전에 비해서 대학교에서 공부를 덜 하고 학습을 덜 한다는 새로운 증거가 나왔다. 리처드 에이럼 박사와 조시파 록사 박사는 광범위한 학생들을 만나서 대학교 1학년 때 치른 시험 점수와 대학교 4학년 때 치른 시험 점수를 비교했다. 그리고 보통의 미국 대학생들이 비판적 사고 능력의 측면에서 볼 때 4학년이 끝나도록 얻은 것이 거의 없다는 사실을 발견했다. 학생들 중 약 3분의 1은 100점 만점을 기준으로 단 1점도 향상되지 않았다.[21]

학생들 스스로도 이 문제에 대해 어렴풋이나마 인식하고 있었지만 대부분 그다지 염려하지 않았다. 많은 학생들이 연구자들에게 비슷비슷한 말을 했다. "무엇을 아느냐가 중요한 게 아니고, 누구를 아느냐가 중요해요." 에이럼 박사와 록사 박사가 인터뷰한 학생들 중 상당수는 대학 교육의 핵심은 학문 연구가 아니라 적절한 사회적 관계를 맺는 일이라고 말했다.[22] 그렇다면 그렇게 많은 학생들의 인지 능력과 추론 능력 수준이 대학에 다니는 동안 거의 달라지지 않았다고 해도 그리 놀랍지 않다.

경제학자인 필립 뱁콕과 민디 마크스는 다양한 데이터를 결합하여 1960년대에 미국 대학생들은 일주일에 평균 25시간을 공부에 투자했다는 사실을 알아냈다. 하지만 2000년대 초가 되자, 약 12시간으로 줄어들었다. 1960년대 수치의 거의 절반 수준이다.[23] 또한 요즘 미국 대학생들은 슬로바키아를 제외한 모든 유럽 국가의 학생들보다 더 적은 시간을 공부에 소비한다.[24]

앞에서 만 15세 아이들의 학업 성취도 평가 시험인 PISA에 대해 언급했는데, 이에 필적할 만한 시험이 성인들을 위해서도 있다. 바로 국제 성인 역량 조사(Program for the International Assessment of Adult Competencies, PIAAC)이다. PIAAC는 2011년과 2012년 사이에 딱 한 번만 치러졌기 때문에 시간의 흐름에 따른 PIAAC 결과의 동향을 직접적으로 추정하기란 불가능하다. 하지만 뉴아메리카 재단에서 교육 정책 프로그램을 연구하고 있는 케빈 캐리 박사가 2000년도 PICA 시험에서 미국 15세 아동들이 보인 학업 성취도와 2012년도 PIAAC 시험에서 27세 미국인들이 보인 학업 성취도를 비교해 봤다. 앞에서 얘기했듯이, 2000년도에 미국의 15세 학생들은 PISA 시험에서 훌륭한 성과를 냈다. 그렇지만 불과 12년 후에, 미국의 27세 성인들은 국제 평균보다 훨씬 아래의 성적을 거뒀다. "요즘 미국의 대학 졸업자들은 다른 국가들의 대학 졸업자들과 실력이 비슷하거나 아니면 더 떨어지는 것 같습니다."라고 캐리 박사는 결론을 내린다.[25]

1985년 무렵 태어난 미국인 집단에서 2000년과 2012년 사이에 학업 성취도 순위가 하락한 현상은 최소한 두 가지 이유로 설명할 수 있다. 한 가지는 미국 대학들이 다른 나라의 대학들에 비해서 재학생을 교육시키는 수준이 평균 이하라는 점이다. 캐리 박사는 미국 명문 대학들의 명성이 과대평가된 부분은 그 대학에 재직하는 유명한 연구자들의 성취 덕분이지 재학생들을 잘 가르쳐서 생긴 것이 아니라고 말한다. 대학이 신입생을 더 이상 받지 않아도 그 대학의 국제 순위에는 아무 영향도 미치지 않을 것이다. 왜냐하면 그런 순위는 가령 그 학교 출신 노벨상 수상자의 수 같은 자료에 기초하기 때문이다. 학부생의 교육 수준은 절대 고려하지 않는다. 캐리 박사는 2000년도 미국의 15세 청소년이 2012년도에 27세 대학 졸업자가 됐을 때 국제 순위가 하락한 사실은 미국 고등 교육의 질이 그저 그렇다는 점을 반영한다고 단호히 주장한다.[26]

그럴 듯한 설명이다. 하지만 또 다른 의견도 있다. 즉, 2000년과 2012년 사이(레이디 가가, 에이콘, 에미넴, 저스틴 비버, 마일리 사이러스의 시대)의 미국 대중문화에 노출된 것만으로 이성적 사고에 문제가 생겼을지도 모른다는 것이다. 현대 미국 문화는 학문의 가치를 폄하하는 경향이 있다. 특히, 미국에 유학 온 외국인 학생들보다 미국에서 태어나고 미국 문화 안에서 자란 학생들이 더 그러하다. 미국이 아닌 다른 나라에서 일하고 있는 한 교수는 캐리 박사의 논문을 읽고 나서 자신도 비슷한 생각이라고 밝혔다. "당신도 아마 저처럼 충격을 받을 것입니다. 이들(미국이 아닌 다른 나라의 졸업자들)이 자기 분야에서 얼마나 뛰어난지 본다면 말입니다. 첨단 기술을 다루는 노동자가 이렇게나 유식하고 교양이 풍부할 수 있다니 놀라움을 금할 수 없습니다. 영국인들은 과학 기술 관련 디자인 보고서를 마치 대학에서 영문학을 전공한 것처럼 유려하게 씁니다. 유럽인 소프트웨어 기술자들은 보통 여러 개의 언어를 자유자재로 구사하고 소프트웨어 공학에 접근할 때 마치 컴퓨터 공학에 접근하는 것처럼 합니다. 아무 코드나 되는 대로 쓰지 않습니다. 석사 학위나 박사 학위가 있지 않은 한 미국 대학 졸업자들에게서는 더 이상 보기 힘든 모습들입니다. 이들의 가족과 시간을 보내 보면 이유를 알 수 있습니다. 이들은 교육받는 일을 진지하게 생각합니다. 미국과 비교할 수가 없을 정도입니다. 이곳 아이들은 미국 아이들보다 더 많은 시간을 숙제하는 데 씁니다. 미국 아이들처럼 학교가 얼마나 지루한지 불평하느라 시간을 온통 허비하지 않습니다."[27]

이 두 설명은 서로 배타적이지 않다. 미국의 일반적인 대학 교육이 다른 나라보다 뒤떨어져 있을 수 있고, 또한 현대 미국 문화에 노출되는 것이 학업 성취도와 성실성을 떨어뜨릴 수도 있다.

요즘 젊은 미국인들은 자신의 부모 세대에 비해서 대학에서 중퇴할 가능성이 더 높다.[28] 다른 나라의 대학 졸업자들에 비해서 미국 젊은이들은 15세~ 27세 사이에 학업 기반을 잃고 있는 것처럼 보인다. 한때 미국 부모들은 자신의 가족이 좋은 학교가 있는 좋은 동네에 살면 아이가 좋은 교육을 받을 것이고 그 결과 명문 대학교에 입학하리라고 기대할 수 있었다. 하지만 이러한 기대는 더 이상 유효하지 않다. 그 결과, 우리는 아이의 교육에 더 깊이 관여해야 할 필요가 있게 됐다. 선진국들 중 중간 수준밖에 안 되는 미국의 기준이 아니라 국제적인 기준에 걸맞은 교육을 아이에게 시키려면 말이다.

Chapter 5

왜 그렇게 많은 아이들이 그토록 나약한가?

많은 대학 교수진과 교직원들은 요즘 학생들이 눈에 띄게 나약해졌다고 말한다. 어떤 사람들은 요즘 학생들을 '찻잔'으로 묘사하기도 한다. 아름답지만 살짝 떨어뜨리기만 해도 깨지기 쉽기 때문이다.

–진 트웬지, 샌디에이고 주립대학교 심리학과 교수[1]

"어떻게 아론에게 미식축구를 배워 보라고 제안하게 됐나요?" 아론의 아버지인 스티브에게 물었다.

"사실 처음 그 애기를 꺼낸 사람은 소아과 진료실에서 일하는 간호사였습니다. 그는 우리에게 아론의 몸무게 백분위수가 올라가고 있는 반면 키 백분위수는 변하지 않고 있다고 알려 줬습니다. 제가 물었습니다. '무슨 말을 하고 싶은 거죠?' 그가 말했습니다. '아론은 과체중이 돼 가고 있어요.' 간호사가 미식축구 자체를 언급한 것은 아닙니다. 다만 아론이 활동을 더 많이 해야 할 필요가 있다고 말했고 대안으로 방과 후 운동을 추천했습니다. 미식축구는 제 아이디어였습니다. 저는 중학교와 고등학교 내내 미식축구를 했고 건강을 유지하는 데 큰 도움을 받았습니다. 체력을 키울 수 있었죠. 그렇게 된 겁니다."

"아론이 비디오 게임에 재능이 있었다고 말씀하셨는데요. 아론이 몇 살 때 처음 그 사실을 아셨나요?" 내가 물었다. "아주 어렸을 때요." 스티브가 대답했다. "기억나요. 아론이 6살 때였죠. 우리는 '매든 NFL 미식축구' 게임을 하고 있었어요. 그 게임을 아시나요?" 내가 고개를 끄덕였다. "아론이 절 이겼어요. 엄청나게 큰 점수 차이로요. 최종 스코어가 62대 7이었어요."

"아론이 62점이고 당신이 7점이었나요?" 내가 물었다.

"맞아요. 제가 한심하다고 느꼈죠. 그 후론 아론과 비디오 게임을 별로 하지 않았어요." 스티브가 말했다. "저는 아론과 상대가 안 됐죠. 게다가 게임을 해야 하는 이유도 모르겠더라고요. 저는 밖에 나가서 공을 가지고 노는 걸 더 좋아하거든요. 진짜 미식축구를 하는 것을요."

"그래서 지난 가을에 무슨 일이 있었나요?" 내가 물었다.

"아론에게 미식축구를 하라고 몇 년 동안 잔소리를 했어요. 하지만 아론은 항상 제 말을 무시했죠. 그러다가 아론이 함께 비디오 게임을 하는 친구들 중 몇 녀석이 학교의 미식축구 2군 팀에 지원하겠다고 선언했어요. 그때 처음으로 아론이 실제로 미식축구를 하는 것에 흥미를 보였죠. 그래서 아론과 공원에 가서 공을 가지고 블로킹 연습을 했어요. 저는 아론에게 가능성이 있다고 했어요. 거짓말이 아니었어요. 살이 조금 찌긴 했지만 공격 라인에서 뛴다면 괜찮을 것 같았죠. 전 아론에게 좌측 태클 포지션이 NFL(National Football League 미국 프로 미식축구 연맹)에서 가장 높은 연봉을 받는 포지션 중 하나라고 설명해 줬어요. 아론은 꽤 흥미를 보였습니다."

"그래서 지난 가을에 무슨 일이 있었나요?" 내가 다시 물었다.

"아론은 자신만만해 하면서 입단 테스트에 갔습니다. 아론은 자신이 '매든 NFL 미식축구 게임'의 달인이라는 점이 유리하게 작용할 것이라고 생각했어요. 하지만 코치는 누가 체력이 좋고 누가 체력이 나쁜지 알고 싶어 했어요. 그래서 학생들에게 단거리 전력 질주를 시켰죠. 그런 다음 모두에게 중거리인 1마일(1.6km)을 달리게 하고 기록을 쟀어요. 아론의 기록은 형편없었죠. 1마일을 달리는 데 거의 12분이나 걸렸어요. 코치가 말했죠. '학생이 미식축구를 할 수 있게 될지 아닐지 잘 모르겠군. 체력이 너무 떨어져. 내일 아침 여기에 아침 7시까지 다시 와. 체력이 떨어지는 다른 아이들과 함께. 트랙을 1마일 뛴 다음 체력 단련실로 갈 거야."

"그래서요? 아론이 다음 날 아침 갔나요?" 내가 물었다.

"아니요. 가지 않았어요. 그날이 아론이 방과 후 운동을 시도해 본 처음이자 마지막 날이 됐죠. 아론이 말했어요. '전 운동선수가 아니에요. 앞으로도 안 될 거고요. 되고 싶지도 않아요. 저는 게이머예요.' 저는 아론에게 운동선수와 게이머 둘 다 될 수 있다고 말해 줬어요. NFL에서 뛰는 많은 선수가 만만찮은 게이머라고도 말해줬죠. 하지만 아론은 관심을 보이지 않았어요. 그냥 자기 방으로 돌아가서 방문을 닫고 계속 게임만 했어요."

"지금은 어떻게 돼 가고 있나요?" 내가 물었다.

"그냥 점점 더 게임을 많이 하고 있어요. 인생에서 뭘 하고 싶은지 물으면 아론은 프로게이머가 되고 싶다고 말해요. 비디오 게임을 하면서 연봉 10만 달러 이상을 버는 게이머들에 대한 온라인 기사를 제게 보여 주곤 하죠."

"그러면 당신은 뭐라고 합니까?"

"무슨 말을 할 수 있겠어요?" 스티브가 말했다. "그게 아론의 꿈인지도 모르는데요. 아론은 그게 자신이 정말로 원하는 것이라고 말해요. 어떻게 아이에게 꿈을 좇지 말라고 할 수 있겠어요? 전 그냥 아론이 행복하기를 바랄 뿐이에요."

줄리아는 경쟁심이 강했고, 항상 반에서 1등을 하기를 원했다. 부모에게서 그러한 투지를 물려받은 것일지도 몰랐다. 줄리아의 엄마는 투자 은행 경영진이고 아빠는 외과 의사이다. 어쨌든, 줄리아의 부모는 초등학교 입학 때부터 줄리아가 줄곧 받은 우등상을 자랑스러워했다. 줄리아는 시내에 있는 최고의 사립 학교에 다니고 있었다. 일상적으로 졸업생들을 최고 명문 대학들에 보내는 학교였다. 줄리아는 반에서 1등이었고 그대로만 가면 졸업생 대표가 될 것이 확실했다.

줄리아는 9학년 때 이미 고교 심화 학습 과정(Advanced Placement Course, AP Course, 미국 대학협의회에서 만든 고교 심화 학습 과정. 프린스턴

대와 같은 명문대에서 입학 전형 시 이 과정을 수료한 학생에게 가산점을 부여하거나 입학 후 학점으로 인정하고 있음–옮긴이)을 수강했고 모든 과목에서 A를 받았다. 11학년을 시작하면서 줄리아는 보통 12학년 때 수강하는 코스인 AP 물리학 과목에 수강 신청을 하기로 결심했다. 줄리아는 12학년 때는 혼자서 독립 연구 프로그램을 실행하고 대학교에 입학해서는 엔지니어링 프로젝트를 하려고 이미 생각하고 있었다. 줄리아는 11학년 때 AP 물리학 과목을 수강하면 자신의 프로그램을 승인해야 하는 여러 관계자들에게 깊은 인상을 줄 수 있을 것이라고 혼자 결론을 내렸다. 11학년이면서 AP 물리학 과목을 수강하기 위해서는 특별 허가가 필요했고 줄리아는 거뜬히 받아 냈다. "줄리아는 학업에 있어 항상 톱이었어요." 엄마 제니퍼가 말했다. "하지만 근소한 차이로 우세했어요. 줄리아가 99점을 받을 때 다른 아이들은 98점이나 97점을 받았죠. 줄리아는 자신을 완전히 다른 차원으로 끌어올려 줄 뭔가를 원했어요. 자신을 나머지 아이들보다 돋보이게 만들어 줄 뭔가를 원했죠. 대학 입학 사정관의 눈뿐만 아니라 자기 자신의 눈에도 말이죠. 그때부터 이 일이 시작됐어요."

"무슨 일이 있었나요?"

"물리학은 줄리아가 예상했던 것보다 훨씬 어려웠어요. 줄리아는 이전엔 학교 공부를 할 때 심각하게 힘들었던 적이 한 번도 없었어요. 모든 공부가 항상 쉬웠죠. 물리학은 줄리아가 개념을 이해하지 못한 첫 과목이었어요. 최초였죠."

"줄리아는 문제가 있을지 모른다고 언제 처음 깨달았나요?" 내가 물었다. "첫 번째 시험 때요." 제니퍼가 대답했다. "그 시험 전에 줄리아는 모든 것이 잘될 것이라고 생각했던 것 같아요. 언제나처럼 반에서 1등을 할 거라고요. 줄리아는 정말 열심히 공부했어요. 하지만 첫 시험을 보고 나서 그 생각이 완전히 무너졌죠. 줄리아는 반에서 매우 낮은 점수인 74점을 받았어요. 담당 교사는 나중에 줄리아에게 수강 신청을 취소하기에 늦지 않았다고 말했어요."

"그래서 어떻게 됐나요?" 내가 물었다.

"10월 첫째 주였어요. 직장에서 돌아왔는데 줄리아가 방문을 닫은 채 자기 방에 틀어박혀 있었어요. 이상했죠. 항상 방문을 열어 놨거든요. 제가 줄리아의 방문 앞으로 가서 막 노크를 하려는 순간 생전 들어보지 못한 이상한 소리가 들렸어요. 흐느껴 우는 소리였어요. 아장아장 걸어 다니던 때 이후로 줄리아가 그렇게 우는 건 처음이었어요. 발작하듯 숨도 제대로 못 쉬면서 꺽꺽 울더군요."

"그래서 어떻게 하셨나요?"

"노크도 못 하고 방 안으로 뛰어 들어갔어요. 줄리아는 침대에 엎드린 채 베개에 얼굴을 파묻고서 울고 있었어요. 오만 생각이 다 들었어요. 물리학 시험에 대해선 전혀 몰랐죠. 솔직히 처음 든 생각은 줄리아가 성폭행을 당하진 않았나 하는 생각이었어요. 아니면 누군가가 부당하게 괴롭혔든지. 다른 어떤 일이 그렇게 엄청나게 속상하게 만들 수 있겠어요? 그래서 제가 물었죠. '괜찮니? 무슨 일이야?'라고요."

"줄리아가 뭐라고 하던가요?"

"줄리아는 말을 꺼내기 힘들어하다가 시험에서 낮은 점수를 받았다고 가까스로 설명했어요. 솔직히 말하자면 저는 웃음이 터지는 걸 막기 위해 손으로 입을 틀어막아야 했죠. 정말 안도했어요. 줄리아가 어떤 끔찍한 범죄를 당했을지 모른다고 생각했는데 고작 시험에서 낮은 점수를 받은 것 때문이었어요. 하지만 진정한 후 차분하게 말했죠. '오, 정말 안됐구나. 기분이 안 좋겠다. 이해해."

"그 다음엔 어떻게 됐나요?"

"줄리아를 안심시키려고 애썼어요. 과외 교사를 구해서 도움을 받을 수도 있다고 말했죠. 줄리아는 싫다고 했어요. 전 며칠이 지나고서야 이게 보통 일이 아니라는 걸 깨달았어요. 줄리아는 자신이 만약 혼자 힘으로 물리학을 정복하지 못한다면 계속 상상한 대로 불세출의 천재가 될 수 없을 것이라고 느꼈어요. 줄리아에겐 매우 고통스러운 일이었죠."

"줄리아가 언제부터 약물 치료를 받기 시작했나요?"

"그때부터 상황이 급격히 악화됐어요. 저는 줄리아가 정신을 차리고 차분하게 대처하리라고 생각했어요. 우리는 과외 교사를 구했고 저는 과외 교사가 도움이 됐다고 생각해요. 줄리아는 다음 시험에서 79점을 맞았어요. 여전히 흡족하지는 않았지만 전보다는 나아졌죠. 그래도 코스를 끝까지 들을 수는 있을 정도였어요. '하지만 C를 받게 될 거야!' 줄리아가 울부짖었어요. '인생에는 물리학 과목에서 C를 받는 것보다 더 힘든 일이 많단다.' 제가 말했어요. '엄만 몰라요.' 줄리아가 말했어요. 그리고 계속 울어 댔고 자기 방에서 나가라고 소리를 질렀어요. 제가 위로해 주기를 바라지 않았죠. 그때 줄리아를 데리고 소아과 의사에게 진찰을 받으러 갔어요. 의사는 렉사프로 10밀리그램을 처방했어요. 그러고선 약을 먹어야 한다고 말했죠. 아마 도움이 될 거라고요."

"도움이 됐나요?"

"약간요. 줄리아는 울음을 터뜨리지 않고서도 자신이 어떤 기분인지 말할 수 있게 됐죠. 줄리아는 반에서 꼴찌 근처에 있는 게 얼마나 굴욕적인지 설명했어요. 하지만 추수 감사절이 되자 다시 이전 상태로 돌아가는 것처럼 보였어요. 더 움츠러들었고 항상 우울해했어요. 그래서 우리는 줄리아를 데리고 정신과 의사에게 진찰을 받아보기로 결정했죠. 사실 소아과 의사가 그러라고 추천했어요."

"정신과 의사가 뭐라고 하던가요?"

"의사는 우리와 몇 분밖에 이야기를 나누지 않았어요. 저는 더 철저한 검사를 바랐지만 의사는 그럴 필요가 없다고 생각하는 것 같았어요. 그는 리스페달(조현병 치료제-옮긴이)을 추가할 것을 권했어요. 렉사프로 같은 SSRI(Selective Serotonin Reuptake Inhibitors, 선택적 세로토닌 재흡수 억제제-옮긴이)가 효과가 없을 때 리스페달을 추가한다고 말했어요. 하지만 저는 인터넷에서 리스페달에 대해 찾아보다가 부작용 부분을 읽고서 너무 화가 났어요. 체중 증가. 당뇨병. 그래서 다른 견해도 들어 보려고 선생님에게 온 거예요. 선생님이 〈뉴욕타임스〉에 약물 치료에 대해 회의적 견해를 밝힌 글을 읽었거든요."

아론과 줄리아의 경우와 비슷한 이야기는 많이 있다. 체력이 안 좋은 게이머인 아론과 자칭 미래의 엔지니어인 줄리아를 연결하는 공통 맥락은 바로 '나약함'이다. 아론은 입단 테스트를 받고 집에 돌아왔을 때 다음 날 다시 나와서 더 열심히 노력하라는 코치의 제안을 왜 받아들이지 않았을까? 줄리아는 자기가 생각했던 것만큼 자신이 똑똑하지 않다는 사실을 알고서 왜 무너졌을까? 대답은 두 아이들 모두 '나약하다'는 것이다. 이들이 포기하고 물러서거나 무너져 내리는 데는 그리 오랜 시간이 걸리지 않았다.

나약함은 미국 아동들과 10대들의 매우 큰 특징이 됐다. 25년 전만 해도 없었던 특징이지만 요즘 진료실에서 자주 보는 모습이다. 지난 25년 동안 의사로서 관찰하고 경험한 것들 이외에도, 요즘 미국 아이들이 2, 30년 전의 미국 아이들에 비해 더 나약하다는 내 주장을 뒷받침해 주는 몇 가지 객관적 증거가 있다. 첫째의 그리고 가장 명백한 증거는 불안 장애와 우울 장애로 진단받고 치료받는 미국 아이들의 비율이 엄청나게 높아졌다는 사실이다.[2] 3장에서 요즘 미국 아이들이 다른 나라 아이들에 비해 그리고 30년 전의 '미국' 아이들에 비해 정신질환으로 진단받을 가능성이 훨씬 더 높다는 사실을 살펴봤다.

이 객관적 증거는 줄리아의 사례와도 관련이 있다. 면허가 있는 두 명의 의사(소아과 의사와 정신과 의사)가 우울증에 대해 약물 치료 처방을 내렸기 때문이다. 하지만 이 증거는 아론의 사례에는 적용되지 않는다. 아무도 아론에게 어떤 진단도 내리지 않았기 때문이다. 사실 아론은 꽤 행복한 소년이다. 비디오 게임을 하고 있는 동안 건들지만 않는다면 말이다.

그렇지만 아론과 줄리아는 공통점을 가지고 있다. 두 사람 모두 내면의 무언가가 부재하는 것처럼 보인다. 몇 십 년 전만 해도 아이들에게 당연히 기대했던 내면의 힘 같은 것이 이 두 아이에게서는 보이지 않는다. 어떻게 이를 수량화할 수 있을까? 통계로 측정하는 것이 가능할까?

가능할지도 모른다. 아론의 사례에서, 한창때인 소년은 비디오 게임을 하기 위해서 현실 세계에서 후퇴하여 자기 방에 틀어박힌다. 나는 젊은이들에게서 같은 과정을 자주 목격한다(젊은 여성보다 젊은 남성에게서 더 자주 목격한다). 이들은 대학을 휴학하거나 중퇴하고서 컴퓨터 스크린이나 비디오 게임이 있는 자기 방으로 후퇴한다. 20대 젊은이들에게서 자주 관찰되는 최종 공통 경로이다. 꿈을 이루지 못한 젊은이들이 모든 것을 포기하고 후퇴하여 집으로 돌아와서 부모와 함께 살거나 혹은 (부모에게 여력이 있다면) 부모와 따로 살며 부모의 경제적 지원을 받는다.[3]

젊고 신체 건강한 성인들이 일을 하지 않고 일자리를 구하지도 않는 현상은 미국에서 점점 흔해지고 있다. 2000년도만 해도 다른 나라와 비교해 봤을 때 이러한 현상은 미국에서도 드문 일이었다. 2000년도에 미국 젊은이들은 창업을 하거나 일을 하거나 구직 활동을 하는 인구의 비율 면에서 전 세계를 이끌었다. 스웨덴, 캐나다, 영국, 독일, 프랑스, 호수, 폴란드 같은 나라들은 미국보다 뒤에 있었다. 하지만 단 11년 후인 2011년도에, 미국은 방금 언급한 나라들 중 1등에서 꼴등으로 순위가 하락했다. 반면 다른 나라들의 순위는 아주 약간만 움직였다.

다음은 2000년도에 유급으로 고용되어 있거나 적극적으로 구직 활동을 하고 있는 젊은이의 비율에 따라 각 나라의 순위를 매긴 것이다. 높은 순에서 낮은 순이다.

1. 미국
2. 스웨덴
3. 캐나다
4. 영국
5. 독일
6. 프랑스
7. 호주
8. 폴란드

다음은 2011년도의 순위이다. 괄호 안은 2000년도의 순위이다.[4]

1. 스웨덴(#2)
2. 캐나다(#3)
3. 호주(#7)
4. 영국(같은 순위)
5. 독일(같은 순위)
6. 프랑스(같은 순위)
7. 폴란드(#8)
8. 미국(#1)

이러한 하락을 경제 위기 탓으로 돌릴 수는 없다. 폴란드와 프랑스 또한 2008~2009년의 세계 금융 위기 동안 경제적으로 분투했지만 이 나라들은 원래 순위를 유지한 반면 미국은 1등에서 꼴찌로 하락했다. 하버드 대학교 경제학 교수는 이러한 하락을 '풀기 힘든 매우 심각한 문제'라고 표현했다.[5]

건강한 문화에서는, 젊은이들이 경제 성장의 많은 부분을 주도한다. 이들은 새로운 사업을 시작한다. 또한 모든 연령대 중 기업가가 될 가능성이 가장 높다. 하지만 사람들이 느끼는 인상과는 반대로, 미국은 지난 30년 동안 기업가적인 특징이 현저히 줄어들었다. 미국 인구 조사국은 매년 창업되는 사업체의 수를 주의 깊게 기록한다. 2014년에, 학자들은 이 데이터를 분석한 다음 "미국에서 새로운 사업의 창업 비율이 지난 35년 동안 절반으로 줄어들었다."라고 결론을 내렸다.[6] 이러한 하락은 미국 곳곳에서 볼 수 있고(50개 주 전부와 경제의 모든 부문에서 볼 수 있다), 시간이 흐르면서 지역을 막론하고 서로 더 비슷해지고 있다. 미국의 모든 지역이 영향을 받았다. 연구자들은 "이러한 하락을 설명할 수 있는 뚜렷한 이유를 아직 찾지 못했다."고 인정한다. 연구자들은 이 문제에 대한 해결책으로 '고숙련 노동 이민자의 유입 완화'를 제안한다.[7] 다음 페이지의 그래프는 이들의 보고서에 나오는 것 중 하나이다.('기업 등장'은 새로운 사업체가 생겨나는 것을 의미한다. '기업 퇴장'은 폐업하는 회사들을 의미한다.)

경제학자들이 당황하는 이유를 이해하기란 어렵지 않다. 이들은 경제학의 영역 안에서 문제의 답을 찾으려고 하고 있지만 거기에서는 어떠한 답도 찾을 수가 없다. 이러한 현상(미국의 젊은이들이 매우 나약하고,

미국 경제는 기업가적인 특징이 현저히 줄어들었다 :
미국의 기업 등장 비율과 기업 퇴장 비율(1978~2011년)

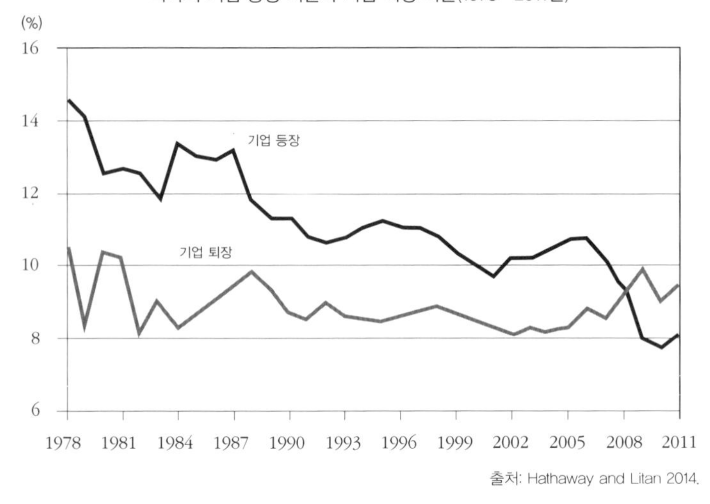

쉽게 포기하고, 새로운 사업체를 창업하는 열정을 더 이상 가지고 있지 않은 현상)은 미국 경제에 막대한 영향을 미칠지 모르지만 이 현상의 원인은 자본 환경에 있지 않다. 부모들의 자녀 양육 방식에 있다. 미국 부모들의 자녀 양육 방식이 나약한 아이들을 양산해 내고 있다.

어떻게 이렇게 된 걸까?

아이들이 자신의 판단과 이해를 지배하는 준거틀을 어디에 두는지를 보면 힌트를 얻을 수 있다. 구체적으로 말하자면, 아이들은 어른들로부터 또래 친구들에게로 자신의 준거틀을 이동시켰다. 나이를 먹고도 독립하지 않고 부모의 집에 살면서 부모에게 의존하는 젊은이들이 그러한 상황에도 불구하고 부모가 자신에 대해 어떻게 생각하는지를 그다지 신경 쓰지 않는 경우가 많다. 이러한 젊은이들은 자신의 친구들이 어떻게 생각하는지에 더 관심이 많다. 이들 중 많은 수가 부모 집에 얹혀살면서 소셜 미디어를 하며 시간을 보내거나 자신의 활동을 동영상으로 촬영해서 유튜브에 업로드한다.

우리는 미식축구 선수에 도전했던 아론에게서 똑같은 원리를 찾아볼 수 있다. 아론에게는 친구들이 어떻게 생각하는지가 가장 중요하다. 비디오 게임을 할 때 아론은 싸움의 승자다. 친구들은 아론의 기량에 감탄을 금치 않는다. 하지만 미식축구장에 다시 간다면 아론은 또 다른 계급의 맨 밑바닥을 차지할 것이다. 운동선수가 맨꼭대기에 있고 아론은 저 아래에서 헉헉거리고 있을 것이다.

줄리아도 친구들의 생각에 신경을 쓰긴 했지만 스스로에 대한 평가 때문에 굴욕감을 느꼈다. 자신이 그린 자아상 안에서 줄리아는 항상 1등을 하고 굉장한 성취를 선보여야 한다. 물리학 공부에서 어려움을 겪으면서 이러한 허상이 깨졌고 결국 존재적 위기가 뒤따랐다. '만약 내가 생각했던 것만큼 굉장한 학생이 아니라면 도대체 나는 누구란 말인가?' 줄리아는 자기 자신에게 질문을 던졌지만 답을 구할 수 없었다.

아론과 줄리아의 사례에서 볼 수 있는 나약함의 한 가지 원인은 부모와 자녀의 관계가 약해진 것이라고 생각한다. 아론과 줄리아는 부모를 사랑한다고 애써 말할지도 모른다. 하지만 이들은 부모가 자신에 대해 어떻게 생각하는지를 진지하게 고민하지 않는다. 더 정확하게 얘기하자면, 아론은 부모가 어떻게 생각하느냐보다 또래 친구들이 어떻게 생각하느냐를 더 신경 쓴다. 줄리아는 부모가 어떻게 생각하느냐보다 자신의 과장된 자아상에 대해 더 신경을 쓴다. *아이들은 부*

모의 의견을 자신의 첫 번째 가치 척도로 여겨야 할 필요가 있다. 최소한 아동기와 청소년기 동안에는 그래야 한다.(물론 이 원칙은 부모가 무능하거나 지병이 있거나 아이의 삶에 완전히 부재한다면 적용되지 않을 수 있다. 하지만 이 책에서는 부모가 아이를 잘 보살피고 염려한다고 전제하고 있다. 이 전제에 해당하지 않는 부모에게 이 책은 적합하지 않다.)

만약 부모가 가장 먼저가 아니라면 아이들은 나약해질 수밖에 없다. 이유는 다음과 같다. 부모와 아이의 좋은 관계는 조건이 없고 매우 탄탄하다. 딸아이가 내게 "아빠 미워요!"라고 소리를 지를 수도 있지만, 이 감정 폭발 때문에 우리의 관계가 변하지는 않을 것이라는 사실을 아이는 잘 알고 있다. 아내와 나는 앞으로 아이가 다시 그렇게 소리를 지른다면 일주일 동안 특권 일부를 제한하기로 결정할 수 있다. 하지만 아이는 우리가 여전히 자신을 사랑한다는 사실을 잘 알 것이다. 우리의 사랑은 언제나 변하지 않을 것이고 아이는 그 사실을 잘 알고 있다.

이에 반해, 또래 관계는 본래 약할 수밖에 없다. 에밀리와 멜리사가 지금은 가장 친한 친구일지도 모르지만 두 사람 모두 한마디 실수에 자신들의 관계가 걷잡을 수 없이 무너질 수 있다는 사실을 잘 알고 있다. 그렇기 때문에 에밀리는 정신없이 5분마다 휴대폰 메시지를 확인한다. 만약 멜리사가 메시지를 보냈는데 즉시 응답을 하지 않는다면, 멜리사가 침묵을 애정 부족의 신호로 잘못 해석할까 봐 두려워하는 것이다. **또래 관계에서는 모든 것이 조건적이고 가변적이다.**

아론은 또래 친구들의 눈에 무능해 보이고 싶지 않다. 일주일 아니 단 하루도 그러고 싶지 않다. 그러므로 아론은 가장 체력이 떨어지는 선수가 되는 굴욕적인 경험을 감수하려 하지 않을 것이다. 줄리아는 최우수 학생이 아닌 자신을 상상조차 할 수 없다. 그러므로 물리학 과목에서 반 평균 이하가 되는 굴욕적인 경험을 절대 감수할 수 없고 감수하려 하지도 않을 것이다. 줄리아의 자아상은 1등을 하느냐 못 하느냐를 조건으로 한다. 더 이상 1등이 아니거나 1등에 가깝지 않게 되면 자아상은 모래성처럼 허물어진다. 나는 줄리아가 우울증 판정 공식 기준에 들어맞는다는 두 의사의 진단에 동의한다. 하지만 이 의사들은 '왜' 줄리아가 우울증에 걸렸는지 이유를 알아보지 않았다. 줄리아가 우울증에 걸린 이유는 현실이 줄리아가 가진 자아상의 거품을 꺼뜨렸기 때문이다. 줄리아를 치료할 적합한 방법은 리스페달을 복용하는 것이 아니라 다른 자아상을 세우는 것이다. 대단한 학업 성취도가 아니라 부모가 주는 '조건 없는' 사랑과 수용에 뿌리내린 자아상 말이다.

30~50년 전과 마찬가지로 아동들과 10대 아이들에게는 부모의 '조건 없는' 사랑과 수용이 필요하다. 또래 친구들이나 성적표로부터는 '조건 없는' 사랑이나 수용을 얻을 수 없다. 이는 미국 10대들 사이에 불안 장애와 우울 장애가 폭발적으로 유행하는 한 가지 이유이기도 하다. 이들은 다른 10대들에 대한 애착을 보호하려고 미친 듯이 애쓰고, 조건 없는 사랑과 수용을 '그것을 제공할 수 없는 대상'으로부터 구하려고 안간힘을 쓴다.[8]

많은 미국 부모들은 이러한 상황이 21세기 삶의 불가피한 영향이라고 생각한다. 하지만 잘못 생각하고 있는 것이다. 이러한 현상(아이들이 자기 부모와의 관계보다 또래 친구들과의 관계 혹은 운동, 학업 성적, 방과 후 활동과의 관계를 더 중요시하는 현상)은 다른 어떤 곳보다 북아메리카에서 훨씬 더 널리 퍼져 있다. 에콰도르, 아르헨티나, 스코틀랜드에 사는 아이들 대부분은 여전히 부모, 조부모, 이모, 삼촌 들과 자유 시간을 보내기를 기대한다. 미국 아이들이 2세대 전에 그랬던 것처럼 말이다. 한 스코틀랜드 사람은 내게 이렇게 말했다. "우리는 '세대 문제'에 대해 크게 고민하지 않아요. 그저 무언가를 함께 하기를 즐긴답니다."

미국 소설가인 레이프 라슨은 최근 가족과 함께 스코틀랜드로 이주했다. 그리고 스코틀랜드 현대 사회에서 '가족이 항상 가장 먼저'라는 점을 목격한다. 이에 반해 미국 현대 문화는 '아이들이 존재한다는 사실을 인정하지 않는다.'는 사실에 충격을 받는다. 이러한 차이는 아이들과 어른들이 각자 자유 시간을 어떻게 보내는지를 보면 분명하게 알 수 있다. 또한 공공장소에 아이들을 위한 기반 시설을 얼마나 갖추고 있는지를 봐도 알 수 있다. 라슨은 이렇게 말한다. "에든버러 공항에는 3개의 커다란 실내 놀이터, 충분한 유아용 의자, 가족을 위한 전용 구역 등이 있습니다. 유아용 우유를 미리 주문하면 출발 탑승구에서 받을 수 있어요. 모유 수유를 하는 엄마들만 이용할 수 있는 편안한 수유방도 있습니다. …… 이를 미국과 비교해 봅시다. 일단 뉴어크 공항에는 수유방이 하나도 없습니다. 게다가 한참 찾은 끝에야 터미널 C구역 전체에 유아용 의자가 1개밖에 없다는 걸 발견했습니다. 우리는 베두인족(천막 생활을 하는 아랍 유목민-옮긴이)처럼 공항을 가로질러 그걸 끌고 가야만 했습니다."[9]

부모로서 우리 모두는 또래 대 또래의 관계, 학업 성적, 다른 활동들보다 부모와 아이의 관계가 가장 중요하도록 만들어야 한다. 어떻게 그렇게 할 수 있을까?

단순한 한 가지 전략은 가족만을 위한 휴가 일정을 잡는 것이다. 만약 딸아이가 제일 친한 친구를 휴가에 데려가도 되느냐고 묻는다면 '안 된다.'고 대답해야 한다. 그 친구가 휴가에 함께 간다면 휴가의 상당한 부분이 아이가 친구와 유대를 형성하는 데 할애될 것이다. 가족휴가의 가장 큰 목적은 부모와 아이 사이의 유대를 강화하는 것이어야 한다. 아이에게 친구와 놀 수 있는 값비싼 기회를 제공하는 것이 아니다. 훨씬 더 단순한 전략도 있다. 가족만의 규칙적인 이벤트를 만드는 것이다. 가령 부모와 아이가 매주 동네 커피숍을 방문하는 건 어떤가. 걸어갈 수 있는 거리 안에 있는 커피숍에 함께 걸어간다면 아이가 하고 싶었던 이야기를 꺼내고 그것을 잘 들어 주는 좋은 기회가 될 수 있다. 가족 저녁 식사, 가족 영화 관람, 심지어 자동차에 동승하는 일 등은 모두 부모와 아이 사이의 유대를 강화하는 기회를 제공해 준다.

아이를 위해 자리를 마련할 때 아이의 또래 친구들이나 학업 성적, 방과 후 활동보다는 어른들과 연결하는 것을 우선순위로 삼으라. 부모의 가족과 절친한 친구들이 아이의 삶에서 중요한 위치를 차지하도록 만들라. 아이의 이모, 삼촌, 조부모와 가까운 곳에 살 수 있는 기회가 생긴다면 그렇게 하라(우리 가족은 그렇게 했다). 휴가를 계획할 때 아이가 이모, 삼촌, 조부모와 함께 시간을 보낼 수 있는 기회를 찾아보라. 아이는 다양한 관점을 접할 필요가 있다. 또한 부모의 문화를 접할 필요도 있다. 물론 이러한 일은 미국 역사상 그 어느 때보다 오늘날 훨씬 더 어렵다. 요즘, 대부분의 미국 아이들은 또래 친구들과의 1차 애착이 필수라고 생각하기 때문이다.

아론의 사례에는 또 다른 중요한 요소가 있다. 온라인 비디오 게임과 관련된 소셜 미디어에 지나치게 몰두하고 있다는 사실이다. 15년이나 20년 전만 해도 아론과 비슷한 상황에 놓인 소년들은 아론과 다르게 대응했다. 학교 운동부 입단에 실패한 아이들은 더 열심히 운동하고 체력을 다져서 그 다음 주나 그 다음 시즌에 다시 도전한 후 입단에 성공했다. 그러나 지금은 그렇지 않다. 어째서일까?

온라인 세계에 일부 이유가 있다고 생각한다. 20년 전만 해도 인터넷은 속도가 느리고 투박한 신문물이었다. 온라인 비디오 게임 같은 것은 존재하지 않다. 사진 한 장만 다운로드하려 해도 엄청난 시간이 걸렸다. 실시간으로 온라인 상대와 고속의 게임을 하는 것은 불가능했다. 그렇지만 요즘 온라인 세계는 아론에게 다른 아이들이 창조해낸 대안 문화를 제공한다. 아론의 부모는 아론이 비디오 게임의 세계에 몰두하는 것이 비정상적이라고 생각한다. 그리고 아론이 신체적으로 건강하지 않은 것에 대해 걱정하지 않는 이유를 궁금해 한다. 하지만 아론의 기준은 부모가 살고 있는 현실 세계가 아니라 비디오 게임을 하는 온라인 세계, 그리고 여기에 연결된 소셜 미디어이다. 아론은 자신과 비슷한 나이에 삶의 우선순위도 비슷한 수백 명의 사람들과 온라인상으로 접촉하고 있다. 이들에게는 비디오 게임이 가장 먼저다.

온라인 세계에서는 아론의 무심하고 태평한 스타일이 예외가 아니라 표준이다. 만약 아론이 비디오 게임을 하며 시간을 보내는 대신 체력을 키워서 학교 운동부에 꼭 들어가고 싶다고 이야기한다면, 온라인 친구들은 조롱에 찬 반응을 보일 것이다. 혹은 아론이 농담을 하고 있다고 생각할지도 모른다.

아론의 아버지는 어떻게 해야 할지 몰랐다. 그가 말했다. "아버지가 어떻게 아들에게 꿈을 좇지 말라고 할 수 있겠습니까? 전 단지 아들이 행복하기를 바랄 뿐입니다." 이는 매우 흔한 반응이다. 아이들 또한 이와 비슷한 말을 하곤 한다. 아론과 비슷한 상황에 있는 또 다른 아이는 이렇게 말했다. "저는 저만의 일을 하려고 애쓰고 있는 거예요. '하고 싶은 일을 하라.'는 말 모르세요?" 이 개념('하고 싶은 일을 하라. 마음이 간다면 그 일을 하라.')은 미국인의 관점을 특별히 반영한다. 미래에 대해 진지하게 걱정하지 않는 현상은 미국 젊은이들 사이에 일을 하지 않거나 구직 활동을 하지 않는 인구의 비율이 급속하게 상승하게 만든 한 가지 요인이다. 이러한 급속한 상승은 미국에서만 유일하게 찾아볼 수 있다. 스웨덴, 캐나다, 영국, 독일, 프랑스, 호주, 폴란드 등의 국가에서는 일어나지 않은 일이다.[10]

부모가 해야 할 일 중 하나는 아이에게 '욕구에 대해 가르치는 것'이다. 아이에게 '하고 싶은 일을 하는 것'만을 할 수는 없다고 가르쳐야 한다. 비디오 게임이나 소셜 미디어가 제공할 수 있는 기쁨보다 더 높고 더 깊은 기쁨을 즐기고 또 원하라고 가르쳐야 한다. 이러한 기쁨은 현명한 어른과 대화를 하면서 누릴 수도 있다. 명상, 기도, 성찰을 하면서 찾을 수도 있다. 혹은 음악을 듣거나 춤을 추거나 그림을 그리면서 이러한 기쁨을 누릴 수도 있다.

부모와 아이 사이의 애착은 최우선 사항이 되어야 한다. 아이러니는 미국의 중산층과 부유층 부모들 중 대다수가 '애착'에 대해 잘 알고 있다는 사실이다. 이들 중 일부는 심지어 '애착 육아'에 대한 책을 여러 권 읽기도 했다. 이들은 자신의 갓난아기에게 조건 없는 사랑과 수용을 보여 주어야 한다는 사실을 누구보다 잘 알고 있다. 미국의 중산층이나 부유층 부모에게서 태어난 생후 6개월 무렵 아기는 따뜻한 보살핌과 사랑에 둘러싸여 있을 가능성이 높다. 생후 1년이 된 미국 걸음마기 아기들은 네덜란드나 뉴질랜드에 사는 걸음마기 아기들만큼 능력이 뛰어나다. 하지만 아이의 두 번째 생일이 지나고 나면 미국 부모들은 길을 잃기 시작한다.

부모의 양육 스타일은 아이가 자라면서 변해야 한다. 고등학교 치어리더를 떠올려 보라. 그런 다음 미국 남자 미식축구 국가 대표 팀 코치인 유르겐 클리스만을 떠올려 보라. 그는 2014년 남자 미식축구 월드컵에서 대표 팀을 16강전까지 올라가게 만들었다. 아니면 2015년 여자 미식축구 월드컵에서 우승을 차지한 미국 여자 미식축구 국가 대표 팀 코치 질 엘리스를 떠올려 보라. 갓난아기나 걸음마기 아기에게 부모는 치어리더의 역할만 하면 족하다. 걸음마기 아기가 비틀거리다 넘어졌다가 다시 일어서면 이렇게 말하면 된다. "잘했어! 힘내!" 하지만 아이가 자라면 부모의 역할도 변해야 한다. 치어리더보다는 유르겐 클리스만이나 질 엘리스가 되어야 한다. 아이에게 문제가 있다면 바로잡아야 한다.[11] 아이가 방향을 잘못 잡았다면 다른 방향을 알려 줘야 한다. 아이의 결점을 지적해야 한다. 10대 자녀에게 비디오 게임을 하는 것 외에 별다른 취미가 없다면 전자 기기를 끈 다음 아이를 현실 세계로 내보내야 한다. 부모는 아이에게 자신의 욕구를 알아차리는 법을 가르쳐야 한다. 현대 미국 문화에서 부풀리는 가치들을 무의식적으로 받아들이게 하는 대신 부모가 중시하는 가치들을 가르쳐야 한다.

오늘날 미국 문화가 아이들의 마음에 자국 문화의 우월성을 주입하기 위해 이용하는 도구는 인터넷과 스마트폰이다. 30년 전에는 둘 다 미국 아이들의 삶에 존재하지 않았다. 하지만 요즘은 네 살짜리 아이가 인터넷 연결이 되는 아이패드를 가지고 노는 모습을 흔하게 볼 수 있다. 부유한 계층에서는 특히 그러하다. 또한 아홉 살짜리 아이가 자기 스마트폰을 소유하는 일도 흔해졌다. 이 역시 부유한 계층에서 특히 그러하다.

이제 아홉 살짜리 아이가 자신의 스마트폰을 가지고 친구와 메시지를 주고받거나 통화를 하는 것이 어떠한 해를 끼칠 수 있는지 드러나기 시작하고 있다. 아이가 친구들과 연결하는 일에 더 많은 시간을 쓸수록 친구에게서 중요한 일과 그렇지 않은 일에 대한 조언을 구할 가능성은 더 높아진다.

더 나아가 과학 기술과 전자 기기들은 세대들 사이를 분열시키고 부모의 권위를 약화시킨다. 아이들은 어른들보다 과학 기술을 더 수월하게 습득한다. 아홉 살짜리 아이는 손쉽게 인스타그램을 정복한다.

이 아이의 40대 부모는 인스타그램이 무엇인지도 모를 수 있다. 안다고 하더라도 제대로 파악하지 못할 수 있다. 당신의 딸아이와 그 친구들은 스마트폰에서 인스타그램에 사진을 업로드하는 방법을 당신보다 더 잘 알 가능성이 높다. 디지털 특수 효과까지 입혀서 말이다. 이는 딸아이가 당신의 의견보다 친구들의 의견을 더 중시하게 되는 한 가지 이유이다. 친구들은 중요한 일들에 대해 부모보다 더 잘 아는 것처럼 보인다. 게다가 인스타그램에서 더 많은 시간을 보낼수록 아이는 인스타그램에 대해 아는 것이 매우 중요하다고 더 생각하게 될 것이다.

부모와 아이 사이의 유대를 유지하는 데 도움이 되는 전통을 가진 나라들도 있다. 네덜란드에서는 매주 수요일 정오에 학교 수업이 끝난다. 아이들이 부모와 주중 시간을 함께 즐길 수 있게 하기 위해서이다. 대부분의 네덜란드 고용주들은 직원들이 수요일 오후 혹은 심지어 수요일 하루 전체를 쉴 수 있게 해 준다. 프랑스의 초등학교 아이들 또한 전통적으로 수요일 휴가를 즐긴다. 정부가 요일 변경에 대해 재고하고 있지만 말이다.[12] 스위스 제네바의 공립 초등학교는 매일 점심시간에 두 시간 동안 문을 닫는다. 아이들이 집에 가서 부모와 함께 점심을 먹을 수 있도록 하기 위해서이다. 스위스의 많은 고용주들은 직원들에게 2시간 30분의 점심시간을 주는 방법으로 이 전통에 협조한다. 부모가 집에서 아이와 함께 점심을 먹을 수 있도록 말이다.[13]

미국에서도 비슷한 뭔가를 하긴 했다. 1960년대와 1970년대에 오하이오주 클리블랜드 교외 지역에서 자란 나는 매일 집에 걸어가서 점심을 먹었다.[14] 하지만 내게는 무의미한 일처럼 느껴졌다. 어머니가 직장에 다녔기 때문에 나는 빈 집에 들어가야 했다. (내 부모님은 이혼을 했고 아버지는 로스엔젤레스에 살았다.) 어머니의 고용주는 어머니가 아이들과 집에서 점심을 먹을 수 있도록 2시간 동안의 점심시간을 주지 않았다.

그렇다면 어떻게 해야 할까? 미국 고용주들은 직원들에게 2시간의 점심시간을 주지 않을 것이다. 매주 수요일 오후에 휴가를 주지도 않을 것이다. 그러므로 우리는 가족과의 저녁 시간을 만들기 위해 온 힘을 다해 싸워야 한다. 아이와의 시간을 위해 싸우라. 필요하다면 방과 후 활동들을 취소하거나 조정하라. 가족과 함께 저녁 식사를 더 많이 할 수 있도록 말이다. 부모와 아이가 거의 서로 얼굴을 보지 못한다면 아이는 부모에게 애착을 형성할 수 없다. 또한 전자 기기는 반드시 꺼 놓기 바란다.

1장에서 우리는 지난 20년 동안 부모와 아이 사이의 유대가 무너졌다고 하는, 고든 뉴펠드 박사의 주장을 살펴봤다. 뉴펠드 박사는 요즘 미국 아이들이 보이는 문제들(반항, 무례함, 현실 세계와의 단절 등) 중 많은 부분은 부모와 아이 사이에 강한 애착이 부족하다는 사실에 원인이 있다고 말한다. 혹은 더 정확히 말하자면, 요즘 아이들이 부모보다는 또래 친구들과 주요한 애착을 형성하기 때문이다. 뉴펠드 박사는 이렇게 말한다. "어른의 권위가 하락하면서 곧 어른과 아이 사이의 애착이 약화됐고 그 자리를 또래 애착이 대신 차지했다."[15]

도토리를 떠올려 보라. 도토리의 단단한 껍질은 적절한 시기가 찾아올 때까지 도토리의 성장을 막는다. 너무 빨리 억지로 껍질을 까면 새로운 나무의 성장을 기대할 수 없다. 죽은 도토리만 남을 뿐이다. 자녀 교육도 도토리나무 키우기와 마찬가지이다. 건강한 아동 발달의 핵심은 '적절한 시기에' 적절한 일을 하는 것이다. 뉴펠드 박사는 아동기와 청소년기에 부모와 잘못된 애착 관계를 형성하면 초기 성인기의 잘못된 애착 관계로 이어질 수 있다고 주장한다. 아동기와 청소년기 전체에 걸쳐서, 아이의 주요한 애착 대상은 부모여야만 한다. 만약 아이가 유아기부터 청소년기까지 부모와 강한 1차 애착 관계를 맺는다면 아이가 어른이 될 때 그 애착 관계는 자연스럽게 깨질 것이다. 적절한 시기가 되면 도토리 껍질이 자연스럽게 벌어지고 새로운 나무로 자라는 것과 마찬가지이다. 이러한 아이는 어른이 됐을 때 독립적인 젊은이로서 현실 세계로 자신 있게 걸어 들어갈 만반의 준비가 되어 있다. 하지만 뉴펠드 박사와 다른 연구자들이 주장하듯이, 미국의 많은 젊은이들은 어른의 세계로 들어갈 준비가 되어 있지 않다. 앞서 소개한, 열세 살 때 엄마와 대화하기를 거부했던 소녀는 스물두 살이 되고 난 요즘은 하루에 다섯 번씩 엄마에게 문자를 보내서 청년기의 걱정거리에 대한 기본적 조언을 구한다. 너무 빨리 껍질이 까진 도토리는 나무로 성장할 수 있는 힘을 잃어버린다.

부모는 아이의 삶에서 중심 자리를 되찾아야 한다. 물론 또래 친구도 아이에게 중요하다. 하지만 아이의 첫 번째 동맹은 가장 친한 친구가 아니라 부모여야 한다. 휴대폰 문자 주고받기, 인스타그램, 유튜브, 트위터, 페이스북, 온라인 비디오 게임 등과 같은 요즘 문화는 이 근본적 현실을 숨긴 채로 아이들이 또래 친구들과 미숙한 동맹을 맺도록 조장하고 가속한다.

왜 요즘 미국 아이들은 그렇게 나약할까? 근본적인 이유는 세대 간에 유대가 깨졌기 때문이다. 그리하여 요즘 아이들은 부모와 어른들의 좋은 평가에 대해 신경을 쓰는 것보다 또래 친구들의 견해나 자기 스스로 구축한 자아상을 더 중요하게 생각한다. 그 결과 아이들은 성공을 맹목적으로 추종하게 됐다. 성공은 또래 친구들과 자기 자신을 감동시킬 수 있는 가장 쉬운 방법이기 때문이다. 하지만 줄리아의 사례에서 볼 수 있듯이, 성공만을 맹목적으로 추종하다 보면 작은 실패를 만났을 때 속수무책으로 무너질 수밖에 없다. 그리고 인생에서 실패란 언제든 만날 수밖에 없다.

실패는 우리 모두에게 찾아온다. '실패를 기꺼이 받아들이고' 열정을 잃지 않고 앞으로 나아가는 기개가 있어야 한다.[16] 우리는 이번 장에서 나약함에 대해 이야기를 나눴다. 나약함의 반대는 실패를 기꺼이 받아들이는 것이다. 아이는 부모의 조건 없는 수용을 확신할 때 용기를 내서 모험을 하고 실패할 수 있다. 부모의 평가보다 또래 친구들의 평가나 자기 자신의 자아상을 더 중요시하는 아이는 실패를 기꺼이 받아들이기 힘들다. 이런 아이는 나약할 수밖에 없다.

Part Two

해결책들

Chapter 6

무엇이 중요한가?

11세 아동을 대상으로 측정했을 때 다음 중 어떤 요소가 약 20년 후 아이가 성인이 됐을 때의 행복 수준과 삶 전반에 대한 만족도를 가장 잘 예측할까?

A. 지능 지수(IQ)

B. 성적 평균 평점

C. 자기 통제력

D. 새로운 생각에 대한 개방성

E. 친화력

정답은 C, 자기 통제력이다.

최근까지만 해도 이 질문의 대답은 견해나 추측에 지나지 않았다. 장기적 결과에 대한 과학적 연구는 20세기 대부분 동안 혼란에 빠져 있었다. 이러한 혼란의 한 가지 이유는 인간의 성격 특성이 매우 많기 때문이다. 사람은 쾌활할 수도/침울할 수도, 관대할 수도/인색할 수도, 신중할 수도/무모할 수도, 정직할 수도/부정직할 수도, 무례할 수도/정중할 수도, 호기심이 많을 수도/호기심이 없을 수도, 투지가 넘칠 수도/느긋할 수도, 분별 있을 수도/어리석을 수도 있다. 심리학자들이 인간의 성격을 5차원 그래프에 그릴 수 있다는 사실을 발견하는 데 20세기의 거의 대부분이 소요됐다. 이 5차원 그래프는 지능과 별개이다. 지능은 성격에 영향을 미치는 한 요소이기는 하지만 그 자체로 성격에 내재돼 있지는 않다.[1] 표현을 바꾸어 말하자면, 최근에 심리학자들은 한 사람의 성격은 그 사람이 얼마나 똑똑한지와 별개라고 말하고 있다. 한 사람의 성격과 그 사람이 키가 얼마나 큰지나 신체적으로 얼마나 튼튼한지가 별개인 것과 마찬가지이다.

'성격의 5요인'은 성실성, 개방성, 외향성, 우호성, 정서적 안정성으로 이루어져 있다.[2] 각각의 성격 요인은 여러 개의 종속 특성을 가지고 있다. 가령, 성실성과 관련된 종속 특성에는 자기 통제력, 정직함, 끈기 등이 있다. 이러한 연관은 항상 맞는 것은 아니다. 자기 통제력과 정직함을 보이지만 끈기를 발휘하고 타의 모범이 되는 데는 실패하는 사람들도 있다. 그럼에도 불구하고, 인간의 성격에 대한 이 5요인 모델은 양적 심리학 연구에서 새로운 시대를 열었다. 이제 현대의 연구자는 성격 특성들과 특정한 결과들 사이의 상관관계를 상당히 쉽게 찾을 수 있게 됐다. 또한 이러한 결과들과 지능, 가계 소득, 인종, 민족 등을 쉽게 분리할 수 있게 됐다.

이러한 상관관계들을 수년 혹은 수십 년에 걸쳐 장기적으로 연구해 보면, 가령 1980년에 10세 아동이 가지고 있던 성격 특성이 2008년에 그 아동이 38세가 됐을 때 건강과 자산에 어떤 영향을 미치는지 연구해 보면, 통계적인 상관관계가 아닌 인과적 추론을 해 볼 수가 있다. 말하자면 '무엇이 정말로 중요한지' 자신 있게 말할 수 있게 된다. 즉, 다음과 같은 질문에 대답할 수 있게 된다. '부모로서 우리는 아이가 좋은 결과를 얻을 가능성을 높이기 위해 무엇을 해야 하는가?'

한 연구에서, 연구자들은 광범위한 출신 배경의 미국인들을 전국적으로 살펴봤다. 부유층과 저소득층, 도시 거주자와 시골 거주자, 백인/흑인/아시아인/히스패닉 등이었다. 연구자들은 각 개인이 그 전년도에 얼마나 많은 돈을 벌었는지, 얼마나 행복한지, 얼마나 많은 종합 자산을 보유하고 있는지, 자신의 삶에 얼마나 만족하고 있는지를 기록했다. 놀랄 것도 없이, 연구자들은 지능이 수입과 자산 모두와 연관 있다는 사실을 발견했다. 지능이 높은 사람들은 평균 이하의 지능을 가진 사람들에 비해 평균적으로 돈을 더 많이 벌고 순자산도 더 많았다. 하지만 지능이 행복이나 불행과 연관 있지는 않았다. 지능이 높은 사람들은 지능이 낮은 사람들에 비교해 봤을 때 더 행복하지도 더 불행하지도 않았다. 지능과 삶의 만족도는 연관이 없었다. 지능이 높은 사람들은 지능이 낮은 사람들에 비해 평균적으로 더 많은 돈을 소유하고 있었지만, 자신의 삶에 전반적으로 더 만족하고 있지는 않았다.

그렇다면, 성격의 5요인 중 행복과 자산과 삶의 만족도 '모두'를 예측할 수 있는 요인이 '있기는 한 것인지' 합리적 의심이 들 수밖에 없다. 오직 한 가지 요인만 이에 해당한다. 바로 '성실성'이다. 더 성실한 사람들은 돈을 더 많이 벌고 저축한다. 지능과 인종, 민족, 교육 수준이 달라도 마찬가지였다. 또한 성실한 사람들은 덜 성실한 사람들보다 상당히 더 행복했고 자신의 삶에 매우 만족하고 있었다.[3] 또다른 연구들에서는 성실성이 건강함과 장수와 연관 있다는 사실을 밝혀냈다.[4] 성실한 사람들은 비만이 될 가능성이 더 낮았다.[5] 또한 알츠하이머병에 걸릴 가능성도 더 낮았다.[6] 더 오래 살고 더 행복한 삶을 살 가능성이 더 높았고[7] 앞에서 말한 대로 자신의 삶에 만족할 가능성이 더 높았다.[8]

성실한 10대 아이들은 마약이나 음주를 할 가능성이나 위험한 성행위에 관여할 가능성이 현저히 낮았다.[9] 성실한 사람들이 덜 성실한 사람들에 비해 평균적으로 더 높은 사회 경제적 지위를 누리는 것은 사실이지만, 건강과 관련하여 성실성의 혜택은 사회 경제적 지위에 기인한다고 말할 수 없다. 두 가지 이유 때문이다. 첫 번째로, 이 모든 연구에서 연구자들은 사회 경제적 지위를 통제 변수로 놓았다. 두 번째로, 성실성이 건강에 미치는 혜택은 사회 경제적 지위와 관련된 혜택에 비해 3배나 규모가 컸다.[10] 인간의 다른 어떤 성격 특성도 이러한 해트 트릭을 해내지 못한다. 또한 인간의 다른 어떤 성격 특성도 그 특성을 가진 사람들이 그렇지 않은 사람들에 비해 훨씬 더 큰 자산과 건강과 행복을 누린다는 사실을 예측하지 못한다.

어떤 면에서, 이 사실이 완전히 새로운 통찰인 것은 아니다. 거의 300년 전인 1735년에 벤저민 프랭클린은 이렇게 말했다. "저녁에 일찍 잠자리에 들고 아침에 일찍 일어나면 건강하고 부유하고 현명해진다." 밤이 가져오는 유혹을 의도적으로 피해서 일찍 잠자리에 들고, 아침 늦게까지 늦잠을 자고 싶은 유혹을 이겨 내며 아침 일찍 일어나는 것은 자기 통제력을 알 수 있는 좋은 측정 수단이다. 또한 자기 통제력은 성실성의 가장 대표적인 특징이다. 벤저민 프랭클린의 격언을 21세기식으로 옮기면 다음과 같을 것이다. "취침 시간과 기상 시간에 있어 자기 통제력을 발휘하면 더 건강해지고 더 부유해지고 학업 성취도가 더 높아진다." 정말 맞는 말이다. 벤저민 프랭클린의 버전이 더 세련되게 들리기는 하지만 말이다.

부모들에게 자녀가 올바른 길로 가고 있는지 물어보면 많은 부모가 성적이나 시험 점수를 언급하며 대답한다. 부모들은 아이가 이러한 지표에서 평균 이상이면 아이가 행복과 성공을 성취할 가능성이 평균 이상이라고 추정하곤 한다. 역으로, 만약 아이가 평균 이하의 학업 성취도를 보이면 부모들은 미친 듯이 그 이유와 해결책을 찾는다. ADHD 치료약을 찾거나 혹은 다른 치료법을 찾는다. 요컨대, 많은 부모가 좋은 성적과 높은 시험 점수가 성취도의 가장 좋은 측정 수단이고 미래의 행복을 예측할 수 있는 가장 믿을 만한 열쇠라고 생각한다. 그렇지만 잘못 알고 있다. 만약 자신의 아이가 건강하고 부유하고 현명하기를 원한다면, 좋은 성적이나 높은 시험 점수와 같은 인지적 성취의 측정 수단이 아닌 정직함이나 진실성, 자기 통제력과 같은 성실성의 측정 수단을 가장 중요하게 여겨야 한다.

이 연구 결과는 매우 두드러지고 매우 중요하므로 데이터를 더 자세히 살펴보도록 하자. 마약과 술부터 시작해 보자. 성인의 마약 중독과 알코올 중독은 측정할 수 있다. 만약 테드라는 사람이 중독 치료 재활 시설에 3번 간 적이 있고, 중독 때문에 분투하고 있다고 다른 사람에게 말했고 테드의 친구들 또한 동의한다면, 테드에게는 문제가 있는 것이 확실하다.

11세 때의 성적과 시험 점수를 보고서 그 사람이 자라서 알코올 중독자나 마약 중독자가 될지 여부를 정확하게 예측할 수는 없다. 11세인 아이가 마약이나 술과 관련하여 문제를 겪을지를 가장 잘 예측하게 해 주는 예측 변수는 바로 '성실성'이고, 성실성의 가장 좋은 측정 수단은 '자기 통제력'이다. 연구자들은 11세 때 자기 통제력 측정에서 높은 점수를 받은 아이들은 32세 때 약물 남용 관련 문제를 보고할 가능성이 훨씬 낮다는 사실을 발견했다. 그렇지만 11세 때 자기 통제력 측정에서 낮은 점수를 받은 아이들은 약 20년 후인 32세 때 약물 남용 관련 문제가 생길 가능성이 훨씬 높았다.[11]

여전히 어떤 부모들은 이러한 연구 결과를 눈여겨보려 하지 않는다. 아이가 성적이 뛰어나거나 예술성이 출중한 영재라면, 부모는 아이의 재능이 아이를 마약 중독으로부터 보호해 줄 것이라고 생각하곤 한다. 이럴 때는 실제 인물들의 구체적인 이야기가 도움이 된다. 나는 가끔 미국 록그룹 '도어스The Doors'의 리드 싱어인 짐 모리슨을 언급한다. 짐 모리슨은 특출 난 학생이었고 고등학교 교사들은 그가 가진 지식의 깊이와 폭넓음에 경외감을 느꼈다. 잘 알려졌다시피 그가 작곡가와 음악가로서 가진 예술적 재능은 논란의 여지가 없을 정도이다. 하지만 짐

모리슨은 1971년에 27세의 나이로 헤로인에 중독돼서 사망했다.[12]

신체 건강에도 똑같은 상관관계가 적용된다. 11세 때 자기 통제력 측정에서 가장 낮은 점수를 받은 아이들은 32세 때 신체 건강이 나쁠 가능성이 가장 높았다. 마찬가지로, 11세 때 자기 통제력 측정에서 가장 높은 점수를 받은 아이들은 32세 때 신체 건강이 나쁠 가능성이 가장 낮았다.[13]

이제 돈에 대해 이야기해 보자. 11세 때의 어떤 요소가 32세의 나이에 어떤 사람이 가장 많은 돈을 벌게 될 것인지를 예측해 줄까? 어떤 사람이 경제적 고통에 시달리게 될까? (이 질문들은 2개의 별개 질문들이다. 얼마나 많은 돈을 버느냐는 경제적 고통에 시달릴지를 예측할 수 있는 믿을 만한 예측 변수가 아니다. 1년에 30만 달러를 버는 사람들은 1년에 5만 달러를 버는 사람들에 비해 경제적 고통에 시달릴 가능성이 어느 정도 낮다. 하지만 오직 어느 정도일 뿐이다. 수입에 상관없이, 자신의 분수에 맞는 생활을 하느냐의 문제일 때가 태반이다). 또 다시, 아동기에 측정한 자기 통제력은 성인이 된 후의 자산을 놀라울 정도로 정확하게 예측한다. 마찬가지로 아동기에 자기 통제력이 부족하면 자라서 성인이 됐을 때 경제적 고통에 시달릴 가능성이 더 높다.

데이터가 확실하게 보여 준다. 11세 때 가장 높은 자기 통제력을 보였던 아이들은 32세 때 수입과 신용 평점이 가장 높았고 재정적으로 고통에 시달릴 가능성이 가장 낮았다. 이와 정반대로, 11세 때 가장 낮은 자기 통제력을 보였던 아이들은 32세 때 재정적으로 고통에 시달릴 가능성이 가장 높고 고소득일 가능성이 가장 낮았다.[14] 연구자들

아동기의 자기통제력이 성인기의 재산과 신용 등급을 예측한다

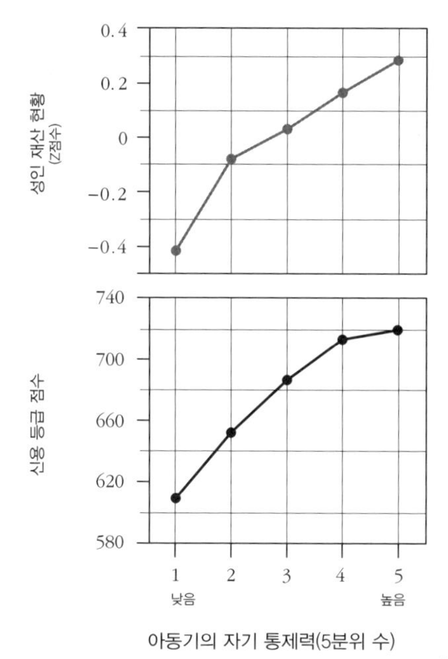

출처: Moffitt and colleagues 2013.

은 다음과 같이 결론을 내렸다. "아동기의 자기 통제력은 성인이 된 후의 성공을 강하게 예측해 준다. 지능이 높은 사람들이든 지능이 낮은 사람들이든, 부유한 사람들이든 가난한 사람들이든 상관없이, 전체 인구에 걸쳐 그러한 결과를 보인다. 자기 통제력의 각 수준마다 건강, 부유함, 사회적 성공에 있어 큰 변화를 보인다."[15]

이 정보는 엄청나게 중요하다. 부모는 아이가 더 성실해지도록 도울 수 있기 때문이다. 즉, 더 정직하고, 더 착실하고, 자기 통제력을 키우도록 도울 수 있다. 물론 부모가 바꿀 수 없는 것들도 많이 있다. 부모가 아이의 눈동자 색깔을 바꿀 수는 없다. 아이가 어느 정도까지 키가 클 것인지를 바꿀 수도 없다. 이러한 연구들에서 장기적 결과에 영향을 미치는 다른 많은 매개 변수들(가령, 가계 소득 같은) 또한 쉽게 바꿀 수 없다. 마찬가지로, 성격의 어떤 측면들은 다른 측면들에 비해 바꾸기 더 힘들다. 하지만 아이의 성실성(정직함과 자기 통제력을 포함해서)을 키워 줄 수 있다는 훌륭한 증거가 있다. 게다가 몇 주 안에 돈 한 푼 들이지 않고 말이다.[16]

여덟 살짜리 아이가 자기 통제력을 키우도록 도우려면 어떻게 해야 할까? 누군가는 "접시에 있는 채소 다 먹을 때까지 디저트 안 줄 거야."라고 말하면 된다고 할지도 모른다. 10대 아이가 자기 통제력을 키우도록 도우려면 어떻게 해야 할까? 누군가는 "숙제 다 할 때까지 TV고, 인터넷이고, 비디오 게임이고 없어."라고 말하면 된다고 할지도 모른다.

임상 경험에서 나는 한 아이가 단 몇 주 만에 충동적이고 통제 불가능한 상태에서 벗어나 자신을 잘 조절하는 상태로 변화하는 모습을 목격했다. 약물 치료 없이 말이다. 그저 부모가 자기 통제력을 높여 주는 간단한 프로그램을 진지하게 시행하는 것으로 충분하다. 그리고 당신은 이미 그 방법을 알고 있다. *"장난감을 가지고 논 후에는 제자리에 두렴. 네 몫인 집안일을 다 끝낼 때까지 휴대폰은 사용할 수 없어."*

작은 조언을 해 주겠다. 만약 권위 있는 부모가 되고 싶다면, 아이가 정직하고 자기 통제력이 높기를 바란다면, 아이와 함께 앉은 다음 직접 말하라. 모든 가정에는 고유한 규칙이 있지만 그중 대부분은 암묵적이고 말로써 밖으로 표현되지 않은 상태일 때가 많다. 습관의 문제이다. 만약 가정의 규칙을 바꾸고자 한다면 아이에게 어떻게 할 예정인지 그리고 이유가 무엇인지 설명하라. "모든 건 시대에 따라 변하기 마련이지."라고 분명하게 말한 다음 새로운 규칙을 시행하고 아이가 "엄마 아빠가 내 인생을 완전히 망치고 있어요. 미워요!"라고 소리를 질러도 끄떡하지 말라. 얼마나 극적인 변화가 일어나는지 보고 나면 깜짝 놀랄 것이다. 하루만에 바뀌지는 않는다. 일주일 만에 바뀌지도 않는다. 그렇지만 새로운 규칙을 6주 동안 일관되게 시행하고 나면 아이는 더 정중해지고 당신 그리고 다른 어른들을 더 존중할 것이다. 그리고 당신과 아이 모두 삶을 더 즐기게 될 것이다.

아이의 성실성은 고정되어 있지 않다. 태어날 때 정해지지 않는다. 당신이 영향을 미칠 수 있다. 당신이 변화시킬 수 있다.

자기 통제력의 특성은 성실성의 다른 주요한 측면들인 정직함, 책임감, 근면함 등에도 해당된다. 한 가지 피할 수 없는 사실이 있다. *부모는 몸소 모범을 보이면서 아이를 가르쳐야 한다.* 부모가 자정이 넘어서까지 자지 않고 TV를 보거나 인터넷 서핑을 하면서 아이가 자기 통제력을 잘 발휘하도록 기대해서는 안 된다. 부모가 약속을 지키지 않으면서 아이가 책임감을 보이기를 기대해서도 안 된다. 또한 부모가 늘 쉬운 길만 찾으면서 아이가 근면하기를 기대해서도 안 된다.

더 나은 부모가 되기 위해서는 더 나은 인간이 돼야 한다.

아이들을 출생 때부터 성인기까지 추적 조사한 또 다른 연구를 살펴보자. 연구자들은 1970년 4월에 지역 병원들에서 태어난 모든 아기를 등록했다. 모두 합쳐 1만 7천 명이 넘었다. 그런 다음 이 아이들이 38세가 되는 해인 2008년까지 정기적으로 추적 조사했다.[17] 노벨 경제학상 수상자이자 시카고 대학교의 경제학 교수인 제임스 헤크먼 박사는 1970년 4월에 태어난 아기들의 대형 집단에 대한 데이터를 분석했다. 헤크먼 박사는 이렇게 말했다. "IQ가 높지만 인생에서 성공을 거두는 데 실패한 사례는 수없이 많습니다. 이들은 자기 절제가 부족했기 때문에 실패했습니다. 반면 IQ는 낮더라도 끈기, 성실성, 자기 절제의 미덕을 갖춘 사람들은 성공했습니다."[18] 헤크먼 박사는 이 대형 집단 데이터를 분석한 후 성적과 시험 점수는 인생에서의 성공을 잘 예측해 주는 예측 변수가 아니라는 결론을 내렸다. "성적과 시험 점수는 오직 한 가지 기술−인지적 성취도−만을 측정하기 때문이다. ……우리는 인지적 기술을 지나치게 신봉하고 있다. ……성격과 관련된 기술들이 중추적인 역할을 한다."[19]

그렇다. 부모로서 매우 본질적인 의무 중 하나는 아이에게 성실성을 가르쳐 주는 것이다. 그렇게 할 수 있는 방법에 대해 조금 더 자세히 살펴보자. 아이에게 어떤 '상투적 슬로건'을 따르는 법을 가르치는 것이 자신의 임무인 듯이 행동하는 부모들도 있다. "만약 처음에 성공하지 못한다면 다시 시도해라. 열심히 노력하다 보면 언젠가 꿈이 이루어질 것이다." 대부분의 미국 아이들은 6세 무렵까지 이러한 슬로건을 학습하고서 질문을 받으면 바로 정답을 내놓는다. 그리고 부모는 임무를 다 끝냈다고 생각한다.

그러나 임무는 아직 시작조차 하지 않았다.

아이에게 성실성을 가르치는 일은 똑똑해지는 법을 가르치는 일과는 다른 접근법이 필요하다. 먼저 똑똑함에 대해서 얘기해 보자. 똑똑한 아이로 키우는 비결은 무엇일까? 스탠포드 대학교의 캐럴 드웩 교수는 자신이 그 비결을 알고 있다고 생각한다. 드웩 교수의 비결은 간단히 정리하면 다음과 같다. '아이에게 절대 똑똑하다고 말하지 말라(정체성과 연관됨). 그 대신 노력에 대해 아이를 칭찬하라(행동과 연관됨)." [20] 캐럴 드웩이라는 이름을 들어 보지 못했더라도 그가 실행한 유명한 실험에 대해 들어 본 부모는 많을 것이다. 이 실험에서 드웩 교수는 어린 아이들을 두 그룹에 무작위로 배치했다. 각 그룹은 똑같이 쉬운 수학 문제를 풀었다. 대부분의 학생이 만점을 받았다. 첫 번째 그룹의 아이들에게는 "만점을 받았어! 정말 똑똑하구나!"(정체성과 연관됨)라고 말했다. 두 번째 그룹의 아이들에게는 "만점을 받았어! 정말로 열심히 노력한 게 분명하구나!"(행동과 연관됨)라고 말했다. 그런 다음 두 그룹의 아이들에게 더 어려운 수학 문제를 풀게 했다. 똑똑하다고 칭찬 받은 첫 번째 그룹의 아이들은 더 어려운 문제를 잘 못 풀었다. 이 아이들은 너무 쉽게 포기했다. 하지만 열심히 노력했다고 칭찬 받은 두 번째 그룹의 아이들은 첫 번째 그룹의 아이들보다 더 잘 풀었다. 이 아이들은 문제를 푸는 데 성공할 때까지 계속 매달렸다.

드웩 교수는 만약 똑똑하다고 아이를 칭찬하면 아이는 자신이 특정한 수준의 지능을 가지고 있고 자신의 IQ가 고정되어 있다는 사고 방식을 키우게 된다고 말한다. 이들은 만약 어떤 문제와 맞닥뜨려서 그 문제를 풀지 못하면 이렇게 생각할지도 모른다. '나는 이걸 해결할 수 있을 만큼 충분히 똑똑하지 않아.' 드웩 교수는 그 대신 열심히 노력한 것에 대해 아이를 칭찬하라고 권고한다. 아이에게 지능은 고정돼 있는 수치가 아니고 사고 방식에 따라 달라진다고 가르쳐 주라. 더 열심히 노력하면 더 똑똑해질 수 있다.

다시 말해서, 드웩 교수는 아이를 칭찬할 때는 아이의 정체성(똑똑하다/똑똑하지 않다)이 아닌 아이의 행동(열심히 노력한다/열심히 노력하지 않는다)에 근거를 두고 칭찬하라고 말한다. 인지적 성취도를 높이는 방법(아이에게 학교생활을 잘하도록 동기를 부여하는 방법)을 연구하는 영역에도 드웩 교수의 생각을 뒷받침하는 증거가 있다.[21]

그렇지만 성실성의 덕목들을 가르치는 일은 이와 다를 수 있다. 내 딸아이가 다니는 학교에서 어느 날 학생들에게 특별한 연필을 사기 위해 1달러씩 준비해 오라고 지시했다. 딸아이의 친구는 깜박 잊고 1달러를 준비하지 못했다. 딸아이는 자신이 가져갔던 1달러를 친구에게 줬고, 몹시 갖고 싶어 하던 연필을 못 사고 집에 돌아왔다. 아이에게 어떻게 말하는 것이 좋을까? "매우 친절한 행동을 했구나."가 좋을까 아니면 "넌 매우 친절한 사람이구나."가 좋을까. 두 표현 사이에 차이가 있을까? 만약 드웩 교수의 규칙이 성실성의 영역에도 적용된다면, 행동을 칭찬하는 방법("매우 친절한 행동을 했구나.")이 정체성을 칭찬하는 방법("넌 매우 친절한 사람이구나.")보다 더 나은 전략일 것이다. 하지만 성실성을 가르칠 때 드웩 교수의 접근법을 사용하는 것은 잘못이라는 증거가 있다.

성실성을 가르칠 때는 정체성에 대해 말하는 방법이 행동에 대해 말하는 방법보다 더 효과가 뛰어나다는 것이다. "넌 매우 친절한 사람이구나."가 "매우 친절한 행동을 했구나."보다 효과가 좋다. 한 연구에서, 학생들은 연구자가 '부정행위자'의 비율을 연구하고 있다고 들었을 때 부정행위를 덜 하는 경향이 있었다. 그 대신 연구자가 '부정행위'의 비율을 연구하고 있다고 말했을 때 실제로 부정행위를 하는 학생들의 비율은 2배 이상 증가했다.[22] 말의 표현에 따라 차이가 생긴다. "부정행위자가 되지 말라."(정체성 관련)는 말은 "부정행위를 하지 말라."(행동 관련)보다 더 효과적인 지시이다.[23] 아이들이 자기 자신을 부정행위자로 여기지 않는다면 더 맘 편히 부정행위를 할 것이다. 마찬가지로, 최근 연구자들은 어린 아이들에게 단순히 '도와달라고' 부탁하는 대신 '조력자가 되어 달라고' 부탁하면 아이들이 프로젝트를 도와줄 가능성이 더 높아진다는 사실을 발견했다.[24]

미국의 고등학생들을 대상으로 한 최근의 연구에 따르면, 이들 중 60% 이상이 전년도에 숙제나 시험에서 부정행위를 한 사실을 인정했다고 한다. 같은 연구에서 이 학생들 중 80% 이상은 자신의 '개인 윤리'가 '평균 이상'이라고 답했다.[25] 많은 미국 학생들의 마음속에서 '시험에서 부정행위를 하지 않을 것'은 더 이상 윤리적 행동에 포함되지 않는 것이다. 이들은 자신이 실제로 부정행위를 했음에도 불구하고 자신을 '부정행위자'로 여기지 않는다.

행동은 정체성에 영향을 미치고 결국 정체성이 된다. 만약 반복해서 부정행위를 한다면 부정행위자인 것이다(혹은 곧 부정행위자가 되는 것이다). 시간이 흐르면서 행동은 성품을 변화시킨다. 예전에 부모들은 이러한 도덕적 기본 원칙들을 자녀들에게 가르치곤 했지만, 이제 많은 부모들은 가르치지 않는다.

부정행위는 갑자기 나타난 새로운 현상이 아니다. 그렇지만 대략 1990년도 이전에는, 숙제나 시험에서 부정행위를 많이 하는 아이들은 학업 성적이 높지 않았다. 지금은 그렇지 않다. 요즘 학업 성적이 제일 우수한 학생들은 학업 성적이 더 낮은 학생들만큼, 혹은 '더 많이' 부정행위를 할 가능성이 있다.[26] 1990년대 초부터 '학습 윤리'를 연구해 온 하버드 대학교 교수 하워드 가드너는 지난 20년 동안 "학생들의 윤리 의식이 급격히 퇴화했다."고 말한다. 그는 요즘 명문 대학의 학생들에게서 특정한 태도를 쉽게 찾아볼 수 있다고 말했다. 20년 전만 해도 찾아보기 힘들었던 태도이다. 바로 이러한 태도이다. '우리는 성공하고 유명해지고 싶어. 또래들 모두 지름길로 가고 있어. 만약 그들에게 밀려나면 우리 모두 끝장이야.'[27]

요즘 미국 10대들을 변호하자면 이들은 '자기 통제'가 세상에 마지막 남은 한 가지 죄악이라고 설파하는 대중문화에 몰두해 있다. 이것만 없다면 죄책감과 책임감이 씻겨 나가 자유로워질 것이다. '일단 해봐Just Do It.'와 '덤벼들어Go For It.'는 21세기 미국 대중문화를 가장 잘 규정하는 표어이다. 요즘 10대 문화에서 자제력을 연습하는 일은 완전히 '반' 미국적인 것으로 받아들여진다.

펩시는 '현재를 위해 살라Live for Now.'라는 슬로건을 건 마케팅 캠페인을 실시했다. 나는 미국의 여러 대도시에 걸린 거대한 펩시 광고판들을 카메라로 찍었다. 가수 비욘세가 '현재를 위해 살라.'라고 독려하는 커다란 사진이 있는 광고판이었다. 때때로 부모들과 현대 미국 문화에 대해 이야기를 나눌 때 이 사진들을 보여 준다. 나는 펩시가 요즘 미국의 아동들과 10대들이 무엇을 가장 '쿨하다고' 생각하는지를 예리하게 포착했다고 생각한다.

펩시를 탓하고자 하는 것이 아니다. 펩시 마케팅 캠페인은 이러한 윤리 해체의 '원인'이 아니라 '증상'이다. 윤리 해체의 '원인'은 자녀 양육의 붕괴에 있다. 이에 대해 펩시를 탓할 수는 없다.

앞에서 나는 네 아들을 둔 빌 필립스를 소개했다(음주 측정기가 기억나는가?). 앤드류는 넷 중 첫째이다. 또한 20년이 넘는 임상 경험동안 만나 본 가장 재능 있는 운동선수이기도 하다. 앤드류는 근육질인 데다가 빠르고 민첩하다. 10학년을 마치고 난 여름 방학 초에 앤드류는 메릴랜드 대학교에서 개최하는 일주일짜리 미식축구 캠프에 참가했다. 캠프가 끝날 무렵, 메릴랜드 대학교 미식축구 팀의 헤드코치는 앤드류가 캠프에서 가장 뛰어난 선수였다고 치켜세웠다. 헤드코치인 랄프 프리드겐은 NCAA(미국 대학 체육 협회-옮긴이)의 규칙이 허락하는 한 가장 빠른 시일 내에 앤드류에게 전액 장학금을 제안하고 메릴랜드 대학교 미식축구 팀에서 뛰게 하겠다고 공개적으로 발표했다. "네가 우리와 함께 뛰길 바라. 우리 팀의 마스코트가 되면 좋겠어." 코치가 앤드류에게 말했다.

앤드류는 그 순간 날아갈 듯이 기뻤다고 내게 말했다. NCAA 1부 리그 미식축구 팀의 헤드코치가 고등학교 졸업까지 2년이나 남은 학생에게 대단하다고 치켜세우는 일은 매우 특별한 일이기 때문이다.

그렇지만 빌 필립스는 캠프장에 아들을 데리러 왔을 때 앤드류가 획득한 유명세에 대해 듣더니 예상 밖의 소식을 전했다. "네게 이 소식을 전하지 않은 것 같구나. 너는 다음 주에 메인주에 가야 해. 남은 여름 방학 동안 어선을 타는 게 임무다." 빌은 아들에게 "이번 여름 방학에 어선에서 일해 보는 게 어떻겠니?"라고 묻지 않았다. 그저 앤드류에게 그것이 남은 여름 방학 동안 해야 할 일이라고 말했을 뿐이다.

아니나 다를까, 일주일 후에 앤드류는 메인주 포틀랜드의 낡은 어선 갑판에서 생선 찌꺼기를 청소해야 했다(앤드류의 아버지는 어업 사업체를 운영했다). 앤드류의 동료는 마약 판매 죄목으로 15년 형을 산 후 감옥에서 풀려난 지 얼마 안 된 흉악범이었다. "그는 멕시코 출신이었어요. 교도소에 있는 동안 기독교인으로 다시 태어났죠." 앤드류가 내게 말했다. "그래서 저는 낡아빠진 보트의 갑판에서 멕시코인 전과자가 중독성 마약을 팔고, 붙잡히고, 회개하게 된 이야기를 들어야 했죠. 제가 다니던 고등학교에서 만날 수 있는 사람은 확실히 아니었어요." 앤드류는 메릴랜드주에 있는 명문 사립 고등학교에 다니고 있었다.

빌 필립스는 아들에게 성실성과 노력의 덕목들에 대해 설교를 늘어놓지 않았다. 아무 말도 하지 않았다. 그저 힘든 여름 방학 아르바이트를 시켰을 뿐이다. 앤드류는 교훈을 잘 배웠다. 그렇지만 그 당시에는 불만스러웠다. "약간 화가 나기도 했어요. 다른 아이들은 온갖 재

있는 모험이나 캠핑 여행을 즐기고 있는데 저만 이상한 어선의 갑판에서 생선 찌꺼기를 청소하고 있었으니까요. 하지만 이제는 왜 아버지가 제가 그렇게 하도록 했는지 이해해요. 진짜 세상을 맛보게 하기 위해서죠. 다른 사람들이 어떻게 살고 있는지 보여 주기 위해서요."

이것이 노력의 장점에 대해 가르칠 수 있는 방법이다. 또한 공감 능력에 대해 가르칠 수 있는 방법이기도 하다. "네가 저 상황에 있다면 어떤 기분일 것 같니?"라고 물어보는 대신, 10대 아이에게 자신과 다른 사회적 배경의 사람과 함께 여름 방학을 보내면서 직접 이야기를 듣도록 시키는 것이다.

성실성에 대해 설교하는 방법으로는 성실성을 가르칠 수 없다. 성실성을 가르치려면 성실한 행동을 요구함으로써 성실한 행동이 습관으로 자리 잡게 해야 한다.

미국 부모들 사이에는 아이에게 어떠한 행동을 하라고 요청하기 전에 그 행동이 옳다는 사실을 아이에게 확신시키거나 설득시켜야 한다는 생각이 만연해 있다. 이 생각에 따르면, 만약 부모가 아이가 성실하게 행동하기를 원한다면 우선 성실한 행동의 중요성에 대해 아이를 설득해야 한다. 이는 언뜻 논리적으로 들린다. 만약 성인이 대상이라면 일부 상황에서는 이 의견이 타당할 수도 있다.

그렇지만 심지어 성인들이라 해도, 인과 관계의 화살이 다른 방향을 가리키는 강한 증거가 있다. 대체로, 성실하게 행동하면 사람들은 더 성실한 사람이 된다. 다시 말하지만, 이 생각은 전혀 새로운 생각이 아니다. 1세기 이상 전에, 미국 심리학자인 윌리엄 제임스는 이렇게 말했다. "사람들은 인간이 재산을 잃으면 슬퍼서 울고, 곰을 만나면 놀라서 도망가고, 경쟁자에게 모욕을 당하면 화가 나서 싸운다고 생각합니다. …… '하지만' 이 선후 관계 순서는 부정확합니다. …… '더 합리적인' 표현은 다음과 같습니다. 인간은 울기 때문에 슬프고, 싸우기 때문에 화가 나고, 떨기 때문에 두려운 것입니다. 사정에 따라 슬프거나 화가 나거나 두렵기 때문에 울거나 싸우거나 떠는 것이 아닙니다." 성실함에 관해서는 이와 동일 선상에 있는 2천 년 된 전통이 있다. *'만약 당신이 아이들을 더 성실하게 행동하게 만들면, 아이들은 실제로 더 성실한 사람이 될 것이다.'* 학자들이 2천 5백 년 이상 전에 쓰였다고 주장하는 성서의 '잠언'을 보면 이런 말이 나온다. "아이를 그가 가야 하는 길로 훈도하라(덕으로써 사람의 품성이나 도덕 따위를 가르치고 길러 선으로 나아가게 하다–옮긴이). 그러면 나이를 먹어도 그 길로부터 벗어나지 않을 것이다."[29] 다시 말해 만약 아이를 성실하게 행동하도록 강제한다면, 아이는 어른이 되어서도 성실하게 행동할 것이라는 뜻이다.

이러한 접근법에 대해 연구 논문에는 어떻게 나와 있을까?

경험적 연구 논문을 요약해 보면 잠언이 너무 낙관적이라는 결론으로 귀결될 것이라고 생각한다. 더 정확한 결론은 다음과 같을 것이다. *'아이를 그가 가야 하는 길로 훈도하라. 그러면 아이가 나이를 먹어서 집을 떠날 때 아이가 잘 살아갈* **확률을 높일 수** *있을 것이다.'* 반드시 그렇게 된다는 보장은 없다. 하지만 연구 결과는 만약 부모가 아동기와 청소년기 동안 아이에게 좋은 행동 습관과 자기 통제력을 심어 주면, 아이가 집을 떠난 후에도 계속 올바르게 살아갈 확률을 높일 수 있다고 강하게 주장한다.[30] 반대로, 만약 부모가 21세기 미국 관념을 받아들여서 아이가 무엇이든 맘껏 하도록 자유로이 내버려 두면, 남자아이는 매일 밤 몇 시간씩 포르노물을 보면서 자위행위를 하고(이는 미국 남자아이들에게 매우 흔한 일이 됐다.[31]), 여자아이는 매일 밤 몇 시간씩 인스타그램에 올릴 셀피를 포토샵으로 수정하거나 친구들과 메시지를 주고받을 것이다. 이렇게 되면 이들이 대학에 가서 다음과 같이 말할 가능성은 그리 높지 않다. "보세요. 제 친구들은 소셜 미디어와 비디오 게임에 엄청난 시간을 허비하고 있어요. 하지만 전 새 사람이 되고 더 도덕적인 사람이 될 거예요."

자녀 교육에 대한 서양의 전통은 아이들에게 좋은 습관들을 심어 주는 것이다. 다시 한 번 말하지만 이 전통은 오래 거슬러 올라간다. 《니코마코스 윤리학 *Nicomachean Ethics*》에서 아리스토텔레스는 인간은 성실한 행동을 함으로써 성실한 사람이 된다고 말했다. 행동은 정체성이 된다. 역사학자 윌 듀런트는 아리스토텔레스에 대해 논하면서 이렇게 말했다. "우리가 반복적으로 하는 행동이 바로 우리입니다. 그렇다면 탁월함은 하나의 행동이 아니라 하나의 습관입니다."[32]

서양의 전통은 그리스와 로마뿐만 아니라 유대교와도 함께 시작되었다. 그러므로 양해를 구하고 히브리 성서로부터 한 번 더 문장을 인용하겠다. 이번에는 '신명기'로부터이다. 하느님이 시나이산에서 계명을 내렸다. 계명은 'V'shinantam l'vanecha'라고 발음된다. 이 두 히브리 단어는 보통 "그것들을 네 아이들에게 열심히 가르치라."라고 번역

된다. 하지만 이는 히브리어의 본뜻과 조금 다르다. 히브리어의 본뜻은 "그것들을 네 아이들에게 *새겨라.*"이다.

내가 '새기다'라고 번역한 히브리어 동사 'shanan'은 '각인하다'로 번역할 수도 있다. 이 단어의 사전적 의미는 칼로 파서 새긴다는 뜻이다.[33] "그것들을 열심히 가르치라."는 매우 약하게 희석된 표현이라고 할 수 있다.

여기에서 설교를 하거나 개종을 시키려 하는 것이 아니다. 나는 선교사가 아니라 미국 전역과 진료실에서 목격하고 있는 현상을 이해하려 애쓰는 가정의이고, 왜 내가 임상 수련을 시작한 25년 전에는 이러한 현상이 없었는지 궁금할 뿐이다.

당신은 아이에게 성실하게 행동하라고 요구함으로써 성실성을 가르쳐야 한다. 다시 말해, 아이에게 이미 자신이 성실한 사람인 것처럼 행동하라고 하라. 심리학자 애덤 그랜트가 말했듯이 말이다. "사람들은 성품이 행동을 유발한다고 믿을 때가 많습니다. 그러나 성실한 아이들을 키워 내는 일에 관한 한, 우리는 행동 또한 성품을 형성한다는 사실을 기억해야 합니다."[34]

이미 강조했듯이 이는 전혀 새로운 생각이 아니다. 아리스토텔레스는 2천 년 이상 전에 이에 대해 말했다. 또한 20세기 중반에 영국 작가 C.S. 루이스는 같은 생각을 이렇게 표현했다. "행동은 현실로 이어집니다. 당신이 특별히 친절하지는 않지만 그래야 한다고 생각한다면, 때때로 당신이 쓸 수 있는 최선의 방법은 자신이 실제보다 더 친절한 사람인 것처럼 행동하는 것입니다. 그렇게 하면 몇 분 안에 당신은 이

전보다 자신이 정말로 더 친절하다고 느끼게 될 것이고 다른 사람들도 그렇게 느낄 것입니다. 때때로 현실에서 어떤 자질을 습득할 수 있는 유일한 방법은 자신이 이미 그 자질을 가지고 있는 것처럼 행동하는 것입니다."[35]

'때때로 현실에서 어떤 자질을 습득할 수 있는 유일한 방법은 자신이 이미 그 자질을 가지고 있는 것처럼 행동하는 것입니다.' C.S. 루이스는 이 문장을 반세기도 더 전에 썼다. 이들은 그 당시에 일반 상식이던 지식을 글로 표현했다. 하지만 이젠 더 이상 일반 상식이 아니게 됐다.

자신이 행동하는 방식은 자신이 어떠한 종류의 사람인지와 어떠한 종류의 사람이 되어 가고 있는지에 영향을 미친다. 만약 우리가 충분히 오랫동안 일관되게 성실하게 행동한다면 우리는 더 성실한 사람이 될 것이다. 하지만 이 과정은 다른 방식으로 이루어지기도 한다. 윌리엄 데레저위츠는 자신이 인생에서 무엇을 하고 싶은지 잘 모르는 미국의 명문대 졸업생들을 인터뷰했다. 이들 중 일부는 월스트리트의 투자은행에 근무하는 직업을 구하거나 경영 컨설팅 일을 하기로 결정했다. 이들은 이렇게 말했다. 만약 자신의 열정이 뭔지 혹은 정말로 원하는 것이 뭔지 잘 모른다면 "월스트리트에 가서 돈이나 많이 버는 것이 낫다. 더 나은 일이 생각나지 않는다면 말이다."[36] 나는 이와 비슷한 말들을 다른 여러 명문대의 젊은 졸업생들에게서 들은 적이 있다. 아무도 이들에게 '자신이 하는 일은 자신이 어떠한 종류의 사람이 되는지에 영향을 미친다.'는 사실을 가르쳐 주지 않았다. 월스트리트 문화 속에서 돈 버는 것이 전부인 회사들을 위해 1~2년 정도 열심히 일하고 나면, 이들 중 많은 젊은이들은 결국 미국 대중문화와 크게 다를 바가 없는 월스트리트 문화를 흡수하게 된다. '잘 벌 수 있을 때 있는 힘껏 많이 벌어 둬라.' 이러한 태도는 일단 형성되면 바꾸기가 어렵고 월스트리트를 떠난 후에도 오랫동안 영향을 크게 미칠 수 있다.

2장에서 학교 급식 프로그램에 대해 논의하면서 아이들에게 더 건강한 선택권들을 단순히 '제시한다고 해서' 아이들이 일관되게 건강한 선택들을 하리라고 기대하는 것은 비현실적이라고 말했다. 이제 이 주제를 더 큰 맥락 안에서 살펴볼 수 있다. 학교 급식 프로그램 같이 우리 사회의 많은 부문에 뿌리내려 있는 21세기식 추정은, 만약 우리가 아이들에게 옳은 것과 틀린 것 사이의 선택권을 주고 올바른 선택을 해야 하는 이유를 설명해 주면 아이들이 올바른 선택을 하리라는 추정이다. 이러한 추정은 증거에 기반을 두고 있지 않다. 인간 본성에 대한 21세기식 추측에 기반을 두고 있다.

연구 결과, 이러한 접근법은 지속적으로 효과를 볼 가능성이 낮다고 한다. 더 확실하고 효과적인 접근법은 아이들에게 몇 해 동안 더 건강한 음식을 먹으라고 '요구하는' 것, 즉 건강한 습관들을 심어 주는 것이다. 또한 동시에 아이들에게 건강한 식습관의 장점을 가르쳐 주는 것이다. 아이들이 먹고 싶은 음식이 아닌 건강한 음식을 자발적으로 먹을 것이라고 단순하게 희망한다면 자신의 욕구를 가장 중요시하는 문화에서는 그다지 효과를 보지 못할 것이다.

〈뉴욕타임스〉에 정기적으로 기고를 하는 제니퍼 피니 보이랜은 한 칼럼에서 다음과 같은 질문을 던졌다. "학교는 무엇을 위해 존재하는가? '교육을 받는 것'이 실제로 의미하는 바는 무엇인가? '교육을 받는 것'은 무엇을 의미해야 하는가?" 보이랜은 두 가지 상반되는 발상을 제시한다. 하나는 오래된 발상이고 다른 하나는 새로운 발상이다. 보이랜이 설명하는 바에 따르면 오래된 발상은 교육은 '공동체의 공유 가치를 다음 세대에게 전달하는 것'이다. 그는 이 발상을 폄하하고 새로운 발상을 치켜세웠다. 그는 새로운 발상을 이렇게 설명했다. "교육은 검열 받지 않은, 과학적이고 예술적인 진실을 도구로 이용해 아이의 정신을 깨우치는 것이다. 이것이 아이를 낯선 사람이 되게 만든다고 해도 어쩔 수 없다."[37]

이 말은 어떤 사람들에게는 용감하고 숭고하게 들릴지도 모른다. 확실히 21세기 미국 스타일이기는 하다. 하지만 이 말을 하나씩 분석하기 시작하면 질문이 잇따를 수밖에 없다. '예술적인 진실'은 정확히 무엇을 가리키는가? 모차르트와 베토벤과 브람스와 스트라빈스키와 코플랜드의 음악은 케이티 페리, 니키 미나즈, 릴 웨인, 저스틴 비버, 마일리 사이러스의 음악보다 '예술적인 진실'에 더 가까운가? 2007년 무렵의 리먼브라더스의 윤리가 1977년 무렵의 마더 테레사의 윤리보다 더 나은가, 더 나쁜가? 그걸 누가 결정하는가? 만약 누군가가 아이들이 '예술적인 진실'을 발견할 것이라는 희망을 품고 아이들을 21세기 문화의 혼돈 속에 풀어 놓는다면, 이 아이들이 발견하는 것은 인터넷, 소셜 미디어, 온라인 비디오 게임, 포르노물로 이루어진 대중문화일 가능성이 높다. 아이들은 스트라빈스키나 코플랜드와 비교해서 마일리 사이러스나 니키 미나즈를 판단할 기준을 가지고 있지 않다. 리먼 브라더스의 회계 술책과 마더 테레사의 이타주의를 비교할 수 있는 기준을 가지고 있지 않다. 왜냐하면 어떤 권위 있는 교사도 가치의 척도 안에서 이러한 기준들을 가르쳐 주지 않았을 것이기 때문이다. 자기 통제력은 타고나는 것이 아니다. 정직 또한 타고나는 것이 아니다. 이러한 덕목들은 누군가 아이에게 가르쳐 줘야 한다. 만약 부모가 가르치지 않는다면 누가 가르치겠는가? 학교가 이 임무를 하리라고 기대해서는 안 된다. 적어도 미국에서는 안 된다. 이 시대에는 안 된다.

사실, 보이랜과 다른 사람들은 '권위의 포기'를 새로운 지혜라고 치켜세우지만 이는 전혀 지혜가 아니다. 의무의 유기일 뿐이다. 어른의 책임을 저버린 것이다. 사회비평가인 로저 스크러튼이 말했듯이 이런 방식으로 고안된 미국 교육은 결국 '문화적 허무로 향하는 통과 의례' 밖에 되지 못한다. 무엇이 가치 있고 무엇이 그렇지 않은지에 대해 명확한 안내도 없는 통과 의례이다.[38]

미국에만 있고 다른 나라에는 없는 개념이다. 이 이상한 개념(가장 좋은 학교들은 부모와 아이 사이의 유대감을 완전히 끊고, 부모가 중시하는 가치와 전통을 완전히 약화시키는 학교들이다.)은 유일하게 미국에만 존재한다.

보이랜과 그 동료들이 치켜세우는 덕목 개념을 거부하라. 당신의 아이가 지녔으면 하는 덕목들에 대해 신중히 생각해 보고 그 덕목들을 열심히 가르치라. 그 덕목들을 아이에게 새겨라. 무엇보다, 아이가 가졌으면 하는 덕목들을 부모가 몸소 행동으로 보여야 한다. 아이에게 자기 통제력과 절제를 가르치라. 대형 전광판에서 '현재를 위해 살라.'

고 외쳐 대는 문화 속에서 하기 쉬운 일은 아니다. 하지만 가장 중요한 것이 걸려 있는 문제이다. 바로 당신 아이의 건강과 행복이 걸려 있다. 이 사실을 잊지 말기 바란다.

Chapter 7

오해들

부모들과 만날 때마다 계속 반복해서 나오는 질문들이 있다. 일반적으로 부모들은 부모로서의 의무를 다하고 싶어 하지만 때때로 어떤 일은 시도하기를 망설인다. 오해가 앞을 가로막고 있기 때문이다. 이제 우리는 이러한 오해들 하나하나를 해결할 기초 지식을 갖추고 있다.

다음은 부모들이 흔히 가지는 첫 번째 오해이다.

저는 반작용 효과가 생길까 봐 걱정됩니다. 제가 만약 선생님이 묘사하는 유형의 부모가 되려고 노력하고 아이에게 '성실하게'(무엇을 의미하든 간에) 행동하라고 강요한다면, 막상 아이가 집을 떠나 대학에 가서 혼자 힘으로 살아갈 때 온갖 말도 안 되는 행동들을 할까 봐 걱정이 됩니다. 아이를 억압하지 않았다면 하지 않았을 행동들을

요. 아이가 혼자 힘으로 좋은 선택을 내리는 방법을 터득하지 못할 까 봐 걱정됩니다.

이 오해를 해결하기 위해서는 앞 장에서 살펴봤던 것과 같은 종적 연구(장기간 비교 연구—옮긴이)가 도움이 된다. 종적 연구는 대개 품행이 바른 아이가 자라서 품행이 바른 어른이 될 가능성이 더 높다는 사실을 보여 준다. 관대한 부모 아래에서 자란 아이가 성인이 된 후 알코올, 약물 남용, 불안 장애와 우울 장애 등과 관련된 문제를 겪을 가능성이 더 높다.

1990년대 초반에 미국의 연구자들은 미국 각지에서 모집한 2만 명 이상의 아이들을 대상으로 야심찬 연구를 시작했다. 도시 출신과 시골 출신, 아시아인과 흑인과 라틴계와 백인, 부유층과 저소득층 등 다양한 배경 출신의 아이들이었다. 다양한 지역 출신이기도 했다. 연구자들은 이 아이들 중 대부분이 12세~14세가 되는 1994년에 10대들에 대한 데이터를 수집했고 그런 다음 2008년까지 계속 정기적으로 이들에 대한 데이터를 수집했다.[1] 이 데이터를 분석한 연구자들은 다음과 같은 사실을 발견했다. 권위 있는 부모 밑에서 자란 아이들은 학교생활을 더 잘했고, 음주 문제에 시달릴 가능성이 더 낮았고, 안전하지 못한 성행위를 경험할 가능성이 더 낮았다. 10대 초반 때뿐만 아니라 20대에도 마찬가지였다. 덜 권위적인 부모 아래에서 자란 아이들에 비교해서이다.[2] 또한 이들은 청소년기와 성인기 초반에 더 건강하고 더 행복한 이성 관계를 맺었다.[3] 게다가 성인이 된 이들은 더 건강

한 아기를 낳았다. 인종, 민족, 가계 소득과 같은 인구 통계적 변수들을 감안해서도 그랬다.[4]

발달 심리학자 다이애나 바움린드와 그의 동료들, 학생들은 지난 40년 동안 이와 비슷한 주제에 관해 연구해서 발표했다. 바움린드 박사와 동료들은 부모들이 어린 자녀들과 상호 작용하는 방법을 평가했고 오랜 세월이 지난 후 어떤 결과를 낳았는지를 연구했다. 바움린드 박사는 부모들의 자녀 양육 방식을 크게 3가지 범주로 구분했다. '너무 엄격한 양육 방식', '너무 부드러운 양육 방식', '딱 적당한 양육 방식'으로 간단하게 표현할 수 있다.[5]

'너무 엄격한' 부모는 자녀에게 다정함이나 사랑을 거의 보여 주지 않는다. 이들은 비현실적인 요구를 할 때가 많다. 이처럼 가혹한 부모의 자녀는 그렇지 않은 아이들에 비해 20년 후 본인 스스로 자녀를 학대하는 부모가 될 가능성이 높다. 또한 '너무 엄격한' 부모의 자녀는 성인이 된 후 이성 관계를 유지하는 일에 어려움을 겪을 가능성이 더 높다.

'너무 부드러운' 부모는 보통 자녀에게 사랑과 애정을 잘 표현한다. 하지만 규칙을 시행하는 일에 취약하다.[6] '너무 부드러운 부모'의 자녀는 성인이 된 후 약물 남용과 알코올 남용 문제를 겪을 가능성이 높다. 또한 실질 소득에 상관없이 재정적으로 어려움을 겪을 가능성이 높은데 수입의 범위 내에서 생활하는 것을 힘들어 하기 때문이다. 게다가 중범죄로 유죄 선고를 받을 가능성도 높다.

'딱 적당한' 부모는 자녀에게 사랑을 잘 표현하면서도 공정하고 일관되게 규칙을 시행한다. 이들은 필요하다면 상황에 따라 규칙을 약간 조정하지만 절대 규칙을 깨지는 않는다. 40년 넘게 연구를 하면서 바움린드 박사는 '딱 적당한 양육 방식'이 가장 건강한 자녀 교육 방식이라는 사실을 입증하는 증거를 엄청나게 많이 모았다. '딱 적당한' 부모의 자녀는 좋은 결과를 낼 가능성이 가장 높다. 어떤 분야의 결과를 살펴보든 말이다. '딱 적당한' 부모는 자녀에게 합리적인 범위 내에서 엄격하고 그와 동시에 사랑이 넘친다.[7]

내가 이 세 범주의 자녀 양육 방식을 소개할 때마다 거의 모든 부모들은 자신도 '딱 적당한' 부모가 되고 싶다고 말한다. 하지만 이들이 '딱 적당한 부모'라고 생각하는 모습과 이들의 부모가 그렇게 생각했던 모습은 서로 완전히 다르다. 지난 30년 동안, 미국인이 생각하는 '딱 적당한 부모'의 모습은 '권위 있는 부모'에서 '허용적인 부모'로 꾸준히 이동했다. 최근, 바움린드 박사 역시 학자들이 자신의 3가지 범주 틀을 이용하는 방식에 '명확한 변화'가 생겼다고 말했다. 박사는 어떤 학자 그룹이 '태평한/느긋한'을 '권위 있는 양육 방식'의 특징 중 하나로 꼽았다고 말했다. 반면 엄격함과 관련된 어떠한 매개 변수도 꼽지 않았다. 그렇지만 바움린드 박사는 '엄격함'이 권위 있는 양육 방식의 필수 요소라고 생각한다.[8]

요즘 많은 부모들은 '엄격함'과 '다정함' 사이가 긴장 관계라고 생각한다. 이들은 엄격하거나 다정하거나 '둘 중 하나'만 할 수 있지 둘 다는 할 수 없다고 생각한다. 바움린드 박사의 연구는 이 생각이 틀렸음을 증명한다. 박사가 발견한 '딱 적당한' 부모들은 엄격한 동시에 다정했다.[9] 만약 당신이 규칙을 제대로 시행하지 않는다면(만약 자녀가 당신을 다정하지만 엄격하진 않다고 생각한다면) 당신은 '너무 부드러운 부모'이다. 앞에서 말했듯이, 1985년도의 기준으로 판단해 보자면 미국인의 자녀 교육 방식은 '딱 적당한 방식'에서 '너무 부드러운 방식'으로 바뀌었다. 이 변화를 보면 앞에서 소개한 첫 번째 오해의 주인공이 이해된다. 그는 딸에게 중학교와 고등학교를 다니는 동안 성실한 행동을 하라고 지시하면 딸이 나중에 '반작용'을 일으켜 나쁜 행동을 할까 봐 걱정한다. 요즘 많은 부모들은 자녀를 엄격하게 양육하면 나중에 아이가 집을 떠나 대학에 갔을 때 '반작용'을 일으켜서 방종하게 행동할 것이라고 믿는 것 같다. 때로 이러한 믿음은 권위 없는 자녀 교육 방식을 사후 합리화할 때 이용되기도 한다. 다시 말해 부모가 어떤 잘못을 하든 이를 합리화하는 도구로 이용되는 것이다. 부모들에게 '왜' 자녀를 엄격하게 양육하면 아이가 몇 년 후에 더 무분별하게 행동할 것이라고 믿느냐고 물을 때마다 이들은 금욕주의적인 부모 아래에서 자란 아이가 나오는 영화를 인용하거나 몇 년 전 〈오프라쇼 Oprah〉에서 봤던 사연을 언급한다.

이러한 부모들에게는 그들의 생각을 뒷받침하는 연구 결과가 하나도 없다는 사실을 지적한다. 사실 연구 결과는 이러한 생각에 완전히 배치된다. 하지만 학술 연구 결과들에 대해 지겹도록 되뇌는 대신, 다른 맥락에서 이와 같은 생각이 말이 될지 생각해 보라고 제안한다.

새로운 직원을 고용할 참인데 소냐라는 사람과 바네사라는 사람 중에서 선택해야 한다고 가정해 보자. 소냐의 전 고용주는 소냐가 항상 정각에 출근하고, 다른 사람을 속이거나 물건을 훔치지 않고, 절대 업무 시간을 이용해 사적인 일을 처리하지 않는다고 말한다. 바네사의 전 고용주는 바네사가 자주 한두 시간 늦게 출근하고, 사무용품을 훔치고서 그에 대해 거짓말을 한 적이 있고, 업무를 해야 하는 시간에 회사 컴퓨터로 인스타그램을 할 때가 많다고 말한다. 당신은 이렇게 말하겠는가? "바네사는 자신의 나쁜 충동들을 모조리 없앤 것 같네요. 바네사를 고용하겠습니다." 혹은 이렇게 말하겠는가? "소냐는 너무 억제 성향이 강한 것 같으므로 고용하지 않겠습니다. 얼마 안 있어 '반작용'을 일으키지 않겠어요?" 아마 그렇지 않을 것이다.

앞을 내다보는 고용주라면 미국 부모들에게 한때 잘 알려져 있던 다음 규칙을 따를 것이다. **'선은 선을 낳고 악은 악을 낳는다.'** 과거에 성실함과 정직함의 기록을 가진 직원은 미래에도 성실하고 정직하게 행동할 가능성이 높다. 대부분의 미국인은 이 사실을 인정한다.

그렇지만 가정에서는 이 사실을 잊어버린다. '반작용'이라는 개념은 명확한 증거가 아니라 21세기 초의 대중문화에 기반을 두고 있다. 믿을 만한 정보 원천이 아니다. 또한 이 개념은 자신의 권위 없는 자녀 양육 방식을 스스로에게 합리화하려는 일부 부모들의 욕망에 의해 널리 퍼진 경향이 있다고 생각한다.

'반작용'이라는 개념을 받아들이지 말라. 믿지 말라. 앞 장에서 말했듯, 당신이 자녀를 엄격하게 훈련시킨 후 자녀가 성장해서 집을 떠났다면, 당신은 아이가 현명하게 행동할 가능성을 크게 높인 것이다. 다시 말하지만, 선은 선을 낳고 악은 악을 낳는다.

두 번째 오해는 다음과 같다.

저는 선생님의 조언을 따르면 아이가 왕따를 당할까 봐 걱정됩니다. 친구들과의 '헤일로 Halo'나 '그랜드 테프트 오토 Grand Theft Auto' 같은 게임에 혼자서 끼지 못할지도 모릅니다. 아이가 인기가 없을까 봐 걱정됩니다. 그러면 저를 탓하겠지요. 아마 아이 말이 맞을 겁니다. 저는 이 문제에 대해 올바른 균형점을 찾기 위해 애쓰고 있습니다.

최근 나는 《강한 아빠 강한 딸 *Strong Fathers, Strong Daughters*》, 《강한 엄마 강한 아들 *Strong Mothers, Strong Sons*》의 저자인 메그 미커 박사와 함께 〈투데이쇼 *TODAY Show*〉에 게스트로 출연했다. 미커 박사는 경험 많은 소아과 의사이며 딸 셋과 아들 하나를 둔 엄마이기도 하다. 박사는 항상 아들 월터에게 말했다. "비디오 게임 금지, 비디오 게임기 금지야. 귀중한 시간을 그런 데에 낭비하면 안 돼."(딸들은 처음부터 비디오 게임에 그다지 관심이 없었다고 한다.)

월터가 항의했다. "다른 남자아이들은 모두 '콜 오브 듀티 *Call of Duty*'를 한단 말이에요. 저만 안 끼워 줘요."

엄마가 말했다. "어쩔 수 없지."

열여덟 살이 된 후 월터가 말했다. "전 이제 성인이에요. 저한텐 일해서 직접 번 돈이 있어요. 가서 비디오 게임기와 '콜 오브 듀티' 같은 비디오 게임들을 살 거예요."

엄마가 말했다. "그러렴."

1년 후, 데이튼 대학교에서의 신입생 생활이 거의 끝나갈 무렵 월터가 엄마에게 전화를 걸었다. "방금 400달러 벌었어요!" 월터가 엄마에게 말했다. "어떻게 벌었는지 맞혀 보세요."

엄마가 말했다. "잘 모르겠는데."

"제 비디오 게임기랑 게임들을 다 팔았어요. 먼지만 쌓이고 있었거든요." 월터가 말했다. 월터는 대학에서 많은 남자아이들을 만났는데 이 중 대다수는 10대 초반부터 비디오 게임을 매주 엄청 많이 해 왔다고 설명했다. 이 아이들은 자신을 '게이머'라고 규정했다. 이들의 자존감은 비디오 게임을 얼마나 잘하는지에 달려 있었고 월터가 자신의 비디오 게임 실력에 감탄하기를 기대했다.

그렇지만 월터는 감탄하지 않았다. 월터는 다른 관점을 가지고 있었다. 중대한 청소년기 동안 비디오 게임 무리에 끼지 못했기 때문에 월터는 훨씬 더 광범위한 취미와 관심사를 계발했을 뿐만 아니라 대인관계 기술 또한 키웠다. 이는 게이머들이 가지기 힘든 자질들이다. 월터가 보기에 게이머들은 현실 세계의 사회적 상황에 대처하는 일이 서툴렀다.

나이 또한 중요하다. 만약 남자아이가 9세나 12세나 14세에 비디오 게임을 하기 시작한다면, 이 게임들은 18세에 시작했으면 그렇지 않았을 방식으로 아이의 두뇌에 '각인'될 수 있다. 1장에서 얘기했듯이, 사춘기가 끝나기 전까지 두뇌는 대단히 유연하다. 이는 좋기도 하고 나쁘기도 하다. 사춘기 이전과 사춘기 동안은 두뇌의 신경 가소성 때문에 두뇌는 환경이 요구하는 대로 근본적으로 변화한다. 하지만 판단과 균형 잡힌 사고를 관장하는 두뇌 영역은 이때 아직 성숙하지 않았다. 일단 사춘기 과정이 완전히 끝나고 나면(일단 소년이 남자가 되거나 소녀가 여자가 되고 나면) 결과를 예측하고 앞서 생각하는 일을 관장하는 두뇌 영역들이 더 강해진다.[10]

이제 논의하던 질문으로 다시 돌아가 보자. 아들이 하는 비디오 게임의 종류를 제한하는 것은 그 결과 아이가 인기가 없어지는 것보다 더 이익인가?

부모들에게 강의를 하면서 비디오 게임에 관한 최신 연구 결과를 공유한 적이 있다. 연구자들이 대형 집단의 아이들을 수 년 동안 추적 관찰한, 종적 연구였다. 다른 모든 변수들을 조정하고 통제한 후, 아이들이 하는 비디오 게임의 종류가 아이들에게 어떠한 영향을 미치는지를 관찰하는 연구였다.[11] 연구 결과 '그랜드 테프트 오토'와 '콜 오브 듀티' 같은 폭력적인 게임을 하면서 일주일에 많은 시간을 보낸 아이들은 적대성이 높은 반면 정직함과 친절함은 낮은 것으로 밝혀졌다. 즉시 혹은 일주일이나 한 달 후에 그런 것은 아니다. 수 년 동안 그러한 폭력적인 게임을 한 결과였다.

'그랜드 테프트 오토' 같은 1인칭 슈팅 게임(자신이 총을 쏘는 사람이 되어 슈팅을 하는 컴퓨터 게임-옮긴이)을 하면 장기적으로 어떤 결과를 낳는지에 대해 많은 연구들을 검토한 후 나는 가정에서 이 게임들을 하지 못하도록 금지하라고 권고했다. 만약 아들이 총을 쏘고 싶어 한다면, 지역의 스키트 사격 동호회에 가입하라고 권유하라. 또한 만약 아이가 친구네 집에 놀러갈 예정이라면 아이 친구의 부모에게 미리 전화를 걸어서 아이들이 폭력적인 비디오 게임을 해도 된다고 허용했는지를 확인하라. 만약 허용했다면 아이가 그 친구네 집에 놀러가는 것을 허락하지 말아야 한다. 그 대신 당신이 책임지는 당신의 집에 아이 친구를 초대할 수 있다.

이러한 권고를 듣고 앞서 언급한 부모는 너무 가혹하다고 느꼈다. 그는 내 권고를 두고 "완전히 비현실적이에요. 아들이 다른 집에서 무엇을 하는지 감시하기란 불가능합니다."라고 말했다. 게다가 만약 자신이 아들에게 '콜 오브 듀티'와 '그랜드 테프트 오토'와 같은 폭력적인 1인칭 슈팅 게임을 억지로 금지하면, 아이의 친구들이 무리에 끼워주지 않아서 아이 인기가 떨어질까 걱정했다. 그는 이렇게 말했다. "저는 이 문제에 대해 균형점을 찾으려 애쓰고 있어요."

이 부모의 걱정을 부추기는 몇 가지 전제를 분석해 보자.

- **전제 #1**: *아이가 친구들 사이에 인기가 많아야 한다.* 틀렸다. 21세기 미국에서 인기가 많기 위해서는 건강하지 못한 행동과 태도를 수반해야 할 때가 많다. 부모의 권위를 무시하는 것부터 시작해서 말이다. 연구 결과에 따르면 요즘 미국에서 13세에 인기가 있는 것은 초기 성인기에 나쁜 결과를 낳을 위험 요소가 될 수 있다.[12] 부모는 무엇이 중요한지에 대해 명확히 판단해야 한다. 아이가 친절하고, 품행이 바르고, 자기 통제를 잘하는 사람이 되도록 도와야 한다. 아이가 많은 또래 친구들에게 인기를 끄는 일은 크게 중요하

지 않다.

- **전제 #2:** *아이가 집 밖에서도 책임감 있게 행동하도록 만들기란 비현실적이다.* 이 또한 틀렸다. 나는 지난 20년 동안 진료실에서 '딱 적당한' 부모들을 직접 그리고 자세히 관찰했다. 처음에는 메릴랜드주에서였고 최근에는 펜실베이니아주에서였다. '딱 적당한' 부모들은 모두 자녀가 집에서와 마찬가지로 집 밖에서도 바르게 행동하기를 기대했다. 이처럼 행동을 일관되게 하는 것을 가리키는 단어가 있다. 바로 '진실성'이다. 진실성은 '성실성'과 관련된 특징 중 하나이다. '딱 적당한' 부모들은 자녀가 친구네 집에 놀러간 경우 아이들이 무엇을 하고 있는지 확인하기 위해 전화를 걸거나 때때로 그곳에 불쑥 방문하기도 한다. 이는 진실성을 가르칠 수 있는 한 가지 방법이다.
- **전제 #3:** *부모들은 '너무 엄격한 양육 방식'과 '너무 부드러운 양육 방식' 사이에 균형을 찾아야 한다.* 맞다. 하지만 오해의 여지가 있다. 앞서 말한 질문을 던진 부모는 엄격함 혹은 다정함 사이에 선택을 해야 한다는 현대 미국인들의 관념을 수용했다. 그 결과, 엄격하면서 '동시에' 다정한 것이 불가능하다고 생각한다. 하지만 이는 오해이다.

이 부모는 비디오 게임에 대해서 이야기하고 있다. 하지만 다른 분야에도 이와 같은 분석을 적용할 수 있다. 만약 딸이 셀카를 찍어서 인스타그램에 올리는 일에 너무 많은 시간을 허비하고 있거나 아들이 하루 종일 인터넷 서핑만 한다면, 부모의 임무는 전자 기기의 플러그를 뽑고 아이가 진짜 경험의 세계와 다시 연결되도록 돕는 것이다. 다른 사람과 마주 보면서 이야기를 나누거나, 친구들과 축구를 한다거나, 연못 안에서 첨벙거리며 올챙이를 잡는 일 같은 경험 말이다.

유타주의 샌디에 사는 한 엄마가 내게 자녀들이 고등학교를 졸업할 때까지 스마트폰을 사 주지 않았다고 말했다. "필요하지 않아 보였어요." 이 엄마가 말했다. 아이의 친구들은 크게 개의치 않았다. 별일 아니었다. 하지만 정작 이 엄마를 힘들게 만든 건 다른 학부모들이었다. "왜 아이를 왕따로 만드는 거죠?" 그들이 물었다.

아이에게 가장 좋은 것이 무엇인지 파악하고 그것을 행하라. 다른 아이들이나 다른 부모들이 하는 말에 지나치게 신경 쓰지 말기 바란다.

세 번째 오해는 다음과 같다.

저는 제 아이가 독립적이기를 바랍니다. 그래서 아이가 제게 말대꾸를 하거나 무례하게 굴 때도 긍정적으로 생각하려고 애씁니다. 아이가 더 독립적인 사람으로 되어 가고 있다는 신호로 해석합니다. 그리고 그러한 행동을 지지하지요.

아이가 부모에게 무례하게 구는 것은 결코 용납할 수 없다. 이는 아이가 항상 부모의 말에 따라야 한다는 뜻이 아니다. 아이가 이렇게 말해도 괜찮다. "동의할 수 없어요. 엄마가 실수하고 있는 것 같아요." 하지만 이렇게 말해서는 안 된다. "입 다물어요. 엄마는 자기가 뭐라고 지껄이는지도 모르잖아요." 그렇지만 이러한 종류의 언어는 미국에서 매우 흔해졌다. 저소득층 지역뿐만 아니라 부유한 지역에서도 마찬가지이다. 또한 무례한 언어는 미국의 인기 TV 프로그램 대다수에서 쉽게 찾아볼 수 있게 됐다. 아이가 이러한 무례한 언어를 집에서 사용하도록 내버려 둬서는 안 된다.

그렇지만 생각의 독립성을 키우는 일은 중요하다. 무례함을 부추기지 않고서 생각의 독립성을 키우는 방법은 무엇일까? 내가 아는 대부분의 '딱 적당한' 부모들은 이 임무를 잘 해낸다. 그중 한 가지 전략은 저녁 식사 시간에 나누는 대화를 이용하는 것이다. 자동차에 함께 오래 타는 시간도 좋은 기회이다. 어린 아이들과는 제일 좋아하는 음식이나 영화에 대해 이야기를 나눠도 좋다. 아이에게 최근에 본 영화 중 가장 좋았던 영화가 무엇이고 이유가 무엇인지 물어보라. 당신의 의견은 어떻게 그리고 왜 다른지 말하라. 이를 통해 두 사람이 영화에 대한 선호도나 음식 취향이 서로 다를 수 있다는 사실을 보여 주라. 상대에게 무례하게 굴거나 서로를 미워하지 않고도 그렇게 할 수 있다고 보여 주라.

10대 아이를 위해서는 TV 뉴스로부터 논란이 많은 주제를 고를 수도 있다. 아이에게 원자력 발전소와 화력 발전소와 태양열 발전소/풍력 발전소에 대해 어떻게 생각하느냐고 물어보라. 혹은 팔레스타인과 이스라엘 사이의 분쟁에 대해 질문을 던지라. 아이의 의견에 주의 깊고 정중하게 귀를 기울이라. 그런 다음 당신의 의견은 어떻게 다르고 왜 아이의 의견과 다른지 설명하라. 이 방법의 목적을 제대로 달성하려면, 밤늦게까지 자지 않고 비디오 게임이나 인터넷 서핑을 해도 되는지와 같은 개인적인 주제는 피해야 한다. 이 방법의 핵심은 정중하게 반대 의사를 표현하는 기술, 즉 적대감 없이 독립성을 키우는 기술을 습득하는 것이다. 일단 이 기술을 익히면 아이와 함께 더 개인적인 주제에 대해 상반된 의견을 나누더라도 논의가 말다툼으로 악화될 가능성은 크게 줄어들 것이다.

네 번째 오해는 다음과 같다.

저는 그저 제 아들이 행복하기를 바랍니다. 그런데 아들을 행복하게 만드는 일은 저를 행복하게 만드는 일과 다릅니다. 그냥 이 현실을 그대로 받아들여야 하는 것 아닌가 생각하고 있습니다.

이 엄마는 일주일에 최소한 20시간을 비디오 게임을 하며 보내는 10대 아들을 두고 있다. 몇 개월 동안 엄마는 아들의 게임 시간을 제한하고 아이의 관심을 학업으로 돌리려고 애썼다. 아이는 학교생활은 그럭저럭 잘했지만 최선의 결과는 아니었다. 엄마는 계속해서 아이에게 이렇게 말했다. "명문대에 가고 싶다면 학교 성적을 더 잘 받아야 해. 엄마는 네가 더 잘할 수 있다는 걸 알아. 하지만 너는 너무 많은 시간을 비디오 게임에 낭비하고 있어. 학교 공부 시간을 늘리고 비디오 게임 시간을 줄여야만 해."

마침내 어느 날 아들이 폭발했다. "빌어먹을 명문대에 가든 못 가든 하나도 관심 없어요!" 아이가 소리를 질렀다. "대학에 가고 싶지도 않아요. 엄마는 '월드 오브 워크래프트 *World of Warcraft*'에 대해 눈곱만큼도 모르잖아요. 이 게임 덕분에 전 이미 스타라고요. 레벨이 85나 되고 길드마스터이기도 해요. 무슨 말인지도 모를 거예요. 저를 숭배하는 사람이 싱가포르에도 요하네스버그에도 도쿄에도 있단 뜻이에요. 엄청난 가치가 있어요. 돈을 벌 수도 있다니까요. 삼각법이니, 스페인어니, 미국 역사니, 학교에서 가르치는 쓰레기 같은 것들엔 관심 없어요. 하나도요, 제기랄. 그러니까 좀 내버려 둬요. 네?"

엄마는 멍해져서 할 말을 잃었다. 아들의 말 중 한 가지는 분명히 맞았다. 온라인 비디오 게임인 '월드 오브 워크래프트'(*WOW*) 안에서 길드마스터를 한다는 것이 어떤 의미인지 전혀 모른다는 것 말이다. 엄마는 인터넷에 들어가서 *WOW*의 세계가 얼마나 거대한지를 찾아봤다. 또한 실제로 일부 젊은이들이 하루 종일 *WOW*를 하면서 진짜 돈을 번다는 사실도 알아냈다. 일부 소년들과 젊은이들은 *WOW* 같은 가상 온라인 세계에서의 성취를 학교생활이나 친구 사이 같은 현실 세계에서의 성취보다 더 중시한다는 사실을 처음 알게 됐다.

아들이 폭발한 후 몇 주 동안 나와 상담을 하면서 엄마는 자기 자신의 위치에 대해 고민하기 시작했다. 요즘 세상은 20년 전의 세상과 다르다. 20년 전에는 *WOW*가 존재하지 않았다. 20년 전에는 가상의 온라인 세계 전투를 위한 아이템을 사고팔면서 돈을 벌기란 불가능했다. 하지만 오늘날은 다르다. 그러므로 이 엄마는 아들의 아쉬운 학업 성적에 대한 걱정은 그만하고 그 대신 아들이 하고 싶은 일을 하도록 지지하는 것이 더 나을지도 모른다. "저는 그저 제 아들이 행복하기를 바랍니다." 엄마는 몇 번이나 이렇게 말했다.

그렇지만 나는 이 엄마에게 '행복'을 '즐거움'과 혼동하고 있다고 말해 줬다.[13] 요즘 흔한 일이다. 비디오 아케이드에 놀러간다면 즐거움을 얻을 수는 있을지 모르지만 지속적이고 오래가는 행복을 보장받지는 못한다. 이 엄마의 아들은 비디오 게임을 하는 데서 즐거움을 얻고 있다. 하지만 온라인 세계에서 비디오 게임을 하는 일은 진정한 충족감을 주는 원천이 되기 힘들다. 비디오 게임에서 얻는 즐거움은 몇 주일 혹은 몇 달 정도 지속될 수 있다. 하지만 몇 년 동안 지속되지는 않는다. 지난 20년 동안 진료실에서 많은 젊은이들을 직접 관찰한 결과 그러했다. 남자아이들은 다른 분야로 관심을 옮겼다. 혹은 게임에서 얻는 만족감이 스리슬쩍 중독으로 악화되기도 했다. 중독의 특징은 시간이 흐르면서 즐거움이 점차 줄어든다는 점이다. 그 대신 내성은 점점 더 강해진다. 급기야 충동적이거나 거의 자동적으로 게임을 하게 된다. 이렇게 되면 한때 느꼈던 즐거움과 황홀감은 더 이상 느낄 수 없다. 더 심각한 사실은 중독자는 더 이상 다른 어떤 것에서도 즐거움을 찾을 수 없게 된다는 점이다.

즐거움은 행복과 같은 것이 아니다. 욕구의 만족은 즐거움을 가져다주지만 지속적인 행복을 가져다주지는 않는다. 행복은 '자아실현', 즉 자신의 잠재력에 부응하며 살아가는 데서 나온다. 이는 온라인 비디오 게임을 하는 것 이상을 의미한다.

이 엄마는 자신의 직감을 믿어야 한다. 일주일에 20시간씩 '월드 오브 워크래프트'를 하는 아들은 자신의 잠재력을 완전히 발휘하지 못하고 있다. 아들은 욕구, 본능적 욕구에 탐닉하고 있다. 엄마는 비디오 게임을 끄고 아들을 새로운 방향으로 이끌어야 한다.

이러한 방향 전환은 재밌지도 쉽지도 않다. 아들이 엄마에게 지금 당장 혹은 다음 주나 다음 달에 고마워할 일은 없을 것이다. 혹여 5년 후에는 고마워할지도 모른다. 하지만 엄마가 이 일을 해야 하는 이유는 아들의 인정을 받기 위해서가 아니다. 이것이 '부모로서의 임무'이기 때문이다. 부모는 아이가 자신의 잠재력을 찾고 발휘하도록 도와야 한다. 이는 부모에게도 아이에게도 결코 간단하지 않은 일이다. 아이가 어느 분야에 잠재력을 가지고 있는지 미리 정확히 알 수 없기 때문이다. 그렇지만 일주일에 20시간 온라인 비디오 게임을 하는 일에 있지는 않을 것이다.

전자 기기를 끄라.

다시 한 번 말하지만, 이 권고는 단순히 비디오 게임에만 적용되는 것은 아니다. 만약 당신의 아이가 인스타그램에 사진을 올리거나 인터넷 서핑을 하거나 휴대폰 메시지를 주고받을 때 가장 큰 행복감을 느낀다면 앞에서 한 이야기를 고민해 보기 바란다. 항상 그래 왔지만, 부모의 커다란 임무 중 하나는 아이에게 '욕구에 대해 가르치는 것'이다. 아이에게 솜사탕같이 겉보기만 그럴듯한 것보다 더 높고 더 나은 것들을 원하고 즐기는 법을 가르쳐야 한다. 오늘날 비디오 게임, 인스타그램, 문자 메시지는 미국 대중문화의 솜사탕이라 할 수 있다.

요즘 미국 대중문화는 개인적인 욕구를 충족시키라고 장려한다. '현재를 위해 살라.' '하고 싶은 일을 하라.' 반면 부모는 성실성(정직함, 자기 통제력, 진실성)을 가르치려 애쓴다. 대중문화와 맞붙어 싸우고 있는 것이다.

당대의 주류 문화와 반대되는 방식으로 아이를 키우기란 쉬운 일이 아니다. 최근 데이비드 브룩스는 이렇게 말했다. "우리 모두는 예전과 뚜렷이 다른 도덕 생태계 안에서 살아가고 있습니다. 전반적인 사회 환경은 무엇이 정상적인 행동인지에 대한 생각에 무의식적으로 영향을 미치고 있습니다."[14] 요즘 미국 문화에는 아이의 자아실현이 아이의 욕구 충족과 거의 같다는 생각이 깊이 배어 있다. 아마 아이는 자신의 욕구에 대해 부모가 알 수 있는 수준보다 더 잘 알 것이다. 하지만 자아실현의 핵심이 직접적이고 본능적인 욕구의 충족에 불과하다면, 부모의 권위는 아이의 변덕에 종속되고 말 것이다.

앞에서 말했듯이, 요즘 미국 문화를 움직이는 한 가지 전제는 '기분이 좋아지는 일이 있다면 그 일을 하라. 억제는 발전을 방해할 뿐이다. 하고 싶은 일이 있다면, 죽기 살기로 덤벼들어라.'이다. 미국 기업 연구소(미국의 공화당계 정책 연구 기관–옮긴이)의 소장인 아서 C. 브룩스는 미국인의 슬로건 '기분이 좋아지는 일이 있다면 그 일을 하라.'에 대해 견해를 밝혔다. 그는 이 슬로건이 인간의 존재 목적을 원생동물(단세포로 된 가장 하등한 원시적인 동물로 세포 분열이나 발아에 의하여 번식한다–옮긴이)의 존재 목적과 동일시하고 있다고 말한다.[15]

우리는 인간이다. 원생동물이 아니다. 인간으로 산다는 것은 단순히 욕구를 충족시키는 것 이상을 의미하며 또한 '그래야만 한다.' 기술을 숙련하는 것. 자기 자신보다 더 커다란 어떤 것에 신념을 가지는 것. 더 높은 목적을 추구하며 스스로를 단련하는 것. 이 모두는 전통적으로 인간 삶의 적절한 목표로 여겨져 왔다. 본능적 욕구의 충족('기분이 좋아지는 일이 있다면 그 일을 하라.')은 역사적으로 방해물로 여겨져 왔고 진정한 자아실현이라는 목적에서 벗어나게 만드는 유혹이지 목적 그 자체가 아니다. 이러한 개념('현재를 위해 살라.')을 문화적으로 수용한 결과 미국 문화는 유아화되고 있다. 이미 미국 문화의 가장 큰 취약점 중 하나인 '젊음에 대한 숭배' 현상과 합쳐지면서 말이다.

해결책은 의식적으로 대안적 문화를 만들어내는 것이다. 저녁 식사 시간에 모든 화면을 끄고 진짜 대화를 나누는, 체제 전복적인 가정을 만드는 것이다. 아이와 또래 친구들이 보내는 시간보다 가족이 함께 보내는 시간을 더 중시하는 것이다. 침묵과 명상과 성찰을 위한 공간을 만들고 아이가 단순한 욕구 충족을 넘어서는 진정한 내적 자아를 찾도록 돕는 것이다.

물론 문화의 무게에 맞서 싸우는 것은 쉽지 않은 일이다. 그렇다고 해서 전혀 불가능한 일도 아니다.

다섯 번째 오해는 다음과 같다.

저는 제 아이를 사랑합니다. 이 말은 제가 아이를 믿는다는 말이기도 합니다. 그렇지 않나요? 딸아이가 시험에서 부정행위를 하지 않

않았다고 말한 경우에, 만약 아이를 사랑한다면 아이를 믿어야 하는 것 아닌가요? 믿음 없이 사랑할 수는 없습니다.

이 오해의 전후 사정을 안다면 이해하기가 더 쉬울 것이다. 이 사례에 나오는 여자아이는 학교에서 시험을 치고 있었다. 교사는 이 아이가 시험 시간에 휴대폰을 보면서 답을 베끼는 장면을 목격했다. 교사는 휴대폰을 압수하고 아이를 교장실로 보냈다. 아이는 교사가 실수한 거라고 계속 주장했다. 휴대폰이 우연히 무릎 위에 있었을 뿐이지 휴대폰을 들여다보지는 않았다고 했다. 교장은 교사의 판단을 지지했고 시험을 0점으로 처리했다.

아이의 부모는 분통을 터뜨렸다. 마치 검찰청에서 나온 사람들처럼 교장실을 급습했다. "교사의 말과 딸아이의 말이 서로 반대되는 것뿐이지 않습니까." 아빠가 말했다. "딸아이는 우리에게 자신이 부정행위를 하지 않았다고 말했습니다. 딸아이는 절대 우리에게 거짓말을 하지 않습니다."

아이의 엄마는 남편보다 더 신중하고 덜 적대적인 말투로 이렇게 말했다. "저는 제 아이를 사랑합니다. 이 말은 제가 아이를 믿는다는 말이기도 합니다. 그렇지 않나요? 딸아이가 시험에서 부정행위를 하지 않았다고 말한 경우에, 만약 아이를 사랑한다면 아이를 믿어야 하는 것 아닌가요? 믿음 없이 사랑할 수는 없습니다."

일단 이 엄마의 질문에 짧은 답을 하자면, **부모와 아이 사이에 적용되는 사랑의 규칙은 성인들 사이에 적용되는 규칙과 같지 않다.** 성인들 사이의 사랑에는 맹목적인 믿음이 필요할지도 모른다. 하지만 부모의 아이에 대한 사랑에는 절대 그렇지 않다. 이 사례의 아빠는 "딸아이는 절대 우리에게 거짓말을 하지 않습니다."라고 말했다. 이 가족을 개인적으로 잘 알지는 못하지만 이 아빠가 틀렸다는 사실은 잘 알 수 있다. 이렇게 말하는 부모는 모두 틀렸다. *당신의 딸(혹은 아들)은 다른 누구보다 당신에게 거짓말을 할 가능성이 더 높다.* 왜냐하면 아이는 부모를 실망시키고 싶지 않기 때문이다. 아이는 부모의 기대를 저버리고 싶지 않다. 아이가 또래 친구들의 의견을 부모의 의견보다 더 중요하게 생각한다고 하더라도, 아이는 부모가 자신에 대해 좋게 생각하기를 바란다.

다시 부정행위 문제로 돌아가 보자. 앞 장에서 우리는 미국 아이들 사이에 부정행위가 증가하고 있는 문제에 대해 논의했다. 열심히 공부해서 좋은 성적을 받는 '모범생' 아이들 사이에서도 말이다. 요즘 미국 아이들은 부정행위가 별일 아니라고 생각한다. 거의 모든 학생이 부정행위를 하거나 혹은 부정행위를 하는 누군가를 알고 있다. 하지만 또한 많은 아이가 자신의 부모가 다른 시대에 자랐고 그 시대의 모범생들은 부정행위를 하지 않았다는 사실에 불편한 감정(옳은 감정이다.)을 느낀다. 그래서 부정행위에 대해 부모에게 거짓말을 하고 싶은 충동은 매우 강할 수밖에 없다.

한 세대 전만 해도, 부모와 학교 사이에는 일종의 동맹 관계가 있었다. 만약 교사나 교장이 학부모에게 아이가 부정행위를 하다가 걸렸다는 사실을 통보하면, 부모는 가정에서 벌칙을 부과하여 학교의 규율을 보강했다. 하지만 미국에서 이제 이러한 동맹은 찾아보기 힘들다. 요즘엔 학생이 부정행위를 하다가 걸려서 학교 당국에서 징계 비슷한 것을 내리려 하면, 부모가 마치 적군인 것처럼 행동하며 학교의 권위에 도전할 때가 많다.

캘리포니아주 멘로파크에 있는 한 중학교에서 이 주제에 대해 강연을 한 적이 있다. 실리콘 밸리에 있는 부유한 동네였다. 300여 명의 학부모를 앞에 두고 강연을 하고 있는데 갑자기 맨 앞줄에 앉아 있던 한 여성이 손을 들었다. 내가 청하자 그가 이야기를 시작했다.

색스 박사님, 제 이야기를 여기 있는 모든 분과 나누고 싶습니다. 작년에 저는 한 여자아이가 시험 시간에 부정행위를 하는 것을 목격했습니다. 박사님이 방금 얘기한 상황과 매우 비슷했죠. 저는 교실 앞에서 부정행위에 대해 아이를 꾸짖고 시험을 0점으로 처리했습니다. 하지만 아이의 부모님이 수백만 달러의 자산을 가진 벤처 투자가더군요. 그들은 지방 교육청에 친구들이 있었습니다. 이 학교가 있는 학군에 꾸준히 기부금을 내 왔고요. 그들은 제가 그들의 딸을 꾸짖은 이후 몇 군데에 전화를 돌렸습니다. 2주쯤 후에 저는 교장실에 불려갔습니다. 고용을 유지하는 조건으로 아이에게 사과하라고 하더군요. 교실에서 다른 아이들 모두 앞에서요. 그래서 그렇게 했습니다. 그만둘 수 없었거든요.

새 학기가 시작된 이번 가을에 제가 어떻게 했는지 아세요? 학생들에게 이렇게 말했습니다. "원한다면 부정행위를 하렴. 나는 규칙을

적용하지 않을 거야. 교육청에서 그러길 원하거든. 물론 너희가 부정행위를 하지 않기를 바라. 하지만 부정행위를 한다고 해도 거기에 대해 한마디도 하지 않을 거야."

최근 나는 이와 비슷한 이야기를 여러 번 들었다. 하지만 보통 그들은 단 둘이 있을 때 조심스레 이야기를 꺼냈다. 한번은 어떤 선생님이 나를 관리인실로 끌고 가서 문을 꽉 닫고 자신의 이야기를 들려줬다. 멘로파크에서 교사가 들려준 이야기의 특이점은 용기를 내 이웃에 사는 약 300명의 관중에게 목소리 높여 이야기했다는 점이다.[16]

"딸아이는 절대 우리에게 거짓말을 하지 않습니다."라고 말하지 말기 바란다. 20년 넘게 진료실에서 환자들을 만나면서 알게 된 사실이 있다. 부모가 "제 아이는 절대 제게 거짓말을 하지 않습니다."라고 말할 때, 아이는 바로 그 일(부모에게 거짓말을 하는 일)을 하고 있을 가능성이 매우 높다.

다음은 마지막 오해이다.

선생님의 조언을 따르면 아이가 더 이상 저를 사랑하지 않을까 봐 걱정됩니다.

부모의 임무가 무엇인지 떠올려 보라. 부모의 임무는 아이가 자신이 될 수 있는 최고의 사람이 되도록 키우는 것이다. 부모가 받는 보상은 자신이 임무를 훌륭히 잘 해냈다는 사실을 아는 것이다. 아이가 다정하게 포옹해 주거나 "사랑해요."라고 자발적으로 말해 준다면 그것도 신나겠지만, 이러한 애정 표현이 부모의 주요 목표여서는 안 된다.

많은 부모들이 결혼 생활이 시들해지기 시작했거나 장기적 파트너 관계가 난항을 겪고 있다. 어떤 부모들은 파트너 없이 혼자 아이를 키운다. 파트너가 없거나 파트너가 다정하지 않은 부모들은 자녀와의 관계에 의지해서 따뜻함과 애정을 구할 수도 있다. 이해한다. 나의 어머니는 싱글맘이었고 좋은 파트너를 찾으며 후반생을 보냈다. 하지만 끝까지 찾지 못했다. 성인 환자를 만나면서 나는 혼자서 아이를 키우면서 외로움을 느끼는 부모, 더 이상 파트너를 사랑하지 않거나 혹은 더 이상 파트너가 자신을 사랑하지 않아서 외로움을 느끼는 부모를 자주 목격한다.

하지만 성인 파트너가 채워야 하는 공허감을 채우기 위해 아이가 더 많은 애정을 주기를 기대하면 부모로서의 권위에 크게 손상이 간다. 성인 파트너와의 관계 안에서는 모든 문제가 협상 가능하다. 두 사람이 동등하기 때문이다. 서로 상대에게 명령을 내릴 수 없다. 그렇지만 아이와의 관계는 다르다. 부모는 규칙을 세우고 그 규칙을 시행해야 한다. 아이가 채소를 다 먹어야 디저트를 먹을 수 있다는 규칙에 동의하지 않는다고 해도 말이다. 어떤 부모가 한 순간에는 다정다감하고 '부드러운' 부모가 되려고 애쓰다가 다음 순간에는 '딱 적당한' 부모가 되려고 애쓴다면 주위 모든 사람이 혼란을 느낄 것이다. 가장 흔한 일은 '딱 적당한 부모'에서 '너무 부드러운 부모'로 미끄러지는 일이다.

아이로부터 받고 싶은 애정을 위태롭게 하고 싶지 않아서 생기는 일이다.

플로리다주 탬파 근처에 사는 아비가일은 내게 올바른 우선순위를 잘 보여 주는 한 가지 일화를 들려주었다. 아비가일의 열네 살짜리 딸 케이시는 봄방학에 친구들과 멕시코의 칸쿤에 놀러가고 싶어 했다. 부모들 없이 말이다. 아비가일은 칸쿤이 미국 대학생들에게 인기 있는 봄방학 여행지라는 문제를 지적했다. 케이시는 아직 열네 살밖에 안 됐지만 충분히 열여덟 살로 통할 수 있었다(성적 성숙 과정이 완료됐다.). "남자 대학생이 네가 미성년인 걸 무슨 수로 알겠니?"

"엄마, 그렇게 편집증 환자처럼 굴지 말아요." 케이시가 말했다. "아무 문제도 없을 거예요. 모두 계속 함께 있을 거니까요. 다들 휴대폰도 있잖아요."

"안전하지 않을 것 같아." 아비가일이 말했다.

"전적으로 안전해요." 케이시가 말했다.

"가지 마." 아비가일이 말했다.

"엄마! 제 '인생'을 모조리 '망칠' 셈이에요? 친한 친구들 전부 다 간다고요! 모두 다요!"

"가지 마." 아비가일이 다시 말했다.

"미워요!" 케이시가 소리를 질렀다. "미워요! 죽을 때까지 엄마랑 다시는 말하지 않을 거예요!"

"음," 아비가일이 대답했다. "솔직히 말해서 나도 때때로 네가 그다지 마음에 들지 않는단다. 하지만 난 네 엄마야. 그건 내 가장 중요한 임무는 네가 안전하도록 지키는 일이라는 뜻이야. 게다가 나는 술 취한 남자 대학생들의 행동에 대해 너보다 더 많이 알고 있어. 가지 마."

그리고 케이시는 가지 않았다.

20년이 넘게 가정의 주치의로 일하면서 성폭행 사례들을 여러번 접했다. 모두 여자아이가 피해자였다. 한 사례에서 내가 할 수 있는 유일한 일은 사건이 일어난 후 아이 엄마의 이야기를 들어 주는 일 뿐이었다. "딸아이를 보내지 말았어야 했어요." 아이 엄마가 말했다. "딸아이는 열다섯 살밖에 안 됐어요. 대학생들 파티였어요. 절대 보내지 말았어야 했어요."

마음 한편에서는 이 엄마의 어깨를 붙잡고 흔들면서 이렇게 소리치고 싶은 생각이 들었다. **"그렇다면 도대체 왜 보냈나요?"** 물론 그렇게 하지 않았다. 이미 답을 알고 있었기 때문이다. 이 엄마는 딸아이가 자신을 좋아해 주기를 바랐다. 딸아이가 자신에게 화나게 하고 싶지 않았다.

부모로서의 임무를 수행할 때면 때때로 아이를 화나게 하는 일들을 해야만 할 때가 있다. 아이가 당신을 더 이상 사랑하지 않을지 모른다는 걱정 때문에 부모의 임무를 제대로 못 하는 경우가 생길 수도 있다.

그래서는 안 된다. 당신이 해야 할 일을 하라.

Chapter 8

첫 번째 열쇠:
겸손을 가르치라

부모들을 만나면 그들의 자녀에 대해 가끔 이렇게 묻는다. "당신에게 가장 중요한 것은 무엇인가요? 아이가 어떤 사람이 되도록 도우려 애쓰나요?" 부모들은 이렇게 대답할 때가 많다. "저는 아이가 행복하고, 자아실현을 하고, 친절한 사람이 되기를 바랍니다."

나는 "멋지네요."라고 대답한다. 하지만 "아이가 그렇게 되도록 어떻게 도울 작정인가요? 친절하고 정직한 어른으로 성장한다는 목표에 아이가 도달하려면 무엇이 필요할까요?"라고 다시 물으면, 많은 부모가 어떻게 대답해야 할지 몰라 난색을 표한다. 특히 미국의 부모들은 '자아실현'과 '성공'을 혼동하는 경향이 강하다. 만약 아이가 좋은 대학에 가고 좋은 직장에 취직하면 자아실현을 한 것이 확실하다고 생각하는 것 같다. 내가 직업상의 성취가 자아실현이나 삶에 대한 만족감을 보장하지는 않는다는 증거를 제시하면 많은 부모가 할 말을 잃는다.

우리는 아이에게 무엇을 가르쳐야 할까? 내 대답은 이것이다. '미국 부모들의 첫 번째 임무는 아이에게 겸손을 가르치는 것이어야 한다.'

왜 겸손일까? **왜냐하면 겸손은 가장 미국적이지 않은 덕목이 돼 버렸기 때문이다.** 그리고 그러한 이유 때문에, 오늘날 겸손은 미국에서 자라는 모든 아이에게 극히 중요한 덕목이 됐다. **또한 너무 많은 미국 부모들이 성실과 성공을 혼동하기 때문이기도 하다.** 요즘의 많은 중산층과 부유층 부모들이 유일한 죄로 여기는 것은 '실패'뿐이다. 겸손을 가르치고 겸손을 직접 보여 주는 것은 가장 유용한 해결책이다. 대부분의 미국 부모들은 솔직함과 쾌활함 같은 것을 가르쳐야 한다는 생각에는 이견이 없다. 하지만 겸손은 어떠한가? 부모들은 어디서부터, 어떻게 시작해야 할지 모르거나 혹은 왜 그래야 하는지 모른다. 어떤 부모들은 '겸손'이라는 단어가 무엇을 의미하는지를 이해하지 못하기도 한다. 이러한 부모들은 겸손이 자기 자신이 똑똑하다는 사실을 알면서도 자신이 멍청하다고 스스로에게 납득시키려 애쓰는 것을 의미한다고 생각한다. 이것은 겸손이 아니라 현실에서 동떨어진, 일종의 정신 질환이다.

겸손은 이런 것이 아니다. 겸손은 자기 자신에게 관심을 가지는 것처럼 다른 사람들에게도 관심을 가지는 것을 의미한다. 새로운 사람을 만날 때 자신이 현재 진행하고 있는 프로젝트가 얼마나 훌륭한지 떠벌리기 전에 상대에 대해 뭔가를 알려고 애쓰는 것을 의미한다. 겸손은 다른 누군가가 말할 때 머릿속으로 할 말을 미리 준비하는 대신에 그 사람이 하고자 하는 말에 진심으로 귀를 기울이는 것을 의미한다. 겸손은 다른 사람들에게 생각을 퍼붓기 전에 그들이 자신의 관점을 공유하도록 지속적인 노력을 하는 것을 의미한다.

겸손의 반대는 '과도한 자존감'이다. 최근 한 초등학교를 방문하여 3학년 학생들에게 자신이 얼마나 놀라운지 다섯 단어로 묘사해 보라고 했다. 각 학생은 자신의 이름이 적힌 커다란 표지판에 단어 스티커를 붙였다. 그런 다음 모두가 볼 수 있도록 모든 표지판을 교실 벽에 테이프로 붙였다. 한 소년은 다음 단어들로 자기 자신을 묘사했다.

- 경탄할 만한
- 엄청난
- 재능이 넘치는
- 탁월한
- 천재

이 소년을 비난하려는 것이 아니다. 소년은 교사가 내 준 과제를 했을 뿐이다. 이 이야기를 공유하는 이유는 8세나 14세 때의 과도한 자존감이 20세나 25세 때의 분노로 이어질 수 있는 가능성에 대해 학교들이 얼마나 무지한지 보여 주기 위해서이다.

최근 한 미국 공립 학교에서 "꿈이 이루어질 때까지 꿈을 꾸어라."라고 적힌 화려한 포스터를 보았다. 이것은 나쁜 조언이다. 이러한 조언은 독선적인 특권 의식을 키우기 쉽다. "꿈이 이루어질 때까지 노력하라."가 더 나은 조언일 것이다. 그다지 멋지게 들리지 않을지도 모르지만 현실에 한 걸음 더 가까운 조언이다. 더 진실에 가까운 조언은 다음과 같을 것이다. "꿈을 좇으며 열심히 노력하라. 하지만 인생이 계획대로만 흘러가지는 않는다는 사실을 잊지 말라. 내일이 결코 오지 않을 수도 있고 오늘과 거의 다를 바가 없을 수도 있다."[1]

얼마 전 고등학생인 캐를린과 이 문제에 대해 토론을 벌였다. 캐를린은 장래에 유명한 소설가가 되고 싶어 했고 그렇게 되리라고 기대하고 있었다. 캐를린은 여느 아이들처럼 청소년기의 질풍노도를 겪고 있었고 그러한 경험들을 소설의 주재료로 삼고 있었다. 교사들은 캐를린의 소설을 칭찬했다. 이에 고무된 캐를린은 원고를 출판사들에 보냈지만 거절 답변만 받았다.

캐를린은 자존감이 매우 높다. 나는 이것이 그다지 좋은 일이라고 생각하지 않는다. 15세 때의 높은 자존감은 25세 때의 실망과 분노로 이어질 수 있다. 그러한 궤적을 수없이 많이 목격했다. 부모와 교사들에게 세심하게 보살핌을 받으며 아동기와 청소년기에 높이 치솟았던 자존감은 대학을 졸업한 후 급격히 떨어진다. 졸업하고 약 3~5년 후가 일반적이다. 젊은이는(청소년기 때 그렇게 재능이 많았던 바로 그 젊은이) 자신이 실제로는 생각만큼 재능이 많지 않다는 사실을 서서히 깨닫는다. '놀라운 아이'라고 반복적으로 들었다고 해서 현실에서 실제로 '놀라운 아이'가 되는 것은 아니라는 사실을 알게 되는 것이다.[2]

단도직입적으로 얘기하자면, **자존감의 문화는 분노의 문화를 초래한다.** 자신은 매우 훌륭한 사람인데 아무도 재능을 알아봐 주지 않고 25세에도 여전히 평범한 사람으로 사무실 칸막이 안에서 일한다면-혹은 일자리도 구하지 못했다면- 자신보다 더 성공한 사람들에게 질투와 분노를 느낄지도 모른다. '다른 젊은 작가는 소설을 출간하고 TV에도 출연했는데 왜 나는 거절당하는 걸까?'

최근 한 부모가 이렇게 말했다. "아이들에게는 자존감이 필요합니다. 저는 딸아이에게 자신이 꿈꾸는 좋은 직장에 지원할 용기가 있으면 해요."

나는 꼭 그렇지만은 않다고 대답했다. 적절한 위험을 감수하기 위해서는 다른 무엇보다 '용기'가 필요하다. 하지만 많은 부모가 '자존감'과 '용기'를 혼동하고 있다. 일부 부모가 '겸손'을 '소심함'이나 '비겁함'과 혼동하는 것과 마찬가지이다. 용감하다는 것은 위험 요소와 한계를 알면서도 해결책을 찾으려 어떻게든 앞으로 나아가는 것이다. 과도한 자존감을 가지고 있고 자기 자신의 부족함을 알지 못하는 젊은이는 취업 면접 시험을 잘 이겨 낼 가능성이 높지 않다. 하지만 면접자가 하는 말에 성실하게 관심을 보이는 젊은이는 면접을 통과할 가능성이 높다.

올바른 겸손은 자신의 결점을 알도록 도와준다. 잘 준비하게 도와준다. 위험 요소를 알도록 도와준다. 그리고 필요하다면 그 위험 요소를 용감하게 감수하도록 도와준다.

과도한 자존감 문화를 해결할 수 있는 수단은 겸손의 문화를 만드는 것이다. 겸손의 문화라는 것은 다른 사람들의 성공에 기뻐하고 내 몫에 만족하는 것이다. **겸손의 문화는 감사, 공감, 만족으로 이어진다.** 지속적인 행복의 핵심 열쇠는 바로 '만족'이다.

이러한 결론은 매우 흥미로운 연구에 근거를 두고 있다. 최근 연구자들은 삶에 대해 감사하는 태도를 가지고 있는 사람은 삶에 만족하

고, 충만함을 느끼고, 행복할 가능성이 높다는 사실을 발견했다.[3]

다시 한 번 말하지만, 이는 결코 새로운 통찰이 아니다. 전통적으로, 미국 부모들은 "네가 얼마나 축복받았는지 잘 생각해 보렴." "가진 것에 감사할 줄 알아야 한다."와 같은 말로 아이들에게 이러한 사실을 가르쳤다. 하지만 오늘날에는 이런 말을 잘 하지 않는다. 한다 해도 아이가 학교 연극에서 주인공으로 뽑히지 못했거나 10대 아이가 스탠포드 대학교에서 합격 통지를 받지 못했을 때 위로의 차원에서 할 뿐이다.

여기에서 중요한 것은 사건의 순서이다. 많은 사람들은 감사를 '결과'로 여긴다. 산타클로스가 아이에게 뜻밖의 놀라운 선물을 가져다주면 아이는 산타클로스에게 감사함을 느낀다. 그렇지만 연구자들은 감사하는 태도는 행복과 심리적 만족감, 자기 통제감의 '원인'이라는 사실을 발견했다.[4]

감사와 겸손. 오늘날 미국 아이들은 자신의 '어마어마함'을 오랫동안 주입받은 후 이 두 가지 핵심 덕목을 거의 잃어버리다시피 했다. 너무 늦기 '전에' 아이들에게 가르쳐야 할 덕목들이다.

어떤 부모들은 이 말을 불쾌하게 여길지도 모르겠다. 나는 10대 때 에인 랜드의 책을 탐독했다. 에인 랜드는 소설 《파운틴 헤드 *The Fountainhead*》와 《아틀라스 *Atlas Shrugged*》로 명성을 얻었다. 이 소설들에는 강인하고 뻔뻔할 정도로 이기적인 주인공들이 가차 없이 자기 이익만을 추구하는 모습이 그려진다. 어른이 되고 난 후 다시 이 소설들을 읽었을 때 나는 주인공들 중 누구도 부모가 아니라는 점을 알아차렸다(에인 랜드 자신도 아이가 없었다.). 이러한 책은 청소년기의 정상적인 일부분일 수 있다. 청소년들의 독단적인 자기중심주의의 핵심일 수도 있다. 그렇지만 어른으로 성장하면(그리고 부모가 되면) 세상이 자기 자신보다 훨씬 더 크다는 사실을 깨닫게 된다. 커다란 세상에서 자신은 아무것도 아니다. 일단 이 사실을 깨닫고 인정하고 나면 감사하며 안도의 한숨을 내쉴 수 있다.

5장에서 소개했던 두 아이 아론과 줄리아에 대해 다시 생각해 보자. 아론은 하루밖에 시도해 보지 않고 미식축구를 포기했던 게이머였다. 줄리아는 AP 물리학 시험을 가까스로 통과하고 나서 자존심이 산산이 부서진 최우수 학생이었다. 이들의 부모가 사전에 겸손에 대해 가르쳤다면 이들의 경험이 얼마나 달라졌을지 한 번 생각해 보라.

아론은 인내하는 법을 배우고, 좋은 몸 상태를 유지하고, 미식축구팀에 들어갔을지도 모른다. 그 결과 아론의 자아상은 비디오 게임의 세계보다 더 현실적인 어떤 것에 뿌리를 내렸을지도 모른다. 줄리아는 자신의 대단함에 대해 덜 신경 쓰며, 더 성숙한 자아상을 형성했을지도 모른다. 또한 자신이 물리학에 진짜 관심이 있어서 어린 나이에도 불구하고 AP 물리학 시험을 치르는 것인지 아니면 다른 사람들에게 깊은 인상을 주고 싶어서 그러는 것인지 깨달을 수 있었을 것이다.

어느 시대, 어느 문화권에나 그 문화권이 가장 싫어하는 실수들에 관한 경고가 넘쳐난다. 청교도 시대에 목사들은 고기를 마음껏 먹는 일의 위험성에 대해 설교했다. 반대로, 자유방임의 시대에 TV 토크

쇼 진행자들은 청교도주의(철저한 금욕주의)의 위험성에 대해 경고한다. '자신감'과 '자부심'의 시대에 겸손을 가르치려면 용기가 필요하다. 게다가 동조하는 사람도 많지 않다.

어떻게 해야 할까? 주위의 다른 모든 부모들이 아이의 자존감을 조금이라도 높이기 위해 안간힘을 쓰는 시대에 아이에게 겸손한 태도를 취하라고 어떻게 가르쳐야 할까?

내가 제시하고 싶은 첫 번째 해결책은 바로 '집안일을 시켜라'이다. 아이에게 자고 난 후 침대를 정리하라고 시켜라. 설거지를 하거나, 잔디를 깎거나, 반려동물에게 밥을 주거나, 식탁을 차리거나, 청소기를 돌리게 하라.

이전 장에서 작고한 빌 필립스와 부인 재닛 필립스, 그리고 그들의 네 아들에 대해 언급한 적이 있다. 빌 필립스는 성공한 사업가인 동시에 성공한 변호사이자 로비스트였다. 그의 가족은 부유한 생활을 누렸다. 하지만 재닛과 빌은 네 아들에게 매주 몇 시간씩을 집안일에 할애하라고 요구했다. 일요일일 때가 가장 많았다.

그들의 평상시 일요일 아침 일과는 가족 전체가 교회에 가는 것으로 시작했다. 교회에 다녀온 후엔 브런치를 먹었다. 브런치를 먹은 다음에는 작업복으로 갈아입고 모두 집 밖으로 나가 집안일을 했다. 메릴랜드주 포토맥 근처에 있는 커다란 사유지는 해야 할 일이 많았다.

"그곳이 굴러가게 하려면 군대가 필요할 정도였습니다." 큰아들인 앤드류는 내게 보낸 이메일에서 이렇게 말했다.

보통 그날 해야 할 중대한 일이 하나씩 있곤 했습니다. 덤불 더미를 치우고, 나무를 베고, 관목을 정리하고, 울타리를 고치고, 수영장을 청소하고 보수하고, 제초 작업을 하고, 물청소를 하고, 꽃을 심고, 잡초를 뽑고, 페인트칠을 하고, 세차를 하고, 쓰레기를 치우고, 예초 작업을 하고, 보행로의 벽돌을 교체하는 것 따위의 일들이었죠. 아버지는 "일요일에 집에 있다면 일을 해야 한다."는 강경책을 고수했습니다. 친구들이 저희 집에서 토요일에 자고 가려고 했던 적도 몇 번 있었는데 결국 그렇게 하지 않았죠. 그 다음 날 집안일을 해야 하는 게 싫어서였습니다. 아버지는 친구를 집에 초대했다고 해서 일요일에 집안일을 하지 않아도 되는 건 아니라는 점을 확실히 했거든요. 자기 부모님이 차로 데리러 오기 전에 2시간 동안 제초 작업을 해야 한다는 사실을 반기는 친구는 없었어요. 일요일의 의무에서 저희 형제를 벗어나게 해 줄 수 있는 건 거의 없었습니다. 우리는 "숙제가 엄청나게 많아요!" 같은 말로 벗어나 보려 애썼지만 모두 헛수고였습니다.

재닛과 빌은 조경업체를 이용할 경제적 여력이 충분했다. 포토맥 주변의 커다란 사유지에 사는 사람들 대부분은 전문 조경사를 고용했다. 왜 재닛과 빌은 조경업체를 이용하지 않았을까? 질문을 던지자 재닛은 이렇게 대답했다.

그렇게 하면 확실히 더 수월했을 거예요. 정원 일 모두를 전문가에

게 돈을 주고 맡기면 아이들에게 시키는 것보다 훨씬 더 쉬웠겠죠. 하지만 저는 노동의 가치를 가르쳐 주는 것이 자녀 교육의 커다란 부분이라고 생각했어요. 제게도 그런 것처럼 말이에요. 저도 매주 일요일마다 '가족 프로젝트'를 하며 자랐죠.

저는 미네소타주 남서부에 있는 작은 마을에서 자랐어요. 아버지는 변호사였죠. 일요일마다 교회에 다녀온 후 우리 가족 전부는 시내로 갔어요. 차에 꾸역꾸역 타고서 아버지의 작은 사무실로 갔어요. 가족 전체가 아버지의 사무실을 청소했죠. 이상하다는 생각은 들지 않았어요. 가족이라면 다 그렇게 하는 거라고 생각했거든요. 하지만 정말 하기 싫었어요! 앞마당에서 깡통 차기 놀이를 신나게 하다가 "시내에 갈 시간이야."라는 말이 들리면 멈춰야 했죠. 전 이 일과가 너무 싫어서 한번은 닭장에 몸을 숨겼어요. 부모님이 제가 납치당했다고 생각하고 나머지 가족들만 데리고 가기를 바라면서 말이죠. 물론 그런 행운은 없었어요. 반항하면 최악의 일을 떠맡는다는 사실만 배웠죠. 바로 대걸레로 타일 바닥을 닦는 일이었어요. 눈이 녹는 늦겨울쯤엔 거의 고문이나 다름없었어요. 친구들이 우리 가족을 보면 부끄러웠어요. 아버지의 의뢰인들이 우리가 '전문가'를 고용하지 않고서 직접 청소하는 모습을 볼까 봐 걱정도 됐어요. 아버지가 실력 있는 변호사가 아니라고 생각할까 봐서요.

결국 아버지는 지방 판사가 됐어요. 아버지가 판사로 선출되고 나선 우리 가족이 법원 건물을 청소하지 않아도 된다는 생각에 엄청 안도했던 기억이 나요.

시간이 흐르면서 저는 그 일요일 오후들에 제가 무엇을 배웠는지 깨달았어요. 무엇보다 저는 청소하는 법을 배웠어요. 그렇기 때문에 평생 동안 깨끗한 공간 그리고 그렇게 공간을 유지해 주는 사람들에게 감사한 마음을 잃지 않을 수 있었죠. 또한 세상이 엉망으로 망가져도 우리 가족은 항상 살아남을 수 있을 거라고 생각했던 기억도 나요. 우리 가족은 일을 어떻게 해야 하는지를 알고 있기 때문이죠. 부모님은 다른 사람에게 의존하지 않는 법을 가르쳐 줬어요. 전기 만지는 일만 아니면 말이죠. 게다가 가족끼리 보낸 일요일들은 우리 가족에게 많은 사랑의 추억을 남겨 줬어요. 가족 모두가 함께 했기 때문이죠.

저는 제 아들들도 이와 같은 힘을 배우기 바랍니다. 일을 어떻게 해야 하는지만 안다면 인생은 그다지 무섭지 않거든요. 아무리 작은 일이라도 말이지요.

어떤 부모들은(특히 부유한 부모들은) 기꺼이 가사도우미나 정원사를 고용하고 있다고 말한다. 이들은 아이가 집안일보다는 학업이나 과외 활동에 자신의 시간을 쏟기를 바란다. 나는 이들이 실수를 하고 있다고 생각한다. 꼭 그래야만 하고 또 그럴 경제적 여력이 된다면 정원사를 고용해도 좋다. 하지만 그렇다고 해도 아이에게 집안일을 하라고 요구할 수 있다. 아이를 모든 집안일에서 면제해 주면 아이에게 이런 메시지를 보내는 격이 된다. "네 시간은 너무 소중하기 때문에 하찮은 일에 써서는 안 돼." 이 메시지는 의도치 않은 메시지로 쉽게 변한다.

"'너'는 너무 중요한 사람이기 때문에 하찮은 일을 해서는 안 돼." 그리고 이 의도치 않은 메시지는 이미 과도한 자존감을 더욱더 부추긴다. 이러한 과도한 자존감은 많은 미국 아이들의 특징이다. 수없이 목격하는 현상이다.

베스 페이야드와 남편인 제프 존스, 그리고 자녀들은 나의 20년 넘은 지인들이다. 내 생각에 베스와 제프는 '딱 적당한' 부모이다. 가정 주치의이자 이웃으로서 오랜 시간 동안 그들을 관찰한 결과 내린 결론이다. 둘 다 엄격하면서도 '동시에' 자애롭다. 또한 이들은 미국 문화에서 일어나고 있는 일들에 대해 통찰력을 가지고 예리하게 관찰한다. 최소한 내가 18년 이상 개업의로 일해 온 메릴랜드주 교외 지역에서 어떤 일이 벌어지고 있는지 면밀히 관찰한다.

베스와 큰딸 그레이스(1989년생이다.)를 만나서 이 책에서 제기한 문제들에 대해 의견을 물었다. 그레이스가 말했다. "부모님은 제게 '쿨한' 아이가 되지 말라고 가르쳤고 전 별로 개의치 않았어요. 제게 가장 중요한 것은 다른 아이들이 저를 어떻게 생각하는지가 아니라 부모님이 저를 어떻게 생각하는지입니다."

베스가 맞장구를 쳤다. "요즘 미국 여자아이들에게 '쿨하다는 것'은 부적절하고 선정적으로 옷을 입고, 부모를 무시하고, 밤늦게까지 밖에서 노는 걸 의미해요. 제 딸들에게는 이 중 어떤 것도 허용하지 않았죠."

베스에게 아이들에게 집안일을 시키는 것에 대해 어떠한 방침을 가지고 있냐고 물었다. 그러자 아이들에게 네 살이나 혹은 심지어 더 어릴 때부터 집안일을 돕게 했다고 말했다. "아장아장 걸어 다니는 아기들도 집안일을 도울 수 있어요. 가령 먼지 털기 같은 일이요. 저는 이렇게 말해요. '엄마가 하는 거 잘 봐. 앞으로 네가 해야 할 일이야.' 그래서 네 살 무렵이 되면 아이들은 먼지 털기를 도울 수 있게 돼요. 엄청난 비결 같은 건 없어요."

"이웃에 사는 다른 부모들은 당신의 방법에 대해 어떻게 생각하나요?"

"대부분이 찬성하지 않아요." 베스가 직설적으로 말했다. "최근에 이런 일이 있었어요. 아들의 축구 시합이 끝나고 나자 다른 부모들이 아이들을 모두 데리고 피자를 먹으러 가자고 했죠. 제가 '죄송하지만 못 갈 것 같습니다. 우리 가족은 집에 가서 대청소를 해야 하거든요. 닭장도 청소하고요.'라고 말했죠." 이들 가족은 자신들이 먹을 달걀을 얻기 위해 오랫동안 닭을 키워 왔다. 현재는 12마리를 키우고 있다. "다른 부모들이 말했어요. '다시 생각해 봐요, 베스. 아이를 친구들에게서 떼어 놓을 셈이에요? 조금 심하다고 생각하지 않아요?' 하지만 집안일은 꼭 해야 했어요. 아이는 축구 시합으로 이미 여가를 즐겼고요."

부모들은 여기에서 무엇이 가장 좋은 방법인지에 대해 서로 생각이 다르다. 일부 '딱 적당한' 부모들조차도 이 상황에서는 베스가 지나치게 엄격하게 굴고 있다고 생각할지 모른다. 하지만 나는 베스가 자녀들에게 매우 중요한 교훈을 가르쳐 주고 있다고 생각한다. '세상은 너를 중심으로 돌지 않는다. 너는 이 가족의 구성원이고 이 가족에게 의무가 있다. 그 의무는 다른 무엇보다 가장 중요하다.'

배우 덴젤 워싱턴은 이러한 요점을 잘 보여 주는 이야기를 들려줬다. "한번은 집에 돌아와서 자신감이 터질 듯한 목소리로 어머니에게 말했죠. '이럴 줄 아셨어요? 제가 스타가 될 걸요.'라고요." 그가 말했다. "어머니가 말씀하시더군요. '얼마나 많은 사람들이 얼마나 오랫동안 너를 위해 기도했는지 모르는구나.' …… 그런 다음 어머니는 제게 양동이와 고무 롤러를 가지고 가서 창문을 닦으라고 말씀하셨습니다."[5]

아이에게 겸손을 가르쳐라. 아이에게 집안일을 시키는 방법 이외에도 아이의 소셜 미디어(인스타그램, 페이스북, 트위터 등) 사용을 제한하는 방법 또한 추천하고 싶다. 다른 많은 연구자들도 비슷한 권고를 하고 있지만 주장의 근거가 조금씩 다르다. 어떤 연구자들은 화면을 보는 시간이 지나치게 많아서 야기되는 수면 부족을 걱정한다. 어떤 연구자들은 사이버 폭력이나 소셜 미디어를 통한 섹스팅(성적으로 문란한 내용의 문자 메시지나 사진을 휴대폰으로 전송하는 행위-옮긴이)에 대해 걱정한다. 어떤 연구자들은 아이들이 소셜 미디어를 이용하는 방식이 현실 세계에서의 대인 관계 기술을 약화시키는 것 같다고 걱정한다.[6]

모두 타당한 염려들이다. 하지만 내가 강조하고 싶은 지점은 조금 다르다. 내가 관찰한 바로는, 아이들이 소셜 미디어를 적절하게 사용한다 해도(사이버 폭력이나 섹스팅 없이), 소셜 미디어의 문화는 겸손의 문화와 완전히 대척점에 있다. 소셜 미디어는 '자기 과시'가 대부분이다. 아동들과 10대들도 실제로 그런 목적으로 이용하고 있다. '나는 파티에 와 있고 엄청나게 재밌는 시간을 보내고 있어.' '나는 졸업 파티

를 위해 멋지게 차려입었어.' '나는 코를 쑤시고 있어.'

"나 여기 있어. 나를 봐." 소셜 미디어는 자기 자신을 과장하고 널리 알리는 일이 주목적이다.

물론 소셜 미디어를 이용해서 곤경에 처한 빈민이나 노숙자에게 관심을 불러 모을 수도 있다. 하지만 대부분의 미국 아이들은 소셜 미디어를 이용해 그렇게 하지 않는다. 부모들이 이 책에서 제시한 가이드라인에 따라 모든 일을 제대로 하려 애쓰는 데도, 아이들이 여전히 무례하고 부모와 유대하지 못하고 반항하는 경우를 많이 목격한다. 이러한 사례의 핵심 원인은 아이들이 소셜 미디어를 이용하기 때문이라고 생각한다.

한편, 부모들은 자녀와 페이스북에서 친구 맺기를 해야 하는지 말아야 하는지, 자녀의 인스타그램 피드를 팔로우해야 하는지 말아야 하는지를 두고 논쟁을 벌인다. 내 대답은 이렇다. 만약 당신의 자녀가 미국 특유의 무례함의 문화에 몰두해 있다면, 아이에게 페이스북이나 인스타그램을 '아예' 사용하지 않게 해야 할지도 모른다.

전자 기기를 끄고 아이를 데리고 숲으로 산책을 가거나 등산을 가라. 아이와 캠핑 여행을 가라. 밤늦은 시간에 사방이 어두컴컴할 때, 아이의 손을 잡고서 아이에게 하늘의 별들을 올려다보라고 하라. 아이와 함께 우주가 얼마나 광대한지 그리고 우주 안에서 지구가 얼마나 자그마한지에 대해 이야기를 나누라. 현실감과 균형감을 가르칠 수 있을 것이다.

겸손을 가르칠 수 있는 좋은 방법이기도 하다.

Chapter 9

두 번째 열쇠: 즐기라

진료실에서 거의 매일 이런 부모들을 본다. 바로 자녀와 보내는 시간을 별로 즐기지 않는 부모들이다. 이런 부모들은 이 문제에 대해 잘 알지 못하는 경우가 많다. 한 엄마에게 이렇게 말했다. “당신은 자녀와 보내는 시간을 즐겨야 할 필요가 있습니다.”

그 엄마는 멀뚱멀뚱한 표정으로 나를 쳐다본 다음 이렇게 말했다. “하지만 저는 딸아이와 보내는 시간을 ‘매우’ 즐기고 있는데요.”

“당신과 딸아이가 함께 엄청나게 재밌는 일을 한 게 언제가 마지막인가요?” 내가 물었다. “두 사람 모두 진짜로 재밌었던 일이요.”

또다시 멀뚱멀뚱한 표정이 날아들었다. 마침내 엄마가 자백했다. “최근 우리는 너무 바빴어요. 아이가 해야 할 방과 후 활동이 너무 많았거든요. 숙제는 또 어떻고요. 그래도 짬을 내서 봄방학 때 디즈니랜드에 다녀왔답니다.”

아이와 함께 보내는 시간을 즐겨라. 처음 들으면, 이 조언은 매우 단순하고 사소해서 알맹이가 전혀 없는 것처럼 보인다. 하지만 그렇지 않다. 놀라운 사실을 알려 주겠다. 대부분의 미국 부모들, 특히 엄마들은 자신의 자녀들과 보내는 시간을 그다지 즐기지 않는다.

노벨상 수상 경제학자 대니얼 카너먼과 그의 동료들은 미국의 일하는 여성들을 조사했다. 다음은 미국의 일하는 여성들이 자신의 인생에서 하는 다양한 활동들이 각각 어느 정도 즐거운지 등급을 매긴 것이다. 가장 즐기는 활동은 맨 위에 있고 가장 즐기지 않는 활동은 맨 아래에 있다.

1. 친밀한 관계 맺기
2. 직장 밖에서 사람들과 어울리기
3. 저녁 식사
4. 점심 식사
5. 운동
6. 기도
7. 직장에서 사람들과 어울리기
8. 집에서 텔레비전 보기
9. 집에서 친구와 통화하기
10. 낮잠 자기
11. 요리하기
12. 쇼핑

13. 집안일 하기
14. 아이들과 시간 보내기
15. 보수 받고 일하기

보다시피 자녀 양육은 목록의 맨 아래 가까이에 있다. 요리하기, 심지어 집안일 하기보다 더 아래에 있다.[1]

대니얼 카너먼과 그의 팀은 미국 오하이오주 콜럼버스에 사는 여성들과 프랑스 브르타뉴주 렌에 사는 여성들을 비교하는 후속 조사를 했다. 팀은 두 도시에서 인생의 만족감과 행복한 경험을 결정하는 요인이 두 나라 사이에 상당한 차이가 있을 것이라고 예상했다. 하지만 그 대신 놀라운 유사성을 발견하고 매우 깜짝 놀랐다.[2] 미국 여성들은 적극적인 여가 활동, 소극적인 여가 활동, 먹기, 대화하기, 일하기, 직장에 통근하기 등을 얼마나 즐기는지에 있어서 프랑스 여성들과 그다지 큰 차이가 없었다. 다시 말해, 여성들은 서로서로 비슷했다. 프랑스 문화와 미국 문화는 생각만큼 크게 다르지 않았다.

그렇지만 두 나라의 여성들이 자녀와 있는 시간을 얼마나 즐기는지에 있어서는 커다란 차이가 있었다. 카너먼의 팀이 연구 결과를 요약한 바에 따르면 "미국 엄마들은 더 많은 시간을 자녀 양육에 집중하며 보내지만 그 시간을 즐기는 정도는 덜했다." 자녀와 보내는 시간은 미국 여성들에게는 즐거움과 부정적으로 연관돼 있었고 프랑스 여성들에게는 긍정적으로 연관돼 있었다. 배우자가 있는 경우 부정성이 다소 완화됐지만, 카너먼과 동료들은 이렇게 결론 내렸다. "아이가 있을 때, 배우자가 있다는 사실이 아이를 엄마에게 덜 짜증나는 존재로 만들어 주는 경우는 거의 없다."

"미국 엄마들의 상대적인 불만족감에 대해서는 분명히 더 깊이 연구해야 할 필요가 있다." 카너먼의 팀은 건조하게 결론을 내렸다. "우리의 프랑스인 팀원은 그저 프랑스 아이들이 품행이 더 바르다고 말했다."[3]

나는 프랑스인 팀원의 말이 맞을까 하는 의심이 들었다.

또한 우리는 카너먼이 이 연구에서 오직 '여성만을' 조사했다는 사실에도 주목해야 한다. 저서 《부모로 산다는 것 *All Joy and No Fun: The Paradox of Modern Parenthood*》에서 저널리스트 제니퍼 시니어는 남성들이 여성들보다 자녀 양육을 더 즐긴다고 말한다. 부분적으로 이는 남성이 자녀와 재미있는 일들을 하는 반면 여성은 자녀와 덜 재미있는 일들을 할 가능성이 높기 때문이다. 아빠는 아기를 공중으로 던졌다가 받아서 아기를 웃게 만든다. 엄마는 아기의 기저귀를 간다. 아빠는 딸을 부녀 댄스 파티에 데려간다. 엄마는 딸이 이 댄스 파티에 입고 갈 드레스를 다리미질 한다.[4]

과거에 엄마들은 아빠들보다 자녀와 시간을 더 많이 보내곤 했다. 하지만 이러한 성별 차이는 점차 줄어들고 있다. 1975년과 2010년 사이에, 결혼한 미국 남성들이 자녀와 함께 보내는 시간은 일주일에 2.4시간에서 7.2시간으로 3배가 늘었다.[5] 하지만 아빠들과 엄마들이 자녀와 시간을 보내는 '방식'에는 여전히 큰 격차가 있다. 제니퍼 시니어가 관찰한 바에 따르면, 일반적으로 아빠들은 자녀와 '놀면서' 시간을 많이 보내는 반면 엄마들은 자녀와 양치질, 목욕, 밥 먹기와 같은 일상적인 활동들을 하면서 시간을 많이 보낸다. "어떤 유형의 육아가 더 맘에 드는지 어느 부모에게라도 물어보십시오."라고 제니퍼 시니어는 말한다.[6] 대부분의 부모는 아이가 양치질하는 것을 돕기보다 아이와 함께 놀기를 더 좋아할 것이다. 아마 이 점이 평균적으로 미국 아빠들이 엄마들보다 자녀 양육을 더 즐기는 이유 중 하나일 것이다. 아이를 데리고 일을 하는 것이 아니라 아이와 함께 노는 것이기 때문이다.

하지만 제니퍼 시니어는 미국 엄마들이 자녀 양육을 즐기지 않는 더 근본적인 또 다른 이유를 강조한다. 바로 미국 엄마들이 멀티태스킹을 한다는 점이다. 엄마 노릇을 제대로 하려 애쓰는 동시에 집안일이나 직장 일을 해치우려 안간힘을 쓴다. 제니퍼 시니어가 인터뷰한 미국 남성들은 이러한 멀티태스킹을 시도할 가능성이 더 낮았다. 시니어는 자녀가 있는 미국 여성들은 자녀가 없는 여성들에 비해 '때때로 혹은 항상' 2배 이상 더 조급해 할 가능성이 높다고 지적한다. 반면 자녀가 있는 남성들은 자녀가 없는 남성들에 비해 전혀 조급해 하지 않는다.[7]

나는 집안일이나 직장 일과 자녀 양육을 통합하려 애쓰는 여성들에 대한 제니퍼 시니어의 이야기를 듣고 매우 가슴이 아팠다. 진료를 받으러 오는 여성들에게서, 그리고 미국 전역을 도는 강의에서 엄마들에게 비슷한 이야기를 매우 많이 듣기 때문이다. 이들은 자신이 인생에서 뭔가를 성취하고 동시에 아이와 시간을 많이 보내기 위해 얼마나 분투하고 있는지에 대해 말한다. 이들은 친구에게서 온 문자 메시지나 직장에서 온 이메일에 답을 하는 동시에 아이와 보드게임을 한다.

이렇게 하지 말기 바란다. 이는 즐겁지 않다. 아이와 함께 있을 때면 온 신경을 완전히 아이에게 쏟으라. 나는 딸아이를 돌봐야 할 때면 집 밖에서 아이와 함께 야외 활동을 하려고 노력한다. 짬짬이 컴퓨터를 훔쳐보면서 이메일을 확인하고 싶은 유혹을 떨쳐 내기 위해서이다. 한번은 딸아이에게 미니 골프를 치러 가자고 제안했다. 아이는 미니 골프를 쳐 본 적이 한 번도 없기 때문에 가고 싶지 않아 했다. 하지만 나는 가자고 계속 고집을 부렸다. 미니 골프장으로 차를 타고 가는 내내 아이는 항의를 했다. 하지만 일단 그곳에 간 후 우리는 즐거운 시간을 보냈다. 오늘 아침만 해도 아이와 나는 근처에 있는 숲을 산책하며 문명 사회에서 멀리 떨어진 곳에 조난을 당한 것처럼 연극을 하고 놀았다.

"먹을 게 하나도 없어요. 마실 것도 하나도 없어요." 아이가 말했다.

"맞아. 아마 죽을지도 모르겠네." 내가 말했다.

우리는 즐거운 시간을 보냈다.

때때로 아이와 함께 있는 시간을 즐기기가 쉽지 않을 때가 있다. 때때로 아이가 부모와 함께 있고 싶어 하지 않아 할 수도 있다.

케이든이 네 살일 때 부모가 이혼을 했다. 양육권은 엄마에게 전부 넘어갔다. 아빠인 제임스가 몇 년 전에 마리화나 복용으로 유죄 판결을 받았기 때문이었다. 하지만 4년 후, 케이든이 여덟 살이 됐을 때 케이든의 엄마 역시 불법 마약을 판매한 혐의로 체포돼 유죄 판결을 받고 말았다. 사회 복지사는 제임스에게 전화를 걸어 법원에서 케이든의 양육권을 전부 넘겨 줄 예정이라고 말했다. 케이든은 아빠와 함께 살게 된 첫날부터 기분이 몹시 좋지 않았다. 케이든은 엄마가 그리웠다. 아빠에게는 매일같이 버럭 화를 냈다. "하루하루가 힘들었죠." 제임스가 말했다.

뭘 하든 아무 소용이 없었습니다. 제가 부드럽게 대하면 아이는 절 무시했습니다. 단호하게 말하면 커다란 소리로 비명을 지르기 시작했습니다. 이웃에 들릴까 봐 걱정이 될 정도였죠. 아이는 제가 그런 걱정을 하는 걸 뻔히 알고 있었죠.
아이와 산 지 3주가 됐을 때 제가 말했습니다. "튜브 타러 가자." 아이가 대답했습니다. "그게 뭔데요?" 아이는 튜브 타는 게 뭔지 몰랐습니다. 눈 덮인 산을 고무 튜브를 타고 미끄러져 내려오는 것이라고 설명하자 아이는 가고 싶지 않다고 소리를 고래고래 질렀습니다. 하지만 전 단호하게 말했죠. "어쩔 수 없어. 가야 해."
블루마운틴까지는 차로 1시간 정도 걸렸습니다. 처음 20여 분 동안 아이는 가고 싶지 않다고 소리를 지르고 울어 젖혔습니다. 그리고 그 다음 40여 분 동안은 아예 입을 열지 않았습니다. 하지만 일단 거기에 도착하자 더 이상 반항하지 않고 차에서 순순히 나왔죠. 산에 흥미가 생긴 것 같았습니다. 이전에 그런 곳에 한 번도 못 가 봤으니까요.

저는 리프트 티켓을 사고 아이는 산 위를 올려다봤습니다. 아이들이 언덕을 따라 미끄러져 내려오고 있었죠. 아이의 얼굴이 환해졌습니다. 여전히 아무 말도 하지 않았지만 흥분했다는 게 한눈에 보였습니다. 튜브에 타자 아이는 더 이상 화가 난 척조차 하지 않았습니다. 완전히 신이 났죠. 산 아래에 도착하자 아이가 말했습니다.

"또 타요!"

우리는 그날 하루 종일 산에서 놀았습니다. 그리고 모든 게 바뀌었습니다. 아이는 그날 이후로 저를 완전히 새로운 눈으로 보기 시작했습니다. 아이는 우리가 함께 즐겁게 놀 수 있다는 사실을 알게 됐죠. 그래서 집에 같이 있을 때면 몸싸움을 하며 놀거나, 밖에서 공 주고받기를 하거나, 실내에서 레슬링을 하거나, 이런저런 온갖 놀이를 하기 시작했습니다. 현재는 사이가 무척 좋습니다. 이 모두가 산에서 보낸 그날 시작됐죠.

아이와 즐거운 시간을 함께 보내는 일은 하루의 예정된 일과를 모두 마친 후에 잠시 짬을 내서 하는 선택 사항이 아니다. 반드시 해야 하는 필수 사항이다. 부모는 이 시간을 위해 계획을 세워야 한다. 이러한 시간을 보내자고 강하게 주장을 해야 한다. 이 시간을 위해 따로 시간을 내야 한다.

케이든이 여덟 살일 때 아빠는 산에서 하루 동안 함께 놀면서 케이든의 태도를 바꿀 수 있었다. 만약 케이든이 열다섯 살이었다면 그렇게 쉽게 바뀌거나 그렇게 빨리 바뀌지 않았을지도 모른다. 아이가 어릴수록 즐거움에 대한 태도, 그리고 부모에 대한 태도를 더 쉽게 바꿀 수 있다. 10대들은 바꾸기 힘들 때가 많다. 하지만 항상 그런 것은 아니다.

브론슨 브루노(실명이다)는 미국의 10대로서 완전히 성공한 사례이다. 고등학교 농구팀 주장을 맡아서 미네소타주 선수권 대회에 팀을 이끌고 나갔다. 또한 미식축구 대표 선수이기도 했다. 브론슨은 반에서 2등으로 졸업을 했고 1등으로 졸업한 여학생과 사귀게 됐다. 브론슨은 지역 공동체에서 8개의 장학금을 받았다. 이웃집들의 잔디를 깎는 일을 해서 용돈을 벌었다. 다른 공동체들에서는 공동체 봉사 활동에 대해 최우수상을 받았다.[8] 브론슨은 현재 듀크 대학교에 다니고 있고 틈틈이 미식축구를 하고 있다.

공부도 잘하고 운동도 잘하는 브론슨은 주위 사람들에게 인기가 많다. 브론슨은 고등학교 3학년 때 매일 밤을 파티장이나 친구 집에서 보낼 수도 있었다. 하지만 고등학교 3학년 시절 동안 나와 가끔 전화 통화를 할 때 자기가 여가 시간에 가장 하기 좋아하는 것은 부모님과 시간을 보내는 일이라고 했다. 그리고 부모님과 집에서 보드게임을 하거나 옛날 영화를 보기 위해서 파티 초대를 정중하게 거절하곤 했다.

브론슨과 누나 말로(실명이다)와 이야기를 나눠 본 후, 나는 이들의 부모가 '딱 적당한' 부모라고 확신했다. 이들의 부모는 엄격하면서도 자애로웠다. 말로는 10대 때 때때로 부모에게 매우 화가 났다고 말했다. 말로는 열세 살이 되기 전에는 귀를 뚫을 수가 없었다. 열일곱 살이 되기 전에는 R등급의 영화를 볼 수 없었다. 그리고 영화를 볼 때면 어떤 영화를 볼 것인지 부모에게 미리 알려야만 했다. 어른 없이 친구들하고만 집에 있을 수도 없었다. 항상 최소한 부모 중 한 명은 집에 함께 있어야만 했다. 말로의 아빠는 말로와 데이트하려 하는 모든 남자아이를 일단 만나 보고 난 후 데이트를 허락했다. 말로는 남자 친구를 2층에 있는 자기 방에 데려갈 수 없었다. 친구들은 '자기' 방에서 갖가지 은밀한 데이트를 즐기는 데도 불구하고 말이다.

"고등학교 내내 저는 부모님께 이렇게 말했어요. '부모님이 제게 한 끔찍한 일들 때문에 전 평생 동안 심리 치료를 받아야 할 거예요.'라고요." 말로가 내게 말했다. "저는 항상 외톨이였어요. 다른 모든 아이들이 하는 일을 할 수 없는 아이였죠. 그러다가 버지니아 대학교에 입학해서 2년을 보내면서 거기 다니는 아이들이 이리저리 망가지고 온갖 미친 짓을 하며 자신의 삶을 망가뜨리는 것을 보고서 어느 날 문득 깨달았죠. *지금이든 나중이든 내가 심리 치료를 받을 일은 없을 거야. 부모님이 나를 키우신 방식 덕분이야.*"

부모의 엄격함에도 불구하고(혹은 엄격함 덕분에) 말로와 브론슨은 이제 부모와 보내는 시간을 즐긴다. 브루노 부부가 대단한 어떤 일을 하는 것은 아니다. 그들은 아이들과 함께 보드게임을 하고 옛날 영화를 본다. 가족 야구 경기를 하기도 한다. 아버지와 브론슨은 함께 포켓볼을 치거나 골프 치는 것을 좋아한다.

작은 일들이 최고의 행복을 만드는 법이다.[9]

아이와 함께 보내는 시간을 즐겨라. 그렇게 하기 위해서는 식사 시간에 전자 기기를 사용해서는 안 된다. 식탁에 함께 앉아 있을 때는 아이와의 상호 작용에 집중해야 한다. 아이의 말에 귀를 기울이고 아이와 대화를 나눠야 한다.

우리 가족은 집에서 이 규칙을 엄격하게 지키려고 노력한다. 저녁 식사 자리에 전자 기기는 허용되지 않는다. 스마트폰을 힐끔거려서도 안 된다. 다른 방에 텔레비전을 틀어 놓아서도 안 된다. 딸아이는 초등학교 1학년일 때 저녁 식사 자리에서 이야기하고 싶은 주제를 쉽게 기억할 수 있도록 주제 목록을 작성했다. 음식, 책, 동물, 식물, 숫자, 글자, 이름, 영화, 장난감, 색깔, 자동차 등이었다. 아이의 계획은 식탁에 있는 모든 사람에게 가장 좋아하는 음식, 가장 좋아하는 책, 가장 좋아하는 동물의 이름을 대라고 요청하는 것이었다. 그리고 이런 주제들에 대해 이야기하다 보면 족히 1시간은 흘러 있었다. 그게 우리의 한계였다. 그러고 나선 식탁을 치웠다.

마찬가지로 자동차 안에서도 헤드폰이나 이어폰을 사용해서는 안 된다. 최근 아내와 함께 자동차를 구입하러 갔는데, 아내는 뒷좌석에 온열 기능이 있기를 바랐다. 그렇지만 뒷좌석에 온열 기능이 있는 자동차를 구입할 유일한 방법은 오락 패키지 제품을 구입하는 방법뿐이었다. 이 오락 패키지 제품에는 뒷좌석을 위한 오락 시스템이 포함돼 있었다. 나는 자동차 딜러에게서 광고 책자를 받았다. 한 사진에서 엄마가 조수석에 앉아 뒤를 돌아보며 뒷좌석에 앉아 있는 두 아이를 향해 활짝 웃고 있었다. 두 아이 모두 헤드폰을 끼고서 비디오를 보고 있었다. 이 엄마는 마치 이렇게 말하는 것 같았다. "정말 대단하지 않아요? 몇 시간 동안 차를 타면서도 아이들과 한마디도 나누지 않아도 된다니까요!"

오늘날은 모든 사람이 눈코 뜰 새 없이 바쁘다. 그러므로 이용할 수 있는 모든 순간을 이용해야 한다. 자동차를 타는 시간은 부모와 아이가 대화를 나누는 시간이어야 한다. 아이가 자동차 안이나 혹은 부모와 함께 있는 곳에서 헤드폰이나 이어폰을 끼는 방법으로 자신을 부모로부터 분리시키는 것을 허용하지 말기 바란다.

이 조언(멀티태스킹을 하지 말고, 아이와 함께 있을 때 아이에게 관심을 100% 쏟으라는 조언)을 따르기 위해서는 시간이 필요하다. 그것도 상당히 많은 시간을 투자해야 한다. 자동차에 함께 타는 시간 이외에 이러한 조언을 따르기 위한 시간을 어떻게 찾을 수 있을까?

가장 중요한 것은 바로 '균형'이다. 부모의 삶과 아이의 삶 사이에 균형을 잘 잡으라. 부모는 자신의 스케줄과 아이의 스케줄 모두 줄여야 할지도 모른다. 나는 수많은 직장인 부모들과 이 문제에 대해 논의했고 부모들과 아이들 모두 지나치게 많은 일을 하려고 애쓰고 있다고 확신하게 됐다. 이웃에 사는 한 엄마는 매일 오후마다 너무 바쁘다고 했다. 아이들을 다양한 과외 활동 장소에 데려다주는 기사 노릇을 하느라 가족이 다 같이 집에서 한 끼니도 못 먹는다고 했다. 그 대신 돌아다니는 중에 샌드위치를 사서 발레 수업 시간과 축구 훈련 시간 사이에 자동차 안에서 끼니를 때운다고 했다. 집에 돌아오면 숙제를 하고 바로 잠자리에 들어야 하는 시간 밖에 남지 않는다.

이 이야기에서 알 수 있는 메시지는 무엇인가? 바로 요즘 많은 가정에서 가족끼리 함께 보내는 편안한 시간을 가장 소홀하게 여긴다는 점이다.

부모들 또한 짧은 시간 안에 너무 많은 일을 하기 위해 애쓰느라 충분히 수면을 취하지 못하고 과도한 스케줄에 시달린다. 하지만 많은 미국 부모들은 스케줄을 줄이는 대신 아이들의 스케줄을 꽉꽉 채워 넣는 것이 유일한 해답인 것처럼 행동한다. 그 결과 아이들은 부모와 마찬가지로 심하게 스트레스를 받고 압도된 듯한 느낌에 휩싸인다.

이런 종류의 행동은 다른 나라보다 미국에서 더 흔하게 나타난다. 북아메리카 이외의 곳에서는 부모들이 자신이 얼마나 바쁘고 얼마나 잠이 부족한지 자랑하는 모습을 찾아보기 힘들다. 또한 하루 종일 아이들을 한 과외 활동 장소에서 다른 과외 활동 장소로 태워다 주는(심지어 여름 방학 동안에도) 전업주부를 찾아보기도 힘들다.[10] 에세이스트이자 만화가인 팀 크레이더는 이렇게 말한다. "만약 당신이 21세기 미국에 살고 있다면 자기가 얼마나 바빠 죽겠는지 하소연하는 사람들 얘기를 들어 주느라 진이 다 빠질 것이다. ……분명한 건 이러한 하소연이 불평으로 가장한 자랑이라는 점이다." 팀 크레이더는 뉴욕시를 떠나 프랑스로 이사 간 한 친구에 대해 이야기한다. "친구는 아주 오랜만에 처음으로 행복하고 편안하다고 하더군요. 물론 여전히 매일매일 해야 할 일들을 다 하죠. 하지만 하루 전체와 에너지 전부를 소모해야 하진 않는다고 했습니다. ……친구는 자신이 조급하고, 짜증을 잘 내고, 불안해하고, 우울해하는 성격이라고 착각했습니다. 하지만 그런 성격이 환경의 악영향 때문이라는 사실을 알게 됐죠. 세상에 그렇게 살고 싶어 하는 사람이 있을까요. ……이러한 현상은 우리가 집단적으로 서로에게 강요해서 생겨난 현상입니다."[11]

최근 다비라는 이름의 딸을 둔 여성과 대화를 나눴다. 다비는 학교에서 공부를 열심히 한다. 다비의 부모는 다비의 학업에 관한 의욕을 받쳐 주려 최선을 다한다. 하지만 다비의 숙제를 너무 많이 도와주고 있는 것은 아닌지 항상 주의한다. 이들은 아이 주위를 빙빙 맴도는 헬리콥터 부모가 되기를 원하지 않는다. 다비는 매주 화요일과 토요일에 축구 훈련을 하고, 다른 요일에 댄스 수업을 듣고, 또 다른 요일에는 컴퓨터 코딩 수업을 듣는다.

다비는 현재 여덟 살이다.

다비의 엄마에게 다비가 왜 그렇게 많은 것을 배우고 있는지 물었을 때 엄마는 이렇게 대답했다. "다비가 이 활동들 모두를 정말로 즐기기 때문이에요."

"좋은 일이네요." 내가 말했다. "하지만 다비에게 '균형'에 대해 가르쳐 줘야 하지 않을까요? 늘 스케줄에 시달리는 것 말고요. 조용한 순간이 주는 기쁨, 가령 그냥 잔디밭에 누워서 하늘을 쳐다보는 일이 주는 기쁨 말이지요."

다비의 엄마는 잠시 머뭇거렸다. 그는 내가 무슨 말을 하고 싶은지 알고 있었다. "컴퓨터 코딩 기술은 매우 가치 높은 기술이에요." 그가 말했다. "여자아이들에게 특히요."

나는 논쟁을 이어 가지 않았다. 다비 엄마의 마음을 바꿀 가망도 별로 없었고 논쟁을 위한 논쟁을 벌이고 싶지도 않았다. 물론 컴퓨터 코딩 기술은 가치 높은 기술이다. 그렇지만 이 엄마는 아이의 삶에 수많은 활동을 밀어 넣고 성찰을 위한 시간이나 부모와 함께 편안하게 저녁을 먹는 조용한 시간을 허용하지 않았다. 그럼으로써 의도치 않은 메시지를 아이에게 보내고 있었다. '내가 무슨 일을 하는지는 내가 어떠한 사람인지보다 더 중요하다.' 또한 아이에게 성취를 더 많이 하고 이런저런 기술을 연마하는 일이 자유 시간, 휴식, 좋은 대화, 다른 사람의 이야기에 귀 기울이는 것보다 중요하다고 가르치고 있었다. 심지어 가족보다도 중요하다고 말이다.

인스타그램과 페이스북의 문화와 마찬가지로, 아이에게 방과 후 활동만을 지나치게 강조하면 자부심이 커지고 자의식이 과잉된다. "우리 아이 좀 보세요. 정말 뛰어난 댄서에, 노련한 축구선수에, 컴퓨터 코딩의 명수라니깐요."

부모들도 마찬가지이다. 많은 부모가 직장과 봉사 활동, 다른 허드렛일들을 무리일 정도로 열심히 하느라 정작 아이와 집에서 편안하게 저녁 식사를 즐길 시간이 거의 없다. 이렇게 말하고 싶어 하는 부모가 너무 많다. "저를 좀 보세요. 저는 성공적인 전문가에, 훌륭한 부모에, 어쩌고저쩌고……."

그 부모에 그 자식이다.

미국인들은 모든 것을 퇴행시키고 있다. 성취는 잊어버려라. 마치 끊임없이 대학 입시 지원서를 준비하는 것처럼 평생을 살도록 아이를 밀어붙이지 말라. 다른 사람들 눈에 놀라운 사람으로 비치지 않을까봐 걱정하지 말라고 가르치라. 일을 줄이고 아이와 더 많이 어울려라.

이러한 변화를 일으키기 위해서는 개인적으로 직업적으로 큰 조정이 필요할지 모른다. 덜 바쁜 직장을 찾기 위해서 혹은 더 적은 수입으로도 쾌적하게 살기 위해서 다른 지역으로 이사를 가야 할지도 모른다. 그렇게 해도 괜찮다. 우리는 무엇이 더 중요한지에 대해 분명히 해야 할 필요가 있다.

우리는 아이에게 인생의 의미를 가르쳐야 한다.

Chapter 10

세 번째 열쇠: 인생의 의미

각 학교에 방문할 때마다 크고 작은 그룹의 학생들을 많이 만난다. 중학생들이나 고등학생들과 만날 때면 가끔 소크라테스식 문답법을 이용해 대화를 한다.

질문을 던진 다음 손을 드는 학생들을 지목한다.

"학교가 필요한 이유가 뭘까?" 내가 질문을 던진다. "뭐 하러 학교에 다녀야 하지?"

"좋은 대학에 가기 위해서요." 이는 미국의 고등학생들이 가장 많이 하는 대답이다.

"그렇다면 대학은 왜 필요하지?" 내가 다시 묻는다.

"좋은 직장에 취직해서 잘살기 위해서요." 학생들이 대답한다.

이 대화는 내가 '중산층이 되기 위한 대본'이라고 부르는 것의 기본 뼈대이다. 중산층이 되기 위한 대본은 다음과 같다.

1. 학교에서 열심히 공부해서 좋은 대학에 들어간다.
2. 좋은 대학에 들어가서 좋은 직장에 취직한다.
3. 좋은 직장에 취직해서 돈을 많이 벌고 잘산다.

하지만 이 대본에는 몇 가지 문제가 있다. 첫 번째 문제는 모든 문장이 틀렸다는 점이다.

1. 학교에서 열심히 공부한다고 해서 반드시 명문 대학 입학이 보장되는 것은 아니다. 열심히 공부하고 좋은 성적을 받았지만 가고 싶은 대학에 가지 못한 아이들도 많다.

2. 좋은 대학에 입학한다고 해서 반드시 좋은 직장이 보장되는 것은 아니다. 언론 매체나 인터넷에는 프린스턴 대학교나 하버드 대학교의 학사 학위가 있지만 현재 식당에서 서빙을 하거나 아니면 아예 실업 상태인 젊은이들에 대한 이야기가 잔뜩 있다.[1]

3. 좋은 직장에 취직한다고 해서 반드시 잘사는 것이 보장되지는 않는다.

3번에 대해서는 조금 이따 더 자세히 이야기하겠다. 일단 우선 이 질문을 더 진지하게 음미해 봐야 할 필요가 있다. “학교는 왜 필요한가?”

다른 어떤 나라에 비해서도 미국의 부모들은 이 ‘중산층이 되기 위한 대본’을 굳게 믿는 경향이 있다. 가령, 독일과 스위스에서는 열다섯 살짜리 아이가 대학 입시 과정을 준비하는 대신 자동차 정비공이 되기 위해 직업 훈련을 받기로 선택한다고 해도 아무도 이상하게 생각하지 않는다. 아이의 부모 둘 다 대학교수라고 해도 마찬가지이다. 독일과 스위스에서 자동차 정비공은 높이 평가되고 돈도 잘 번다.

미국에서도 자동차 정비공은 돈을 잘 번다. 하지만 '블루 컬러' 직업에는 무시와 모멸이 뒤따라 다닌다. 독일이나 스위스에서는 전혀 찾아볼 수 없는 현상이다. 미국에서는 교수 부모를 둔 아이가 자동차 정비공이 되기 위해서 '직업 훈련 과정'에 바로 들어가는 일은 상상하기 힘들다. 아이에게 학습 장애 같은 것이 있지 않은 한 말이다. 요즘 대부분의 미국인들은 '직업 훈련 과정'은 지능이 평균 이하인 아이들이나 학습 장애가 있는 아이들을 위한 위신 낮은 선택이라고 생각한다.

어느 정도는, 때때로 무의식적으로, 많은 미국인이(부모와 학생 둘 다) 초·중·고 교육 과정의 기본 목적은(혹은 가장 중요한 목적은) 대학 입시 준비를 하고 명문 대학에 합격하는 일이라는 생각을 가지고 있다. 이는 잘못된 생각이다. 교육의 기본 목적은 상급 학교가 아닌 '인생'을 준비하는 것이어야 한다. 그리고 인생에서 성공하기 위해 필요한 많은 기술들은 명문 대학에 입학하기 위해 필요한 기술들과 같지 않다.

일반적으로 최상위 명문 대학에 입학하기 위해서는 대입 시험 점수를 잘 받아야 함은 물론이고 내신 성적도 좋아야 한다. 또한 학생은 대학 입학 사정관에게 깊은 인상을 남길 만한 특별한 과외 활동들에 참여해야만 한다. 따라서 합리적인 학생이라면 A등급을 받을 수 있을지 확실하지 않은 과목은 피하고 자신이 잘할 수 있는 게 확실한 과목만 들을 것이다. 또한 흥미가 생겨서가 아니라 대학 입학 원서에 그럴

듯해 보이는 내용을 적기 위해 특정한 방과 후 활동을 신청할 것이다. 간단히 말해, 인생을 '사는' 대신 '연극을 하고' 있는 것이다. 대학 입학 사정관에게 좋은 인상을 주기 위해 요란하게 치장을 한 채 말이다. 많은 부모들이 자신이 아이에게 제일 득이 되는 일을 하고 있다고 굳게 믿고서 이러한 꼭두각시놀음에 동참하고 심지어 지휘하는 모습은 참으로 눈물겹다.

이러한 접근법이 효과를 볼 수 있는 인생의 선택길이 몇몇(하지만 오직 몇몇만) 있기는 하다. 만약 어떤 학생이 의사가 되고 싶고 다른 어떤 것도 자신에게 만족감을 주지 못하리라고 확신한다면, '중산층이 되기 위한 대본'이 잘 들어맞을 것이다. 학교에서 열심히 공부하고, 명문 대학에 진학하고, 대학에서 열심히 공부하고, 의과 대학원에 진학한 다음 열심히 공부하고, 좋은 레지던트 과정에 들어가 과정을 열심히 밟고, 좋은 병원에 취직하거나 개업하는 것이다. 단순하다. 의료업은 대학생들이 선호하는 직업이다. 18세 대학생에게는 이 직업을 선택하면 분명히 잘살 수 있을 것처럼 보이기 때문이다.

오랜 경험을 가진 의사로서 나는 많은 동료들이 유년기나 청소년기에 다음과 같은 정말로 중요한 질문에 대한 대답을 찾으려고 노력한 적이 한 번도 없다는 사실을 잘 알고 있다. "나는 누구인가?" "내가 정말로 원하는 것은 무엇인가?" "어떤 것이 나를 행복하게 만들까?" 이 질문들은 하찮은 질문들이 아니다. 미국의 위대한 심리학자인 에이브러햄 매슬로 박사는 많은 사람이 이러한 질문들에 평생 동안 한 번도 대답해 보지 않는다고 말했다.[2] 나는 의사 동료들 사이에서도 그러한 사람들을 본 적이 있다. 성공적인 외과 의사로 두루 인정받는 한 남자가 있다. 그는 1년에 60만 달러를 번다. 하지만 비참하다. 일주일에 직장에서 80시간을 일해야 하기 때문에 불행해하고 결국 자신의 일을 혐오하게 된다.

만약 누군가가 자신의 영혼을 갉아먹는 직장에서 일주일에 80시간을 일해야 한다면 그 사람은 노예나 다름없다고 할 수 있다. 1년에 60만 달러를 벌든 그 이상을 벌든 중요하지 않다. 인생은 귀중하다. 인생의 매 순간은 값을 매길 수 없는 귀중한 선물이다. 아무리 많은 돈을 주더라도 잃어버린 시간을 되찾을 수는 없다. 만약 당신이 혐오하는 직장에서 시간을 낭비하고 있다면 자신이 잃어버리고 있는 시간에 대해 분노를 느끼게 될지도 모른다. 만약 의사라면 자신의 환자들에게 분개하게 될지도 모른다. 나는 그러한 의사들을 알아보는 법을 알았고 내 환자들을 그들로부터 떨어뜨려 놓으려고 애쓴다.

일부 노동 인구 연구 전문가들에 따르면, 21세기에 대부분의 미국인은 평생 몇 번을 한 직장에서 다른 직장으로, 심지어 한 직업에서 다른 직업으로 옮길 것이다.[3] 한 직장에서 다른 직장으로 옮겨 다니는 이러한 삶은 대부분의 아이들이 앞으로 영위하게 될 삶이다. 그리고 이러한 삶은 학교에서 공부를 잘하기 위해 필요한 기술과 매우 다른 기술을 요구한다. 아이들은 기꺼이 다양한 일들을 시도하고 다양한 방향으로 나아가야만 할 것이다. 그래야지만 자신의 역할, 자신의 소명, 자신의 천직을 찾을 수 있을 것이다. 또한 아이들의 역할이나 소명, 천직은 시간에 따라 변할지도 모른다. '중산층이 되기 위한 대본'에 따라서만 움직여서는 안 된다. 학교는 아이에게 현실의 삶에 대한 준비를 시켜 주지 않는다. 그 대신, 아이를 지나치게 조심스럽고 위험을 회피하게 만듦으로써 오히려 현실의 삶에 대비하지 못하게 만든다.

인생에서 성공하기 위해 필요한 규칙들은 프린스턴 대학교나 스탠포드 대학교에 입학하기 위해 필요한 규칙들과 다르다. '실패를 두려워하지 않는 마음'은 현실의 삶에서 성공하기 위한 한 가지 핵심 요소이다. 반면 우등생이 되기 위해서는 대부분의 경우에 항상 A등급만을 받아야 한다. 공립 학교든 사립 학교든 요즘 대부분의 학교에 뿌리박혀 있는 가치들은 아이들을 더욱더 위험을 감수하기 싫어하고 실패를 꺼려하게 만든다.

부모는 '중산층이 되기 위한 대본'을 강화하는 대신 허물어뜨려야 한다. 아이가 위험을 감수하도록 힘을 주고 아이가 성공할 때뿐만 아니라 실패할 때에도 축하해 줘야 한다. 실패는 겸손을 키워 주기 때문이다. 그리고 실패에서 기인한 겸손은 사람을 성장시키고 지혜를 준다. 또한 새로운 것들에 마음을 열게 만들어 준다. 성공은 절대 가져다주지 못하는 것들이다. 스티브 잡스는 2005년도 스탠포드 대학교 졸업식 연설에서 이와 비슷한 이야기를 했다. "그때는 알지 못했습니다. 하지만 애플사에서 해고된 일이 제 인생에서 일어날 수 있는 일들 중 최고의 일이라는 것을 나중에는 알게 됐습니다. 성공의 무거움이 다시 초보자가 된 가벼움으로 대체됐습니다. 모든 일에 대해 확신이 줄어들었죠. 그 때문에 저는 자유로이 인생의 가장 창조적인 시기 중 하나로 진입할 수 있었습니다."[4]

지난 15년 동안 나는 380곳이 넘는 학교를 방문했다. 그리고 아이들이 무엇을 필요로 하고 학교가 어떻게 돕고 있는지를 알아내려 애썼다. 하지만 실망할 때가 태반이었다. 많은 학교들은, 특히 미국의 학교들은 '중산층이 되기 위한 대본'을 완전히 신봉하고 있었다. 그 결과 많은 학교가 아이들을 더욱더 나약하게 만들고 있다. 하지만 이 대본에서 자유로운 학교들도 있었다. 그 학교들 중 하나가 앞에서 언급한 호주의 쇼어 사립 학교이다.

쇼어 사립 학교의 6번째 교장인 로버트 그랜트는 신입생의 학부모에게 이런 이야기를 꼭 한다. "여러분의 아이가 이 학교에 다니는 동안 '혹독하게 실망하기를' 바랍니다." 학부모들은 혼란스러워 한다. '왜 교장 선생님이 우리 아이가 혹독하게 실망하기를 바라는 걸까?' 로버트 그랜트는 학부모들에게 설명해 준다. 만약 학생이 학교에서 진짜 실망을 경험하지 못하면 세상에 나갔을 때 실망에 대한 대비가 안 돼 있을 것이라고 말이다.

살아가면서 실망은 늘 있기 마련이다. 꿈이 좌절되고, 사랑하는 사람들이 죽고, 관계가 끝이 난다. 올바른 양육과 더불어서 올바른 교육은 아이가 실패와 실망에 적절히 대처할 수 있도록 준비시켜야 한다. 만약 꿈이 좌절된다면 그 꿈을 놓고서 열정을 잃지 않은 채 다른 분야로 이동할 수 있어야 한다. 이를 명쾌하게 잘 가르치는 학교들도 물론 있다. 하지만 미국에 이런 학교는 극히 소수에 불과하다. 졸업생들이 명문 대학에 많이 진학했다는 이유만으로 '최고'로 여겨지는 미국 학교들 중 일부는 심지어 이러한 기술을 가르칠 시도조차 하지 않는다.

'인생'에서 성공하기 위해 반드시 필요한 기술임에도 불구하고 말이다. 이 학교들은 학생이 좋은 내신 성적과 좋은 입시 점수를 받도록 준비시키느라 다른 데 신경 쓸 겨를이 없다.

〈플래시댄스 *Flashdance*〉는 1983년에 개봉해서 큰 인기를 끌었던 영화이다. 이 영화는 일류 무용단의 오디션 참가를 꿈꾸는 한 10대 여자아이에 대한 영화이다. 이 여자아이는 다른 많은 여자아이들에 비해 훈련과 지지 자원이 심하게 부족하다. 아이는 낙담을 한다. 영화의 어느 지점에서 아이는 자신의 꿈을 거의 포기하려 한다. 그때 남자 친구인 닉이 말한다. "꿈을 포기하는 것은 죽는 것과 마찬가지야." 그리하여 여자아이는 좌절하지 않고 꿈을 계속 추구하고 마침내 꿈을 이루게 된다.

오늘날 많은 미국 부모들과 아이들은 내가 '플래시댄스 환상'이라고 부르는 것에 완전히 사로잡혀 있다. 이 영화는 일종의 메타포이다. 〈플래시댄스〉를 처음 들어 봤다고 하더라도 요즘 미국 아이들은 비슷한 주제를 가진 다른 영화를 이미 수십 편 넘게 봤을 것이다. '꿈을 좇아라. 열심히 노력한다면 꿈이 이루어질 것이다. 구하라 그러면 얻을 것이다.' 그리고 부모들도 이 같은 대본에 사로잡혀 있을 때가 많다.

그렇지만 이 대본은 유해한 대본이다. 이 대본은 아이들을 한 개의 길, 한 개의 줄거리에만 집중하게 만든다. '초기에 실패한다면 그 분야에서 더 열심히 노력해야 한다. 그러면 결국 성공하게 될 것이다.' 〈플래시댄스〉는 영화로서는 재밌었을지 모르지만, 배우 제니퍼 빌스가 연기한 캐릭터가 중간에 이렇게 말했다면 현실의 삶에 더 유익했을 것이다. "내가 그리 대단한 무용수가 아니라는 걸 잘 알아. 춤은 잊어버리고 콜로라도에 가서 스키 강사가 돼 보는 건 어떨까. 아니면 캐나다 노바스코샤에서 민박집을 열 수도 있을 거야."

〈플래시댄스〉 메타포가 유해한 이유는 인스타그램과 페이스북의 문화가 유해한 이유와 비슷하다. '내'가 최고다. 내가 하고 있는 일, 나의 성공이 최고다. 미국의 많은 중산층과 부유층 부모는 자녀에게 알려줄 수 있는, 인생의 가장 깊은 의미는 개인의 성공이라는 개념이라고 생각한다. 부와 명성을 쟁취하는 일은 새로운 아메리칸 드림이 됐다. 성공을 자아실현과 동일시한다. 많은 미국인이 그렇게 믿는 것처럼 보인다. 〈뉴욕타임스〉의 칼럼니스트인 데이비드 브룩스는 이렇게 말했다. "오늘날 미국 문화는 커리어와 경제적 성공이 자아실현으로 이어진다는 전제에 기반을 두고 있다." 데이비드 브룩스는 이 전제를 '우리 시대의 가장 큰 착각'이라고 부른다.[5]

젊은이들이 추구하는 꿈의 이면에는 빌라노바 대학교의 인문학 교수인 마크 시프먼이 '두려움의 게임'이라고 부르는 것이 도사리고 있다. 많은 미국 젊은이들은 자신이 적합한 자리를 찾지 못할까 봐, 그리고 자신의 부모만큼 성공하지 못할까 봐 두려워한다. "인생에 늘 존재하는 심오한 질문들에 대답하는 일은 언제나 어렵습니다." 시프먼 교수는 말한다. 하지만 시프먼 교수는 현대 미국 문화가 이러한 질문을 꺼내는 것 자체를 힘들게 만들고 있다고 주장한다. 시프먼 교수는 요즘 미국 젊은이들은 제도화된 기준에 기대서 자기 자신을 증명하고 확인하는 데 익숙해져 있다고 지적한다. 그 결과 우리는 아이들이 어떠한 사람인지, 성품이 어떠한지가 아니라 아이들이 무엇을 하는지, 무엇을 성취하는지에만 집중하게 됐다.

부모는 아이가 성품, 자기 통제력, 성실성을 키우도록 도와야 한다. 아이가 무엇이 중요하고 무엇이 중요하지 않은지 알 수 있도록 도와야 한다. 시프먼 교수는 부모가 그렇게 하면 "아이는 인생의 불확실성 속에서 더 명확한 태도를 취할 수 있고 두려움의 게임에서 벗어날 수 있다."라고 말한다. 또한 가장 깊은 두려움이 해소될 수도 있다. 끝없이 성취한다 해도 의미 있는 삶으로 이어지진 않을지도 모른다는 두려움, 학업 경쟁과 직업 경쟁의 시합에서 이겨도 진짜 행복을 가져다주지 않을지도 모른다는 두려움 말이다.[6]

〈플래시댄스〉와 페이스북의 유해한 문화에 대한 해결책은 아이들에게 겸손과 감사를 가르치는 것이다. 그렇게 하면 더 이상 '내'가 최고가 아니게 된다. 다른 사람들에 대한 봉사, 성실함이 중요하게 된다. 자신의 봉사와 성실함을 아무도 알아주지 않고 부나 명성이 전혀 뒤따르지 않는다고 해도 상관없다. 결국 자신이 진짜 어떠한 사람인지가 중요하다. 어떠한 사람을 연기하고 있는지가 아니라.

현실의 삶은 영화의 관습과 다르다. 미국 아이들과 부모들은 인생을 개인의 성공에 관한 영화쯤으로 여기는 이러한 관념에서 벗어나야 한다. 실패했다면 놓아 버리라. 다른 꿈을 찾으라. 〈플래시댄스〉는 좋은 메타포가 아니다.

책임감 있는 부모 노릇의 가장 힘겨운 의무 중 하나는 아이에게 꿈이 이뤄지지 않을 테니 다른 꿈을 찾아야 한다고 말하는 것이다. 자기 자신의 권위에 대해 확신하지 못하는 부모들, 아이를 기쁘게 하는 일이 가장 중요한 부모들은 이러한 힘겨운 진실을 결코 말하지 못한다. 하지만 부모가 못한다면 누가 할 수 있겠는가?

무엇이 더 중요할까? 성취일까, 행복일까? 이는 잘못된 질문이다.

아이의 성취에만 주력하는 엄마를 뜻하는 용어인 '타이거 맘Tiger Moms'에 대해 들어 본 적이 있을 것이다. 아이가 즐겁게 지내기만을 원하는 아빠를 뜻하는 용어인 '사냥개 아빠Irish Setter Dads'도 있다.[7] 사람들은 궁금해 한다. '아이가 더 많이 성취하도록 더 세게 밀어붙여야 할까? 아니면 좀 풀어 주고 휴식을 취하게 해야 할까?'

하지만 이 질문(성취냐 행복이냐)은 틀린 전제에 근거하고 있다. 아이에게 성취에 맥락을 부여하는 목표나 목적의식이 없다면 아이가 더 많이 성취하도록 더 세게 밀어붙여도 아무 의미가 없다. 마찬가지로, 아이에게 자신의 욕구를 알아차리는 법을 '가르치지' 않았다면, 아이가 휴식을 취하고 자신의 원하는 일을 하도록 내버려 둔다 해도 별 의미가 없다.

부모의 임무 중 하나는 인생의 의미에 대한 자각, 더 높고 더 심오한 것에 대한 열망을 심어 주는 것이다. 의미가 없으면 인생은 가치가 없고 헛된 것으로 느껴지게 된다. 또한 의미가 없으면 젊은이들은 불안과 우울함에 시달릴 가능성이 높아진다.

일단 인생의 의미에 대해 자각하게 되면 아이들은 자신감 있게 성취를 추구할 수 있게 된다. '왜' 그것을 추구할 가치가 있는지를 알게 되기 때문이다. 또한 일단 자신의 욕구에 대해 알고 나면 젊은이들은 자유 시간을 더 깊이 있고 더 완전하게 즐길 수 있게 된다. 책을 읽든, 음악을 듣든, 숲속을 산책하든, 혹은 알래스카로 낚시 여행을 떠나든 말이다.

앞 장에서 나는 아이와 함께 보내는 시간을 즐기는 것이 얼마나 중요한지 말했다. 부모와 아이 사이의 유대감을 강화하겠다는 목표를 세우고 휴가 여행을 계획하라. 바로, 빌 필립스라는 사람이 2010년 8월 9일 아침에 했던 것처럼 말이다. 이날 빌 필립스와 그의 막내아들 윌리는 남서 알래스카의 외딴 곳에서 12인승 수륙 양용 수상 비행기에 올라탔다. 세계 최고의 연어와 송어를 낚을 수 있는, 누샤각강과 네카 호수가 만나는 지점으로 향하는 길이었다. 대단한 모험이 될 터였다.

그렇지만 비행기(1957년에 만들어진 단발 엔진 드아빌랑 DHC 항공기)는 목적지에 도착하지 못했다. 62세의 조종사인 테론 '테리' 스미스는 4년 전에 뇌졸중에서 살아남았고 그 무렵 비행기 추락 사고로 사위를 잃고 비통해 하고 있었다.[8] 여행자 그룹은 오전 11시 무렵에 수상 비행기에 탑승했다. 오후 5시 무렵에 숙소 직원들은 저녁 식사를 하러 언제쯤 돌아오는지 물어보기 위해 낚시 캠프에 연락을 취했다.[9] 이때 숙소 직원들은 비행기에 탑승한 9명이 낚시 캠프에 도착하지 않았다는 사실을 알게 됐다. 비행 경로를 탐색하기 위해 민간 비행기와 알래스카주 공군 비행기가 급하게 파견됐다.

조종사들 중 한 명이 비행기의 잔해를 발견했다. 그는 '이 정도의 추락 사고라면 아무도 살아남지 못했을 것'이라고 생각했다. 비행기 잔해는 40도 기울기의 경사지에 있었다. 비탈에는 비행기가 가파른 산과 충돌하여 미끄러진 흔적이 있었다. 흔적은 70미터 정도 이어졌다. 비행기의 앞부분은 완전히 떨어져 나가고 없었다.[10]

바로 그때 다른 조종사가 생존자를 발견했다고 무전을 보냈다. '사고 현장에서 누군가가 도와달라고 손을 흔들고 있다.' 누군가 흔드는 이 손 때문에 시신 수습 임무가 생존자 구조 임무로 바뀌었다. 조종사들은 의료 지휘 계통 경보를 발령했다. '적어도 한 사람이 저 아래에 아직 살아 있다.' 하지만 어떻게 구조 작업을 실행할 수 있을까? 헬리콥터가 착륙할 수 있는 곳이 없었다. 시간도 부족했다. 산비탈은 차갑고 축축한 상태였다. 의사와 의료 지원 팀은 약 300미터 떨어져 있는 가장 가까운 착륙 가능 지점까지 헬리콥터를 타고 간 다음 내려서 사고 현장까지 길을 뚫고 나아갔다. '안개와 차가운 비가 사방을 뒤덮고 석양이 내려앉을 무렵 무성한 잡목림을 헤치며 나아갔다.'고 한 뉴스 기사는 보도했다.[11]

열세 살인 윌리 필립스는 살아남았지만 윌리의 아버지인 빌 필립스는 사망했다. 윌리는 다리가 부러졌고 다른 곳에도 크고 작은 부상들을 입었다. 충돌(4명의 생존자들은 어떤 경고도 없이 충돌이 일어났다고 증언했다.)이 일어난 직후의 혼란과 공포 속에서 윌리는 여러 가지를 깨달았다. 첫 번째로 아버지가 죽었다는 것, 두번째로 자신이 부상을 입었다는 것, 세 번째로 비행기가 파편이 얽히고설킨 상태로 변했다는 것 등이었다.(나중에 구조원들은 나머지 3명의 생존자들을 파편더미에서 빼내기 위해 강철로 된 비행기 몸통을 절개해야 했다.) 윌리는 기름과 연료와 차가운 비로 뒤범벅이 돼 미끈거리는 잔해 더미에서 기어 나와서 땅으로 뛰어내린 다음 머리 위에서 낮게 날고 있는 구조 비행기를 향해 양팔을 흔들었다. 뛰어내리면서 생긴 복합 골절을 꾹 참고서 말이다.

사랑하는 아버지의 죽음을 목격한 동시에 뼈가 부러지는 엄청난 고통을 참아야 하는 것보다 더 심한 스트레스를 상상하기란 힘들다. 윌리가 아버지의 시체 옆에서 동그랗게 몸을 만 채 꼼짝 않고 있었다고 해도 아무도 윌리를 나무랄 수 없었을 것이다. 하지만 그러는 대신 윌리는 구조를 요청하려고 용감하게 분투했다.

대부분의 미국 부모들은 아이를 실망이나 실패에 대비해 진지하게 준비시키지 않는다. 반면 빌 필립스와 재닛 필립스 부부는 네 아들을 제대로 준비시켰다. 그리고 그 점이 윌리의 운명을 바꿨다.

앞에서 말한 쇼어 사립 학교를 방문하는 동안 나는 교장인 티모시 라이트 박사와 대화를 나눴다. 나는 학생들에게 자주 던지는 질문을 라이트 박사에게 했다. "학교의 목적은 무엇입니까?"

라이트 박사는 즉시 대답했다. "인생에 대한 준비를 시키기 위해서이지요." 가벼운 대답이 아니었다. 라이트 박사는 항상 교사들과 학생들, 학부모들에게 학교의 가장 중요한 목적은 일류 대학교에 입학시키는 일이 아니라 인생에 대한 준비를 시키는 일이라고 강조한다. 잠깐 전에 논의했던 것처럼, 일류 대학교에 입학하기 위해 필요한 기술들은 인생에서 성공하기 위해 필요한 기술들과 같지 않다.

내가 말했다. "그렇군요. 인생에 대한 준비를 시키는 것이군요. 그렇다면 인생의 목적은 무엇입니까?”

라이트 박사는 한 치도 주저하지 않고 대답했다.

1. 의미 있는 일
2. 사랑하는 사람
3. 마음 깊은 곳의 소명

나는 잠시 멈췄다가 말을 이었다. “설득력이 있군요.”

라이트 박사가 권위자라는 말을 하고 싶은 것이 아니다. 우리 모두 그의 공식을 정답으로 받아들여야 한다고 말하는 것도 아니다. 하지만 하나의 대답인 것은 사실이다. 우리는 아이가 “왜 학교에서 열심히 공부해야 하죠?”라고 물을 때 ‘자기만의 대답’을 가지고 있어야만 한다. ‘스탠포드 대학교에 입학하기 위해서’나 ‘잘살기 위해서’보다 더 큰 대답을 가지고 있어야 한다. 우리는 아이에게 더 큰 그림을 보여 줘야 한다. 이 모든 것이 무엇에 대한 것인지에 대한 생각, 사람들과의 경험이 물건을 사는 것보다 더 중요하다는 이해 같은 것 말이다.[12] 그리고 우리는 이러한 큰 그림을 아이에게 보여 줄 수 있는 권위를 가져야만 한다. 그러기 위해서는 아이의 삶 속에서 부모가 또래 친구들보다 더 중요해야만 한다.

부모 중심의 문화에서 또래 중심의 문화로 이동하면서 생긴 가장 심각한 문제는 ‘부모들이 더 이상 이러한 큰 그림을 자신의 아이에게 보여 줄 수 없다.’는 점이다. 열 살짜리 미국 아이는 인생에서 정말로 중요한 것들에 대한 안내를 받기 위해 부모보다 또래 친구들에게 더 기댈 가능성이 높다. 하지만 아이들은 다른 아이들을 안내할 능력이 없다. 이는 어른들이 해야 할 일이다. 부모 중심의 사회에서 또래 친구 중심의 사회로 이동하면서 초·중·고 교육 과정은 최근의 한 다큐멘터리 제목을 빌자면 '결승점 없는 경주 시합'으로 변해 버렸다. 중산층과 부유층 가정의 아동들과 10대들은 자신들이 좋은 성적을 받고 좋은 대학에 들어가고자 애쓰는 무한 경쟁 속에 있다고 느끼지만, 정작 자신이 그렇게 하는 '이유'는 알지 못한다. 무지개 끝에 안정적인 직장이 있을 것이라는 애매모호한 약속만 있고 어떠한 타당한 대안도 없다.

부모가 적절하게 안내해 주지 않으면 아동들과 10대들은 시장에 의존하여 무엇이 중요한지에 대해 안내를 받을 것이다. 오늘날 미국의 시장(대부분의 미국 아동들과 10대들이 가담하는 주류 문화)은 부와 명성에만 예외 없이 초점을 맞추고 있다. 저스틴 비버와 마일리 사이러스, 레이디 가가, 킴 카다시안을 떠받드는 문화에서는 돈과 명성, 그리고 쿨하게 보이는 것이 가장 중요하다. 하지만 자신만의 이익을 위해서 부와 명성, 멋진 외모만을 추구하다 보면 영혼이 빈곤해진다.

좋은 부모가 되는 것은 다른 무엇보다 아이가 자신의 진정한 잠재력을 찾고 그것을 실현하도록 돕는 것을 의미한다. 라이트 박사의 대답은 이것이 구체적으로 무엇을 의미하는지 생각할 수 있도록 로드맵을 제공해 준다. '의미 있는 일, 사랑하는 사람, 마음 깊은 곳의 소명.' 당신의 아이는 어떤 일이 가장 의미 있다고 생각할까? 어떻게 하면 아이에게 지속적인 관계 안에서 사랑을 주고받는 법을 가르칠 수 있을까?

어떻게 하면 아이가 자신의 소명(열의를 가지고 싸울 수 있는, 자기 자신보다 더 커다란 어떤 것)을 찾도록 도울 수 있을까?

성실한 아동이나 10대는 성실한 성인으로 성장할 가능성이 더 높다. 성실한 성인은 의미 있는 목표를 세우고 정직하게 그 목표를 향해 한 걸음 한 걸음 나아갈 수 있는 성숙한 사람을 뜻한다. 다른 사람을 솔직하고 충실하게 돕고 사랑할 수 있는 성숙한 사람을 뜻한다. 인생의 의미를 발견할 수 있는 성숙한 사람을 뜻한다.

결론

당신과 나만이 아이가 잘못된 길로 빠지기 쉬운 문화 안에서 아이를 잘 키우기 위해 분투하고 있는 것은 아니다. 나는 미국 전역과 전 세계 각지에서 생각이 비슷한 부모들을 많이 만났다. 당신과 나, 그리고 우리와 같은 다른 부모들 모두 힘을 합친다면, 요즘 직면한 도전 과제들을 이해하고 21세기의 맥락에 맞는 존중의 문화를 구축하는 공동체를 만들 수 있을 것이다.

우리는 우리가 중요시하는 가치들을 재평가해야 한다.[1] 50년 전에, 대중문화는 〈왈가닥 루시 *I Love Lucy*〉, 〈딕 반 다이크 쇼 *The Dick Van Dyke Show*〉, 〈앤디 그리피스 쇼 *The Andy Griffith Show*〉 같은 텔레비전 프로그램에 나오는 평범한 사람들의 삶을 찬양했다. 이러한 프로그램에서 묘사하는 캐릭터들은 유명하지도 부유하지도 않았다. 하지만 그들은 아이들에게 좋은 역할 모델이었다. 좋은 사람들이었기 때문이다. 요즘, 미국 대중문화(특히 아동들과 10대들의 문화)는 〈아이칼리 *iCarly*〉, 〈더 엑스 팩터 *The X Factor*〉, 〈유 캔 댄스 *So You Think You Can Dance*〉, 〈더 보이스 *The Voice*〉, 〈아메리칸 아이돌 *American Idol*〉 같은 TV 쇼에 나오는 유명한 연예인들이나 연예인 지망생들을 찬양한다. 저널리스트인 앨리나 투겐드는 이렇게 말했다. "우리 부모들은 '평범한 아이는 부모의 기대에 훨씬 못 미치는 삶으로 굴러떨어질 것이라는 확신'을 버려야 합니다." '평범하다'라는 단어는 경멸적인 용어가 됐다. 사회 복지학과 교수인 브레네 브라운은 "21세기 미국에서, 평범한 삶은 곧 무의미한 삶을 뜻하게 됐다."라고 말한다.[2]

미국인들은 아이들이 충만하고 독립적인 성인으로 자라기 위해 무엇이 필요한지 이해하는 문제에 있어서 지난 30년 동안 먼 데서 길을 잃고 헤맸다. 우리는 교사와 부모의 권위를 약화시켰다. 어른들의 안내가 중요하다고 주장하는 대신 아이들이 또래 친구들에게 안내를 받도록 내버려 뒀다. 그 결과, 아이들은 자신의 잠재력에 비해 상상력이 빈약하고, 적응력이 약하고, 창조력이 떨어지는 사람으로 자랐다.

우리는 이를 바꿀 수 있다. 각자의 집에서 당장 오늘부터 말이다.

만약 당신의 아이가 행복하고, 생산적이고, 충만한 어른으로 자라기 원한다면, 많은 이웃과는 다른 방식으로 아이를 양육해야 할 것이다. 당신의 이웃들은 이해하지 못할 수도 있다. 당신이 얼마나 현실과 동떨어져 있는지에 대해 서로 수군댈지도 모른다. 당신은 열한 살짜리 아들이 '그랜드 테프트 오토'나 '콜 오브 듀티' 같은 폭력적인 게임을 하게 허락하지 않는다. 아이는 큰 소외감을 느낄 것이다! 당신의 열두 살짜리 딸은 자기 반에서 스마트폰이 없는 세 여자아이 중 한 명이다. 게다가 자신의 인스타그램 페이지도 없다. 얼마나 지독한가!

당신은 '너무' 쿨하지 못한 부모로 낙인찍힐 것이다.

겁먹지 말라. 이웃에게 이 책을 빌려주라. 그러나 한편, 당신은 아이를 위해 용감해져야 할 것이다. 아이가 용감한 어른으로 자랄 수 있도록 말이다.

그리고 겸손한 어른으로 자랄 수 있도록 말이다.

당신과 같은 좋은 어른 말이다.

전 세계 곳곳에서, 선진국의 부모들은 자신의 역할에 대해 점점 더 혼란을 느끼고 있다. 아이에게 세일 친한 친구가 되어 줘야 하는가 아니면 권위 있는 길잡이가 되어 줘야 하는가? 많은 부모가 옭매인 채 몸부림을 치면서 한 순간 쿨한 친구가 되려고 애쓰다가 다음 순간엔 권위 있는 부모가 되려고 애쓴다. 그렇게 하지 말라. 당신의 임무는 권위 있는 부모가 되는 것이지 쿨한 친구가 되는 것이 아니다. 부모와 아이 사이의 관계는 또래 친구들 사이의 관계와 완전히 다르다. 그 차이를 이해하라. 이 조언은 댈러스, 뉴욕, 시애틀은 물론 에든버러, 오클랜드, 브리즈번 등 세계 모든 곳에 꼭 필요한 조언이다.

하지만 미국에만 있는 고유한 문제들도 있다. 이 책에서 나는 세 가지 문제를 강조했다.

1. 문화: 무례함의 문화는 '현재를 위해 살라.'의 문화와 뒤범벅되고

있다. 영국에서나 뉴질랜드에서 '현재를 위해 살라.'라고 적힌 펩시 광고판을 본다면, 누구나 자유롭게 받아들이거나 거부할 수 있는 미국 상품 정도로 메시지를 인식하기가 수월하다. 하지만 미국에서는 '현재를 위해 살라.'가 토종 문화이다. (몇몇 유명 인사가 시키는 대로) 아이들이 혼자 세상을 항해하도록 자유로이 풀어 놓는다면 아이들이 사방에서 맞닥뜨리게 될 기본적 문화이다.[3] 권위 있는 안내가 없다면, 아이들은 이 문화를 자기의 문화로 택할 것이다.

2. 약물 치료: 미국에서는 강력한 정신과 약물로 아이를 치료하는 방법이 최후의 수단이 아닌 첫 번째 수단으로 흔하게 사용되고 있다. 3장에서 설명했듯이 북아메리카 밖에 사는 아이들에 비해 미국 아이들이 약물 치료를 받을 가능성이 훨씬 더 높은 이유이기도 하다. 우리는 아이들을 데리고 전례 없는 방식으로 실험을 하고 있다. 장기적으로 어떤 위험을 끼칠지 거의 알려져 있지 않은 약물들을 이용해서 말이다.

3. 지나치게 빡빡한 스케줄: 9장에서 언급했듯이 미국인들은 자신이 얼마나 바쁜지에 대해 뽐내기를 좋아한다. 학교생활과 과외 활동과 학교 숙제로 이어지는 톱니바퀴가 아침 일찍부터 밤늦게까지 쉴 새 없이 굴러간다. 이는 절대 건강하지 않다. 다른 관점을 찾아보라. 당신과 아이가 화창한 오후에 잔디밭에 누워서 하늘을 올려다 보면서 구름을 보며 놀았다고 자랑하는 건 어떤가.

오늘날 미국에서 현명한 부모가 되기 위해서는 이러한 문제점들을 잘 알아야 한다. 아이에게 권위 있는 안내자가 되어 주라. 아이에게 '현재를 위해 살라.'보다 더 의미 있는 세계관을 소개하라. '최후의 수단'일 경우를 제외하고는 아이를 약물 치료하려는 압박에 강하게 저항하라. 스케줄을 빡빡하게 짜고 싶은 유혹에 굴복하지 말라. 아이에게 가족과 함께 편안한 시간을 보내는 것이 일주일에 두세 가지 과외 활동을 밀어 넣는 것보다 더 중요하다고 가르치라.

모든 인간관계는 서로가 어떤 책임을 지느냐에 따라 특징지어진다. 그리고 어떤 책임을 지느냐는 어떤 인간관계인지에 따라서 달라진다. 의사는 환자에게 책임이 있다. 환자의 징후와 증상을 살펴보고, 진단을 내리고, 치료법을 설명할 책임이 있다. 친구는 친구에게 책임이 있다. 친절하게 대하고, 신뢰를 지키고, 어려울 때 최선을 다해 도와줄 책임이 있다. 남편은 아내에게 책임이 있고 아내 또한 남편에게 책임이 있다. 이들은 평생 동안 다른 무엇보다 서로를 아끼고 사랑하겠다고 맹세했다.

이러한 인간관계들(의사와 환자 사이의 관계, 친구 사이의 관계, 남편과 아내 사이의 관계) 모두 인간의 삶에 매우 필수적이다. 그렇지만 인간과 인간 사이에서 부모가 아이에게 가지는 책임보다 더 큰 책임은 없다. 아이를 먹이고, 입히고, 보호하는 것만이 부모가 지는 책임의 전부는 아니다. 아이를 사회에 적응시키고, 성실성과 정직함을 심어 주고, 삶의 의미를 가르치는 것 또한 부모의 책임이다.

현대 주류 문화는 부모가 자신의 임무를 다할 수 있는 권위를 약화시켜 버렸다. 그 결과 전 세계적으로 자녀 교육이 무너져 내렸다. 다른 곳보다 북아메리카에서 특히 더 그러하다. 자녀 교육이 붕괴하면서 아동들과 10대들 사이에 불안 장애와 우울 장애가 급증했고 이전 세대에서 볼 수 없었던 나약함을 보이는 아이의 비율이 놀랍도록 크게 증가했다.

당신은 아이를 위해서 가정 안에 대안적인 문화를 만들어야 한다.

부모와 아이 사이의 관계가 또래 친구들 사이의 관계보다 더 중요하다고 단호하게 주장해야 한다.

가족이 가장 우선이라고 아이에게 가르쳐야 한다. 가족과의 유대를 별로 존중하지 않는 문화 속에서 살고 있다 하더라도 말이다.

또한 아이에게 자신이 내리는 모든 선택이 직접적이고, 광범위하고, 예측하지 못한 결과를 낳는다는 사실을 가르쳐야 한다.[4]

그리고 아이가 삶의 의미를 찾도록 도와야 한다. 성취나 멋진 외모나 얼마나 많은 친구가 있는지에 관한 의미가 아닌 자신의 진정한 자아에 관한 의미 말이다.

그리고 부모로서의 성공은 아이 친구의 수, 내신 성적이나 시험 점수나 운동 시합 결과, 유명한 대학교에서 온 합격 통지서 등이 아니라 아이가 자아실현으로 향하는 길을 걷고 있는지, 자신의 필요와 욕구에 지배당하는 대신 그것들을 지배할 수 있는지 등을 기준으로 판단해야 한다.

자기 자신의 불충분함 때문에 무력해지지 말기 바란다. 당신은 성실성과 정직함을 보여 주는 완벽한 모델이 아닐지도 모른다. 나도 그렇다. 당신의 영혼 속에는 당신이 수치스러워하는 어두운 부분들이 있을지도 모른다. 나에게도 그런 부분들이 있다. 아이에게 성품과 성실성에 대해 설교하면서 자신이 바보처럼 느껴질지도 모른다. 최근을 포함해 과거에 자신이 얼마나 심하게 방황했는지를 알고 있기 때문이다. 나도 내가 바보처럼 느껴질 때가 많다.

하지만 어쩔 수 없다. 교실에 비유를 해 보자. 아이가 성품과 성실성에 대해 배우고 이에 신경을 쓰도록 키우는 일은 우등 부모에게 추가 점수를 딸 기회를 주기 위해 따로 마련된 특별한 과제가 아니다. 이는 모든 부모가 해야 하는 의무 과제이다. 그리고 의무 과제를 받았다면 자신이 어떤 결점을 가졌는지에 상관없이 최선을 다해서 과제를 해야 한다.[5] 또래 친구들(즉, 다른 부모들)이 숙제에 관심을 기울이든지 말든지 개의치 말고 최선을 다해야 한다.

세상에 이보다 더 큰 책임은 없다.

1989년부터 현재까지, 메릴랜드주와 펜실베이니아주에서 진찰실로 찾아왔던 많은 부모들과 아이들에게 우선 감사드린다. 진찰실에서 다양한 배경을 가진 부모들 그리고 아이들과 9만 번 이상 만나면서 어떤 책, 어떤 웹사이트, 어떤 페이스북 페이지에서도 발견할 수 없는 소중한 직접 경험을 얻을 수 있었다. 또한 2000년부터 2015년까지 나를 초청해 준, 미국 전역과 세계 각지에 있는 380개 이상의 학교들에게 감사드린다. 교실을 관찰하고, 학생들, 교사들과 대화를 나누고, 학교 행정 직원들과 만나고, 학부모들의 이야기를 들으면서 얻은 깨달음들은 이 책에 나오는 문제들을 고민할 때 값진 자양분이 돼 주었다. 내 홈페이지(www.leonardsax.com)를 방문하면 2006년부터 현재까지 내가 방문한 학교들의 목록을 볼 수 있다.

그리고 이 책에서 자신의 일화를 실명으로 소개하도록 허락해 준 분들에게 감사드리고 싶다. 재닛 필립스와 그의 네 아들 앤드류, 콜터, 폴, 윌리에게 감사드린다. 베스 페이야드와 그의 남편인 제프 존스, 그리고 그들의 아이들 그레이스, 클레어, 로랜드에게 감사드린다. 메그 미커 박사와 그의 아들 월터에게도 감사드린다. 마지막으로 브론슨 브루노와 그의 누나인 말로 필립스(앤드류 필립스의 부인이다.)에게도 감사드린다.

이 책에서 나는 처음부터 끝까지 미국과 다른 국가들을 비교 대조했다. 북아메리카 바깥에서 나를 초대해 준 분들에게 가장 큰 감사를 드린다. 이들은 나를 자신들의 학교나 공동체에 방문하도록 초청해 주었고 내게 다른 국가들의 아동과 10대가 어떤 경험을 하고 있는지를 가르쳐 주었다. 다음 분들에게 특별히 감사의 인사를 드리고 싶다. 스페인 바르셀로나에 사는 호셉 마리아 바르닐스에게 감사드린다. 호주 태즈메이니아섬 호바트에 사는, 오스트랄라시아 여학교 연합의 전 대표인 잔 버틀러에게 감사드린다. 뉴질랜드 우드포드하우스 중고등학교의 전 교장이자 현재는 호주의 퍼스 근처에 있는 메서디스트 여대 학장인 레베카 코디에게 감사드린다. 뉴질랜드 크라이스트처치에 사는 멜라니 리프에게 감사드린다. 스코틀랜드의 에든버러에 있는 세인트조지 여학교 교장 앤 에베레스트에게 감사드린다. 스코틀랜드의 에든버러에 있는 머키스턴 성 학교의 교장인 앤드류 헌터에게 감사드린다. 특히 두 번이나 나를 집에 초대해 묵게 해주고 스코틀랜드와 잉글랜드가 어떻게 다른지에 대해 자세히 가르쳐 준 것에 대해 특별히 감사드린다. 호주의 멜버른에 있는 코로와 성공회 여학교의 교장인 크리스틴 젠킨스에게 감사드린다. 호주의 태즈메이니아섬 호바트에 사는 로빈 크로넨버그에게 감사드린다. 멜버른 크리켓 구장에서 호주 풋볼에 대해 특강을 해 준 것에 대해 특별히 감사드린다. 잉글랜드의 미들섹스에 있는 해로우 학교 전 교장인 버나

비 레논에게 감사드린다. 스위스의 취리히에 사는 야네 뭉케 박사에게 감사드린다. 호주 시드니 와룽가에 있는 애봇스레이 학교의 교장 주디스 풀에게 감사드린다. 호주에 사는 미국인인 그는 호주 문화를 나와 같은 미국인들에게 쉽게 설명해 주는 특별한 재능을 가지고 있다. 호주의 애들레이드에 있는 세이무어 대학의 전 학장이자 현재는 호주의 퍼스에 있는 올세인츠 대학 학장인 벨린다 프로비스에게 감사드린다. 호주의 브리즈번 근처에 있는 성 에이단 성공회 여학교 교장 카렌 스필러에게 감사드린다. 잉글랜드의 윈체스터에 있는 윈체스터 대학 학장 랄프 타운센드 박사에게 감사드린다. '쇼어'라고도 알려져 있는, 시드니 성공회 학교의 교장 티모시 라이트 박사와 그의 동료 데이비드 앤더슨과 카메론 패터슨에게 감사드린다. 마지막으로, 호주의 퍼스에 있는 크라이스트처치 학교 교장인 가스 윈에게 감사드린다. 이 분들 한 분 한 분은 내게 그들의 문화가 미국의 문화와 어떻게 다른지에 대해 가르쳐 주었다. 하지만 이 분들의 이름을 여기에서 언급했다는 사실이 그들이 내가 이 책에 쓴 내용을 지지한다는 의미는 아니다. 그저 감사를 표하고 싶었다.

고든 뉴펠드 박사는 이 책에서 인용한 핵심 권위자이다. 이 책을 쓰는 동안 직접 만나 준 것에 대해 감사드린다. 뉴펠드 박사가 캐나다 문화가 어떻게 점점 주류 미국 문화와 비슷해지고 있는지, 그러면서도 어떤 면에서 여전히 차이가 있는지에 대해 보여 준 통찰에 특별히 감사드린다.

펠리시아 에스는 10년 이상 나의 에이전트로 일했다. 이 책은 우리가 함께 만든 네 번째 책이다. 그의 인내심, 안내, 지지에 감사드린다.

또한 출판사 베이직 북스에게도 감사드린다. 그중에서도 발행인 라라 헤이머트에게 특히 감사드린다. 그는 이 책의 가치와 이 책을 쓸 수 있는 나의 능력을 믿어 주었다. 편집과 관련된 그의 통찰과 제안 덕분에 이 책은 크게 나아질 수 있었다. 또한 그가 로저 라브리에에게 이 책의 교정교열 작업을 맡긴 것에 대해 감사드린다. 대단히 큰 도움이 됐다. 만약 어떤 오류가 남아 있다면 그것은 전적으로 나의 책임이다. 시니어 프로젝트 에디터인 샌드라 베리스에게도 큰 빚을 졌다. 그의 동료인 제니퍼 켈랜드에게도 4장의 제목을 제안해 준 것에 대해 감사드린다.

내가 운영하는 연수 프로그램의 책임자인 니키타스 체르파노스 박사는 어떤 사람의 인생을 평가할 수 있는 가장 중요한 수단은 수입도 직업적 성취도 심지어 행복도 아닌, 가장 가까운 인간관계들의 질이라고 자주 말한다. 그는 우리에게 배우자와 자녀들을 삶의 가장 높은 우선순위로 두라고 촉구한다. 가족은 항상 일보다 우선이어야 한다고 체르파노스 박사는 우리에게 가르쳤다.

그의 말이 옳다고 생각한다. 그리고 이 규칙을 지키며 살기 위해 지금껏 노력해 왔다. 내가 얼마나 성공했는지는 내가 판단할 수 있는 것이 아니다. 아내 케이티나 딸 세라에게 물어야만 할 것이다. 케이티는 이 책의 곳곳에서 발견되는 세상의 일반적인 상식을 제공해 주었다. 또한 여러 버전의 원고를 꼼꼼히 읽어 주었다. 가장 신뢰하는 비평가이자 조력자이다. 고맙다. 이 책을 연구하고 써야 할 이유를 만들어 준 딸 세라에게도 고맙다. 이 책은 더 나은 아빠가 되고자 하는 바람에서 착수한 프로젝트이다. 딸의 앞으로의 행보가 너무나 기대된다.

장인과 장모인 빌과 조앤에게도 감사드린다. 이들은 현재 우리와 함께 살고 있다. 내 딸은 하나도 둘도 아닌 네 명의, 자신을 사랑하는 어른들과 한집에 사는 행운을 누리고 있다.

이들이 나의 가족이다. 내가 하는 모든 것은, 모두 이들을 위해 하는 것이다.

마지막으로, 작고한 어머니 재닛 색스 박사를 기억하고 싶다. 어머니는 소아과 의사로서 많은 부모들에게 자녀들을 안내하는 방법을 가르치는 일에 평생을 바쳤다. 어머니가 돌아가시기 전 몇 년 동안, 어머니와 이 책에 나오는 주제들에 대해 수없이 많은 대화를 나누었다. 어머니는 30년 이상의 임상 경험을 통해 아동과 청소년에 대해 매우 깊고 넓은 직접 경험을 쌓으셨다. 이 책을 쓰는 내내 시도 때도 없이 나 자신에게 이렇게 물었다. 어머니라면 뭐라고 말씀하셨을까?

어디에 계시든, 어머니, 이 책이 마음에 드시면 좋겠어요.

주석

서문: 표류하는 부모들

1. 2006년부터 현재까지의 내 활동 목록은 개인 홈페이지 www.leonardsax.com에서 볼 수 있다.

Chapter 1. 무례함의 문화

1. "How to wean kits from the doe" Florida 4-H, http://florida 4h.org/projects/rabbits/MarketRabbits/Activity8_Weaning.html.
2. "The age of sexual maturity in rabbits" Florida 4-H, http:// florida4h.org/projects/rabbits/MarketRabbits/Activity8_Maturity .html.
3. 웹사이트 JustRabbits.com에 따르면 가장 큰 토끼들은 생후 약 5년까지 사는 반면 더 작은 토끼들은 생후 10~12년까지 살 수 있다고 한다.
4. 말의 연령에 대해서는 Horses and Horse Information의 'Horse breeding' 부분 참조. www.horses-and-horse-information.com/articles/horse- breeding.shtml.
5. Katherine Blocksdorf, "How long do horses live?" About: Horses, http://horses.about.com/od/understandinghorses/qt/horseage.htm.
6. 여기에서는 논의를 위해 모유 수유를 분유 수유로 대체할 수 있다. 대부분의 아기들은 생후 6개월 무렵 식단에 고형식이 포함되기 시작하고 생후 12개월 무렵까지 분유 수유를 마친다. 미국 소아과 학회는 부모들에게 생후 12개월 이후에는 분유 수유를 그만하라고 권고한다. 젖병을 사용할 수 있다는 사실을 아는 아이는 식사를 거를지도 모르기 때문이다. HealthyChildren.org의 'Discontinuing the bottle' 부분 참조. www.healthychildren.org/English/ages-stages/baby/feeding-nutrition/Pages/Discontinuing-the-Bottle.aspx.

   수렵 채집 공동체들에서는 2세, 3세, 심지어 4세까지 모유 수유를 할 수도 있다. Melvin Konner, "Hunter-gatherer infancy and childhood", *Hunter-Gatherer Childhoods: Evolutionary, Developmental, and Cultural Perspectives* edited by Barry Hewlett and Michael Lamb (Chicago: Aldine, 2005), p19-64. 이러한 공동체들이 어느 정도 모유 수유를 연장하는 이유는 어린아이가 수월하게 먹을 수 있는 음식을 구하기가 쉽지 않기 때문이다.
7. Susanne Cabrera and colleagues, "Age of thelarche and menarche in contemporary US females: A cross-sectional analysis" *Journal of Pediatric Endocrinology and Metabolism*, volume 27, p.47-51, 2014.
8. Grace Wyshak and Rose Frisch, "Evidence for a secular trend in age of menarche" *New England*

Journal of Medicine, volume 306, p.1033-1035, 1982. 내 책 《위기의 여자아이들 *Girls on the Edge*》에서 한 장을 할애해 초경과 사춘기가 더 빨라진 현상이 어떻게 여자아이들에게 부정적인 영향을 미치는지 이야기했다. 하지만 여기에서 우리가 다룰 주제는 아니다.

9. 출생 시의 기대 수명에 대한 통계는 영아 사망률이 높은 경우에는 오류를 낳을 수 있다. 가령, 1900년의 출생 시 기대 수명은 47년인 반면 1998년의 출생 시 기대 수명은 75년이다. 28년이 증가한 것이다. 하지만 1900년에 영아 사망률(생후 1년 안에 사망하는 신생아의 비율)을 보면 대략 1,000명 당 150명이 사망했다. 1998년까지 이 숫자는 많이 떨어져서 1,000명 당 7명만이 사망했다. Rohin Dhar와 그의 동료들은 이렇게 말했다. "1900년에, 20번째 생일까지 죽지 않은 사람의 기대 수명은 약 63년이었다. 1998년에 이 숫자는 78년으로 상승했다. 그러므로 1900년부터 1998년까지 출생 시 기대 수명은 28년 증가했지만, 20세 무렵의 기대 수명은 15년밖에 증가하지 않았다." (이 단락에 나오는 모든 숫자는 여기에서 인용한 것이다. "Why life expectancy is misleading", Priceonomics, December 11, 2013, http://priceonomics.com/why-life-expectancy-is-misleading.) 하지만 이러한 요소들을 염두에 둔다고 하더라도 지난 2세기 동안 유년기는 짧아진 반면 성인기는 길어졌다는 사실은 그대로 남는다.

10. 미국의 출생 시 기대 수명을 알고 싶다면 질병 관리 예방 센터(Centers for Disease Control and Prevention)를 참조하라. "Table 22. Life expectancy at birth, at age 65, and at age 75, by sex, race, and Hispanic origin: United States, selected years 1900-2010", www.cdc.gov/nchs/data/hus/2011/022.pdf.

11. 로셀 렌루트와 제이 기에드의 '청소년기 두뇌에 나타나는 성별 차이들', 학술지 *Brain and Cognition*의 2010년도 72호, p.46-55를 참조하라. 이 연구의 연구 팀장인 기에드 박사를 내가 일리노이주 링컨셔에서 주최한 컨퍼런스에 연사로 초청했다. 컨퍼런스에서 기에드 박사는 이러한 연구 결과들과 관련된 농담을 던졌다. "렌터카 회사들인 허츠나 애비스는 최고의 신경과학자들을 데리고 있습니다." 그는 허츠와 애비스가 자동차 대여자가 24세이면 상당한 추가 요금을 부과할 것이고 반면 64세인 대여자에게는 어떤 추가 요금도 부과하지 않을 것이라는 사실을 빗대 말한 것이다. 평균적으로 24세인 사람은 59세인 사람보다 시력과 청력이 더 좋을 것이다. 하지만 기에드 박사는 허츠와 애비스가 24세가 아직 성숙한 어른이 아니라는 사실을 잘 알고 있다고 설명한다. 자동차 사고의 위험은 시력과 청력 수준보다 판단력과 성숙도와 더 밀접하게 연관돼 있다.

12. 그렇다. 이는 내가 24세 남성을 청소년으로 규정하고 있다는 뜻이다. 내 책 《알파걸들에게 주눅 든 내 아들을 지켜라 *Boys Adrift*》에서 많은 부분을 할애해 이 규정이 말이 되는 이유를 설명했다(앞 주석도 참조하라). 하지만 말했듯이, 숫자를 놓고 언쟁을 벌이지는 말았으면 한다. 정확한 숫자는 여기에서의 주장에 있어 핵심이 아니다.

13. 배리 보긴의 책 *Human Growth and Development* (New York: Academic Press, 2012), p.287-324 'The evolution of human growth' 부분을 참조하라. 보긴은 인간 발달 초기에 네 시기, 즉 유아기(infancy), 유년기(childhood), 소년기(juvenility), 청소년기(adolesence)가 있다고 주장한다. 그는 소년기가 여자아이에게는 7세~10세, 남자아이에게는 7세~12세에 해당된다고 말한다. 보

긴의 도식에서 소년기는 사춘기가 시작되면서 끝난다. 우리의 목적을 위해서는, 보긴의 '유년기'를 초기 유년기로 '소년기'를 후기 유년기로 생각하는 것이 더 편하다.

14. 이 주제에 대해 더 알고 싶다면 멜빈 코너의 책 *The Evolution of Childhood*(Cambridge, MA: Harvard University Press, 2010), p.595-727 'part5 Enculturation' 부분을 참조하라.

15. 인간이 아닌 종들이 정말로 '문화'를 가지고 있는지에 관련된 학문적 논쟁에 대해 알고 싶다면, 멜빈 코너의 책 *The Evolution of Childhood* 중 'Does nonhuman culture exist?' p.579-592 부분을 참조하라.

16. Thibaud Gruber and colleagues, "Wild chimpanzees rely on cultural knowledge to solve an experimental honey acquisition task" *Current Biology*, volume 19, p.1806-1810, 2009.

17. 조셉 콜과 클로디오 테니는, 그루버와 동료들의 '야생 침팬지들은 문화적 지식에 의존하여 실험의 꿀 채집 임무를 해결한다.'라는 연구 결과를 리뷰하면서 두 이웃 야생 침팬지 그룹 사이의 차이를 인간의 식사 예법 차이에 비유한다. 이들의 논문 'Animal culture: Chimpanzee table manners?' *Current Biology*, volume 19, p.R981-R983, 2009.을 참조하라.

18. 이 주장에 대한 긴 설명을 보고 싶다면 멜빈 코너의 책 *The Evolution of Childhood*를 참조하라. 원한다면 'part 4 Enculturation', p.595-727로 바로 넘어가도 괜찮다.

19. 신경 가소성에 대한 논쟁을 언급할 때 나는 다음과 같은 논문들을 참고한다.

    1) Shufei Yin and colleagues, "Intervention-induced enhancement in intrinsic brain activity in healthy older adults" *Scientific Reports*, volume 4, 2014, www.nature.com/srep/2014/141204/srep07309/full/srep07309.html;

    2) Eduardo Mercado, "Neural and cognitive plasticity: From maps to minds" *Psychological Bulletin*, volume 134, p109-137, 2008

    3) C. S. Green and D. Bavelier, "Exercising your brain: A review of human brain plasticity and training-induced learning" *Psychology and Aging*, volume 23, p.692-701, 2008.

20. 재클린 존슨과 엘리사 뉴포트의 '제2외국어 학습에 있어 결정적 시기의 영향들: 성숙 상태가 제2외국어로서의 영어 습득에 미치는 영향 Critical period effects in second language learning: The influence of maturational state on the acquisition of English as a second language', *Cognitive Psychology*, volume 21, p60-99, 1989.을 참조하라. 결정적 시기 가설에 대한 최근의 재평가에 대해 알고 싶다면 Jan Vanhove의 'The critical period hypothesis in second language acquisition: A statistical critique and a reanalysis' *PLOS One*, July 25, 2013, http://journals.plos.org/plosone/article?id=10.1371/journal.pone.0069172# pone-0069172-g009을 참조하라.

21. Robert Fulghum, *All I Really Need to Know I Learned in Kin dergarten: Uncommon Thoughts on Common Things* (New York: Ivy, 1988).

    야마모토 츠네토모가 쓴 *Hagakure: The Book of the Samurai*에 나오는 내용과 비교해 보자.

22. 모든 인용문은 야마모토 츠네토모가 쓴 *Hagakure: The Book of the Samurai*에서 인용했다. 이 책은 세상에 나온 지 거의 300년 가까이 됐기 때문에 온라인에서 퍼블릭도메인 버전을 쉽게 구할 수 있

다. http://judoinfo.com/pdf/hagakure.pdf 사무라이 문화와 신념에 대한 비슷한 통찰을 제공하는 책을 읽고 싶다면 Thomas Cleary의 *Code of the Samurai: A Modern Translation of the Bushido Shoshinshu of Taira Shigesuke* (Tokyo: Tuttle, 1999)을 참조하라. 1603년의 에도 막부 설립 시대부터 1868년의 메이지 유신 시대까지 일본인의 삶에 대해 더 학문적인 개관이 필요하다면 Charles Dunn의 *Everyday Life in Traditional Japan* (Tokyo: Tuttle, 1969)을 참조하라.

23. 'A Nation at Risk'(1983)이라는 제목의 레이건 시대 연방 보고서에는 일본 학생들과 독일 학생들에 비해 미국 학생들의 학업 성취도가 눈에 띄게 떨어지는 현상에 대해 미국인들이 느끼는 불안이 표현돼 있다. 이 보고서의 통찰력 있는 비평과 1980년대 초의 미국 교육에 대한 불안감에 대해 궁금하다면 Richard Rothstein의 'A Nation at Risk twenty-five years later' *Cato Unbound*, April 7, 2008, www.cato-unbound.org/2008/04/07/richard-rothstein/nation-risk-twenty-five-years-later을 참조하기 바란다.

24. 많은 미국 학교들이 사회화보다 문해력과 산술력 조기 습득을 더 강조하게 된 이유에 대해 더 알고 싶다면 내 책 《알파걸들에게 주눅 든 내 아들을 지켜라》 (New York: Basic Books, 2007)의 2장과 《위기의 여자아이들》 (New York: Basic Books, 2010)의 5장을 참조하기 바란다.

25. 매릴랜드주 몽고메리 지역 교육감 Jerry D. Weast, 'Why we need rigorous, full-day kindergarten', *Principal Magazine*, May 2001.

26. 문자 그대로 번역하면 '지위 불안'이나 '지위 불확실성'이 되겠지만 전체적인 맥락을 고려했을 때 '역할 혼란'이 더 자연스러운 번역이다.

27. 이 단락은 노베르트 엘리아스 교수의 에세이 'Changes in European standards of behaviour in the twentieth century', *The Germans: Power Struggles and the Development of Habitus in the Nineteenth and Twentieth Centuries*, edited by Michael Schröter, translated by Eric Dunning(New York: Columbia University, 1998), p.23-43를 요약한 것이다.

28. 제임스 S. 콜맨, *The Adolescent Society: The Social Life of the Teenager and its Impact on Education* (New York: Free Press, 1961), p5-6. 실제 수치는 다음과 같다. 만약 부모가 특정한 동아리 가입을 허락하지 않는다면, 학생들 중 49.2%는 '아마 가입하지 않을 것'이라고 말했고 12.3%는 '확실히 가입하지 않을 것'이라고 말했다. 그러므로 확실한 다수인 67.5%가 '부모가 허락하지 않는다면 아마 혹은 확실히 가입하지 않을 것'이라고 말한 것이다. 이 수치들은 Edwin Artmann의 박사 논문 'A comparison of selected attitudes and values of the adolescent society in 1957 and 1972', North Texas State University, 1973에 제시되어 있다.

29. 이 연구는 Ellen Galinsky가 1,000명의 미국 청소년들과 한 인터뷰가 포함돼 있다. 그는 이 인터뷰를 자신의 책 *Ask the Children: The Breakthrough Study That Reveals How to Succeed at Work and Parenting*(New York: HarperCollins, 2000)에 상세히 기록했다. 책 *All Joy and No Fun: The Paradox of Modern Parenthood* (New York: Ecco [HarperCollins], 2014)에서 Jennifer Senior는 Galinsky의 발견을 다음과 같이 요약하고 있다. "청소년기동안 이 배은망덕에는 경멸이 추가된다. During adolescence, that ingratitude is additionally seasoned with contempt" (p.194).

30. 이는 고든 뉴펠드 박사가 Gabor Maté와 공저한 *Hold On to Your Kids: Why Parents Need to Matter More Than Peers*, second edition(Toronto: Vintage Canada, 2013)의 중심 주제이다. 나는 5장에서 뉴펠드 박사의 관점을 더 길게 살펴볼 것이다.
31. www.tvguide.com/top-tv-shows의 목록을 이용했다.
32. 이것만이 이야기 전체가 아니다. 나는 부모로부터 아이에게로 권위가 이동하는 현상 뒤에 숨어 있는 이유들에 대한 다른 생각들을 내 홈페이지에 게재했다.
www.leonardsax.com/afterthoughts.htm.
33. 유럽이 1차 세계대전에 차츰 다가가기까지에 관한 많은 책들이 있다. 이 주제(1914년에 실제로 전쟁이 발발하기 전까지 유럽인들이 가졌던 밝은 낙관주의, 역사가 완만하게 상향 곡선을 그리며 발전한다는 개념에 대한 그들의 자신감)를 다룬 책들 중 내가 제일 좋아하는 책은 Niall Ferguson의 *The Pity of War: Explaining World War I*(New York: Basic Books, 2000)이고 특히 'Chapter 6. The last days of mankind: 28 June 1914-4 August 1914', p.143-173을 추천하고 싶다.
34. 이 인용문은 니콜라스 고메즈 다빌라의 책 *Scholia to an Implicit Text*, edited by Benjamin Villegas, translated by Roberto Pinzón (Bogotá: Villegas Editores, 2013)에서 인용했다. 남아메리카에 있는 콜롬비아에서 태어나 프랑스에서 교육을 받은 그는 라틴 아메리카 문화와 대조적인 유럽식 사고 방식을 유지했다. 그는 라틴 아메리카 문화를 경멸했다. 나는 라틴 아메리카 문화에 대한 그의 부정적인 태도를 공유하거나 용납하지 않는다. 내가 그의 태도를 언급하는 이유는 오직 니콜라스 고메즈 다빌라가 '라틴아메리카 철학자'로 언급되는 것을 원하지 않으리라는 사실을 보여 주기 위해서이다. 인용된 구절들은 *Scholia to an Implicit Text*, p55와 137에서 인용했다. 두 번째 구절은 Pinzón의 영어 번역을 인용했다. 스페인 원어로는 다음과 같다. "El Progreso [capital P in the original, hence my use of quotation marks around 'Progress'] se reduce finalmente a robarle al hombre lo que lo ennoblece, para poder venderle barato lo que le envilece."
35. 여기에서 메건의 행동을 분석하기 위해 앞의 주석 30번에서 언급한 고든 뉴펠드 박사와 그의 책 *Hold On to Your Kids*의 신세를 졌다. 뉴펠드 박사의 관점에 대해 5장에서 더 길게 살펴볼 것이다.
36. Neufeld and Maté, *Hold On to Your Kids*, p.7.
37. Neufeld and Maté, *Hold On to Your Kids*, p.15-16

Chapter 2. 왜 그렇게 많은 아이들이 과체중인가?

1. 수치의 출처는 Cheryl Fryar and colleagues, "Prevalence of obesity among children and adolescents: United States, trends 1963-1965 through 2009-2010" 질병 관리 예방 센터(CDC), September 13, 2012, www.cdc.gov/nchs/data/hestat/obesity_child_09_10/obesity_child_09_10.htm.이다. 미국 아동과 10대의 비만 유병률 "Prevalence of obesity among American children and teenagers"라는 수치 타이틀은 "CDC grand rounds: Childhood obesity in the United States" Centers for Disease Control and Prevention, January 21, 2011, www.cdc.gov/mmwr/preview/mmwrhtml/mm6002a2.htm#fig1.에서 수정한 것이다.

2. 어떤 부모들은 '비만'이라는 용어를 사용해야 할 때와 '과체중'이라는 용어를 사용해야 할 때에 대해 혼란을 느낀다. 몇몇 부모들은 내가 '비만'이라는 단어를 사용한다고 꾸짖었다. 이 단어가 경멸적이라고 생각했기 때문이다. "'과체중'이라고 말해야 합니다." 그들은 이렇게 말했다. 하지만 이 두 용어는 각각 서로 다른 명백한 정의를 가지고 있다. 미국에서, 아이들에게 '과체중'이라는 용어는 질병 관리 예방 센터(CDC)에서 설정한 연령/성별 기준치에 비교해 체질량 지수(BMI)가 85퍼센타일~95퍼센타일에 속하는 사람들에게 적용된다. 이 기준치는 2000년도에 발표된 성장도표에 나와 있다. 반면, 비만이라는 용어는 2000년도 CDC 성장도표에서 95퍼센타일 이상의 BMI를 가진 아이들에게 적용된다. Cynthia Ogden and Katherine Flegal, "Changes in terminology for childhood overweight and obesity" CDC, June 25, 2010, www.cdc.gov/nchs/data/nhsr/nhsr025.pdf.를 참조하라. 2000년도 CDC 성장도표는 CDC에서 다운받을 수 있다. "2000 CDC growth charts for the United States: Methods and development" May 2002, www.cdc.gov/growth charts/2000growthchart-us.pdf. BMI 계산기는 인터넷에서 쉽게 이용할 수 있다. National Heart, Lung, and Blood Institute, "Calculate your body mass index" National Institutes of Health, www.nhlbi.nih.gov/guidelines/obesity/BMI/bmicalc.htm.

   일부 사례를 보면 더 구체적으로 알 수 있을 것이다. 키가 5피트 8인치(약 172.7cm)인 15세 남자아이는 180파운드(약 81.6kg)보다 몸무게가 더 나가면 비만이다. 만약 이 남자아이의 몸무게가 150파운드(약 70.3kg)라면 과체중이지만 비만은 아니다. 키가 5피트 4인치(약 162.5cm)인 여자아이가 168파운드(약 76.2kg)보다 몸무게가 더 나가면 비만이다. 만약 이 여자아이의 몸무게가 142파운드(약 64.4kg)라면 과체중이지만 비만은 아니다. 명심할 점은, 이 규칙은 아동과 청소년에게만 적용되지 성인에게는 적용되지 않는다는 점이다.
3. Sabrina Tavernise, "Obesity rate for young children plummets" *New York Times*, February 26, 2014.
4. Mark Bittman, "Some progress on eating and health" *New York Times*, March 4, 2014, www.nytimes.com/2014/03/05/opinion /bittman-some-progress-on-eating-and-health.html.
5. Jaime Gahche and colleagues, "Cardiorespiratory fitness levels among U.S. youth aged 12-15 years: United States, 1999-2004 and 2012" NCHS Data Brief 153, May 2014, www.cdc.gov/nchs/data /databriefs/db153.htm.
6. 펄튼 박사와 블랙번 박사의 말은 Gretchen Reynolds, "This is our youth," *Well* (blog), *New York Times*, July 9, 2014, http://well.blogs.nytimes.com/2014/07/09/young-and-unfit.에서 인용했다.
7. 또한 이 소년이 다니던 공립 학교 학군은 돈을 절약하고 읽기, 쓰기, 수학에 더 많은 시간을 할애하기 위해 체육 수업 시간을 줄였다. 그리고 체육 과목을 이수하기 위해서는 사춘기에 관한 건강 수업, 안전한 섹스의 장점에 관한 수업 등과 같이 교실에서 앉아서 하는 수업만 들으면 됐다. 이러한 경우 이 소년의 건강이 약화될 것은 뻔하다. 소년의 폐가 깨끗하고 최대 호기량이 정상이어도 말이다. 비슷한 사례에서, 나는 운동 유발성 천식으로 진단받은 아이들도 목격했다. 많은 부모들과 심지어 일부 의사

들은 운동이 유발한 숨가쁨이 운동 유발성 천식과 같다고 믿는 것 같다. 쌕쌕거림 현상이 없을 때에도 말이다. 하지만 이는 사실이 아니다. 운동이 유발한 숨가쁨을 겪는 많은 아이들은 단순히 건강이 안 좋은 것일 뿐이다. 하지만 몇몇 의사들은 "당신의 아이는 운동 유발성 천식이 있습니다."라고 말하고 흡입기를 처방하는 것을 더 편하게 생각하는 것 같다. "당신의 아이는 운동을 충분히 하지 않고 있기 때문에 건강이 좋지 않습니다."라고 말하는 대신 말이다.

미국 아이들이 정확한 진단명이 건강 약화로 인한 '운동 유발 숨가쁨'일 때 '운동 유발성 천식'으로 진단받는다고 의사 중 나 혼자만 우려를 표하는 것은 아니다. 다음을 참조하기 바란다. Yun Shim and colleagues, "Physical deconditioning as a cause of breathlessness among obese adolescents with a diagnosis of asthma" *PLOS One*, April 23, 2013, doi:10.1371/journal.pone.0061022.

8. 호주, 캐나다, 핀란드, 독일, 네덜란드, 스페인, 스웨덴, 스위스, 영국에 대한 내 언급은 이 문제의 전 세계적 특징에 대해 설명하는 한 중대한 논문에 근거한 것이다. Youfa Wang and Tim Lobstein, "Worldwide trends in childhood overweight and obesity" *International Journal of Pediatric Obesity*, volume 1, p.11-25, 2006. 과체중과 비만이 증가하는 경향은 국제적으로 6세 이상 아동들에게서만 뚜렷하게 나타난다. 5세 이상의 아동들에게는 이 경향이 뚜렷하지 않다. 이 점에 대해 더 알고 싶다면 다음을 참조하기 바란다. A. Cattaneo and colleagues, "Overweight and obesity in infants and pre-school children in the European Union: A review of existing data" *Obesity Reviews*, volume 11, p.389-398, 2009. 네덜란드에 대한 연구 결과 출처는 A. M. Fredriks and colleagues, "Body index measurements in 1996-7 compared with 1980," *Archives of Disease in Childhood*, volume 82, p.107-112, 2000; R. A. Hirasing and colleagues, "Increased prevalence of overweight and obesity in Dutch children, and the detection of overweight and obesity using international criteria and new refer- ence diagrams" *Nederlands Tijdschrift voor Geneeskunde*, volume 145, p.1303-1308, 2001. 이다.

   다음은 이 주제에 관한 국가별 최근 연구 결과들이다.

   호주: Michelle Haby and colleagues, "Future predictions of body mass index and overweight prevalence in Australia, 2005-2025" *Health Promotion International*, volume 27, p.250-260, 2012.

   영국: E. Stamatakis and colleagues, "Childhood obesity and overweight prevalence trends in England: Evidence for growing so- cioeconomic disparities" *International Journal of Obesity*, volume 34, p.41-47, 2010.

   프랑스: S. Péneau and colleagues, "Prevalence of overweight in 6- to 15-year-old children in central/western France from 1996 to 2006: Trends toward stabilization" *International Journal of Obesity*, volume 33, p.401-407, 2009.

   스코틀랜드: Sarah Smith and colleagues, "Growing up before growing out: Secular trends in height, weight and obesity in 5-6-year-old children born between 1970 and 2006" *Archives of Disease in Childhood*, volume 98, p. 269-273, 2013.

스페인: E. Miqueleiz and colleagues, "Trends in the prevalence of childhood overweight and obesity according to socioeconomic status: Spain, 1987-2007" *European Journal of Clinical Nutrition*, vol- ume 68, p.209-214, 2014.

미국: Cynthia Ogden and colleagues, "Prevalence of obe- sity and trends in body mass index among US children and adolescents, 1999-2010" *Journal of the American Medical Association*, volume 307, p.483-490, 2012.

9. 다음을 참조하라. D. Cohen and colleagues, "Ten-year secular changes in muscular fitness in English children" *Acta Paediatrica*, volume 100, p.175-177, 2011. Helen Peters and colleagues, "Trends in resting pulse rates in 9-11-year-old children in the UK 1980-2008," *Archives of Disease in Childhood*, volume 99, number 1, p.10-14, 2014; D. Moliner-Urdiales and colleagues, "Secular trends in health-related physical fitness in Spanish adolescents" *Journal of Science and Medicine in Sport*, volume 13, p.584-588, 2010.
10. 내분비계 교란 증상이 과체중을 증가시키는 역할을 하는 것과 관련된 증거를 더 알고 싶다면(또한 당신의 아이를 음식, 음료수, 크림, 로션, 샴푸 안에 들어 있는 이러한 물질들로부터 보호하는 방법에 대해 알고 싶다면) 내 책 《알파걸들에게 주눅 든 내 아들을 지켜라》의 5장과 《위기의 여자아이들》의 4장을 보기 바란다. 장내 박테리아가 비만에 어떤 역할을 하는지에 대해 알고 싶다면 다음을 참조하라. Kristina Harris and colleagues, "Is the gut microbiota a new factor contributing to obesity and its metabolic disorders?" *Journal of Obesity*, 2012, article ID 879151, doi: 10.1155/2012/879151.
11. Richard Troiano and colleagues, "Energy and fat intake of chil- dren and adolescents in the United States" *American Journal of Clinical Nutrition*, volume 72, p.1343s-1353s, 2000, http://ajcn .nutrition.org/content/72/5/1343s.full.를 참조하라. 또한 Joanne Guthrie and Joan Morton, "Food sources of added sweeteners in the diets of Americans," *Journal of the American Dietetic Association*, volume 100, pp. 43-51, 2000.도 참조하라.
12. Simone French, Mary Story, and Robert Jeffery, "Environmental influences on eating and physical activity" *Annual Review of Public Health*, volume 22, p.309-335, 2001. 200% 증가에 대한 내용은 p.312에 있다.
13. Kelsey Sheehy, "Junk food axed from school vending ma- chines" *US News & World Report*, July 1, 2013, www.usnews.com /education/blogs/high-school-notes/2013/07/01/junk-food-axed -from-school-vending-machines.
14. Nicholas Confessore, "How school lunch became the latest political battleground" *New York Times*, October 7, 2014, www.nytimes.com/2014/10/12/magazine/how-school-lunch-became-the-latest-political-battleground.html.
15. Pete Kasperowicz, "Michelle Obama's school lunch rules leading to healthy, hunger-free trash cans" *The Blaze*, October 14, 2014, www.theblaze.com/blog/2014/10/14/michelle-

obamas–school–lunch–rules–leading–to–healthy–hunger–free–trash–cans–2.

16. National School Boards Association, "New poll validates concerns about federal school meals" *press release*, October 13, 2014, www.nsba.org/newsroom/press–releases/national–school–boards–association–celebrates–national–school–lunch–week–new.

17. 미셸 오바마의 말들은 기사로 많이 나왔다. 예를 들어, 로이터 통신사의 Annika McGinnis가 쓴 "Michelle Obama expands push to get Americans to drink more water" *Huffington Post*, July 23, 2014, www.huffingtonpost.com/2014/07/22/michelle–obama–water_n_5611501.html. 같은 것들이다.

18. Samreen Hooda, "#BrownBagginIt trending on Twitter as Pittsburgh students protest school lunches" *Huffington Post*, October 2, 2012,www.huffingtonpost.com/2012/08/31/pittsburgh-students–are–brownbagginit_n_1846682.html.과 Confessore의 "How school lunch became the latest political battleground."를 참조하라.

19. Megumi Hatori and colleagues, "Time–restricted feeding without reducing caloric intake prevents metabolic diseases in mice fed a high–fat diet" *Cell Metabolism*, volume 15, pp. 848-860, 2012. 참조. Amandine Chaix and colleagues, "Time–restricted feeding is a preventative and therapeutic intervention against diverse nutritional challenges," *Cell Metabolism*, volume 20, p.991-1005, 2014. 또한 참조하라. 이 연구들은 쥐를 대상으로 실험한 것이다. 똑같은 현상이 인간에게도 일어난다는 사실을 확인하고 싶다면 다음을 참조하라. M. Garaulet and colleagues, "Timing of food intake predicts weight loss effectiveness" *International Journal of Obesity*, volume 37, p.604-611, 2013. Gretchen Reynolds, "A 12– hour window for a healthy weight" *New York Times*, January 15, 2015, http://well.blogs.nytimes.com/2015/01/15/a–12–hour–window -for–a–healthy–weight. 판다 박사에 대한 내용은 *Reynolds*의 기사를 인용했다.

20. John P. Robinson, "Television and leisure time: Yesterday, today, and (maybe) tomorrow" *Public Opinion Quarterly*, volume 33, p.210-222, 1969. (연구는 1965년에 진행되었다.)
로빈슨 박사는 아동들이 아닌 성인들로부터만 데이터를 수집했다. 아동들의 시청 시간은 성인들의 시청 시간보다 훨씬 더 낮았을 가능성이 높다. 왜냐하면 1965년의 TV 프로그램들은 대부분 성인을 주요 대상으로 했기 때문이다. 토요일 아침에 하는 만화만 제외하고 말이다. 그리고 말했다시피 대부분의 가정에는 TV가 한 대밖에 없었다. 그 결과 〈기제트 Gidget〉와 같은 인기 있는 저녁 프로그램은 가족 시청자들을 위한 프로그램이었다. 즉, 성인과 아동이 함께 시청했다는 뜻이다.

21. 1965년에는 TV가 있는 미국 가정의 19.4%만이 2대 이상의 TV를 가지고 있었다. 미국 가정의 7.4%는 1대의 TV도 없었다. Television Bureau of Advertising (TBA), "TV Basics: A report on the growth and scope of television" www.tvb.org/media/file/TV_Basics.pdf (accessed May 6, 2015). 19.4%라는 수치는 "Multiset and VCR households"라는 표에서 인용한 것이고 7.4%라는 수치는 "TV households"라는 표에서 인용한 것이다. 둘 다 p.2에 있다.

22. Kaiser Family Foundation, "Generation M2: Media in the life of 8 to 18 year olds" January

2010, http://kff.org/other/poll-finding /report-generation-m2-media-in-the-lives. 2013년 10월에 발표한 '아동과 청소년의 미디어 사용을 위한 가이드라인'에서 미국 소아과 학회는 카이저 가족 재단의 이 보고서를 미국 아동과 청소년들의 미디어 사용에 관한 가장 명확한 최신 연구라고 인용했다. 다음을 참조하라. American Academy of Pediatrics, Council on Communications and Media, "Children, Adolescents, and the Media" October 28, 2013, doi: 10.1542/peds.2013-2656; 나는 이 가이드라인에 대해서 내 홈페이지에 포스팅했다. www.leonardsax.com/guidelines.pdf.

23. 미국 아이들의 놀이가 어떤 식으로 변화했는지 그리고 왜 아이들에게 어른의 감독이 없는 놀이가 더 필요한지에 대해 알고 싶다면 다음을 참조하라. David Elkind, *The Power of Play*: Learning What Comes Naturally (Boston: Da Capo, 2007).
24. 다음을 참조하라. "Dodgeball banned after bullying complaint" *Headline News*, March 28, 2013, www.hlntv.com/article/2013/03/28 /school-dodgeball-ban-new-hampshire-district. 보다 앞선 기사로는 다음을 참조하라. Tamala Edwards, "Scourge of the playground: It's dodgeball, believe it or not. More schools are banning the childhood game, saying it's too violent," *Time*, May 21, 2001, p.68.
25. Noreen McDonald, "Active transportation to school: Trends among US schoolchildren, 1969-2001" *American Journal of Preventive Medicine*, volume 32, p.509-516, 2007.
26. 2세~18세의 아동과 10대 30,002명, 18세가 넘은 성인 604,509명을 포함하는 연구들에 대한 메타 분석에서, 프란체스코 카푸치오 교수와 그의 동료들은 수면 부족이 성인보다 아동과 10대에게 더 강하게 비만과 연관된다는 사실을 발견했다. 구체적으로, 아동과 10대의 교차비는 1.89였고 성인의 교차비는 1.55였다. 설득력 있는, 장기간 비교 연구에 대해 알고 싶다면 다음을 참조하라. Julie Lumeng and colleagues, "Shorter sleep duration is associated with increased risk for being overweight at ages 9 to 12 years" *Pediatrics, volume* 120, p.1020-1029, 2007, http://pediatrics.aappublications.org/content/120 /5/1020.full.
27. 다음을 참조하라. Shahrad Taheri and colleagues, "Short sleep duration is associated with reduced leptin, elevated ghrelin, and increased body mass index," *PLOS Medicine*, December 7, 2004, www .plosmedicine.org/article/info%3Adoi%2F10.1371%2Fjournal.pmed .0010062. 또한 다음을 참조하라. Chantelle Hart and colleagues, "Changes in chil- dren's sleep duration on food intake, weight, and leptin" *Pediatrics*, volume 132, p.e1473-e1480, 2013.
28. Katherine Keyes and colleagues, "The great sleep recession: Changes in sleep duration among US adolescents, 1991-2012" *Pediatrics*, February 16, 2015, doi: 10.1542/peds.2014-2707.
29. 미국 국립 보건원(NIH)은 많은 주제들에 대해 전문가들 사이에 국가적 의견 일치를 이끌어내기 위해 노력한다. 이 수치들은 다음에서 인용한 것이다. National Heart, Lung, and Blood Institute, "How much sleep is enough?" NIH, February22,2012,www.nhlbi.nih.gov/health/health-topics/topics/sdd/howmuch.html.

30. 이 수치들은 다음에서 인용한 것이다. Figure 3 in Eve Van Cauter and Kristen Knutson, "Sleep and the epidemic of obesity in children and adults" *European Journal of Endocrinology*, volume 159, p.S59-S66. 또한 다음을 참조하라. the National Sleep Foundation, "Children and Sleep", March 1, 2004, www.sleepfoundation.org/sites/default/files/FINAL%20SOF%202004.pdf.
31. Lisa Matricciani and colleagues, "In search of lost sleep: Secular trends in the sleep time of school-aged children and adolescents" *Sleep Medicine Reviews*, volume 16, p.203-211, 2012.
32. 다음을 참조하라. Jennifer Falbe and colleagues, "Sleep duration, restfulness, and screens in the sleep environment" *Pediatrics*, volume 135, p.e367-e375, 2015.
33. 미국 소아과 학회의 가이드라인 전체를 내 홈페이지 www.leonardsax.com/guidelines.pdf에 게재했다. 여기에서 인용한 권고의 정확한 문장은 "TV 세트, 인터넷과 연결된 전자 기기들을 아이의 침실에 두지 말라"(p. 959)이다. 인터넷 접속이 가능한 휴대폰이 여기에서 말한 '인터넷과 연결된 전자 기기들'에 속한다.
34. 수백 개의 미국 매스컴이 2013년 10월 마지막 주에 연합통신사의 이 이야기를 보도했다. 다음을 참조하라. Lindsey Tanner, "Docs to parents: Limit kids' texts, tweets, online" *Huffington Post*, October 28, 2013, www.huffingtonpost.com/2013/10/28 /doctors-kids-media-use_n_4170182.html.
35. Marshall Connolly, "Futile report? Pediatricians advise limiting kids to 2 hours on Internet, TV" *Catholic Online*, October 28, 2013, www.catholic.org/health/story.php?id=52916.
36. 이 주제에 대한 개략적인 설명이 필요하다면 다음을 참조하라. Daphne Korczak and colleagues, "Are children and adolescents with psychiatric illness at risk for increased future body weight? A systematic review" *Developmental Medicine and Child Neurology*, volume 55, p.980-987, 2013. 다음은 이러한 현상(반항적인 아이가 과체중이나 비만이 될 가능성이 더 높은 현상)을 설명하는 기사들 중 일부이다(알파벳 순). Sarah Anderson and colleagues, "Externalizing behavior in early childhood and body mass index from age 2 to 12 years: Longitudinal analyses of a prospective cohort study" *BMC Pediatrics*, volume 10, 2010, www.biomedcentral.com/1471-2431/10/49; Cristiane Duarte and colleagues, "Child mental health problems and obesity in early adulthood" *Journal of Pediatrics*, volume 156, p.93-97, 2010; Daphne Korczak and colleagues, "Child and adolescent psychopathology predicts increased adult body mass index: Results from a prospective community sample" *Journal of Developmental and Behavioral Pediatrics*, volume 35, p.108-117, 2014; Julie Lumeng and colleagues, "Association between clinically meaningful behavior problems and overweight in children", *Pediatrics*, volume 112, pp. 1138-1145, 2003; A. Mamun and colleagues, "Childhood behavioral problems predict young adults' BMI and obesity: Evidence from a birth cohort study" *Obesity*, volume 17, p.761-766, 2009; Sarah Mustillo and colleagues, "Obesity and psychiatric disorder:

Developmental trajectories", *Pediatrics*, volume 111, p.851-859, 2003; Daniel Pine and colleagues, "Psychiatric symptoms in adolescence as predictors of obesity in early adulthood: A longitudinal study" *American Journal of Public Health*, volume 87, p.1303-1310, 1997, www.ncbi.nlm.nih.gov/pmc/articles/PMC1381090; B. White and colleagues, "Childhood psychological function and obesity risk across the lifecourse" *International Journal of Obesity*, volume 36, p.511-516, 2012.

37. 여기에서 인용한 연구는 Lumeng 박사와 동료들의 다음 연구이다. "Association between clinically meaningful behavior problems and over weight in children" 이 연구자들은 '과체중'이라는 용어를 사용하고 있지만 이들의 '과체중'에 대한 정의는 '비만'의 2010년도 정의와 똑같다(주석 2를 보라). 이들의 연구 결과, 무례하게 행동하고 그 이후에 비만이 된 아이들의 교차비는 2.95였다. 참고로 교차비가 3.0이라는 말은 무례하게 행동한 아이들의 정확히 3배 더 비만이 될 가능성이 높다는 뜻이다. 이들이 분석을 정상 몸무게인 아이들에게 제한했을 때, 교차비는 5.23까지 올라갔다. 다시 말해, 정상 몸무게이고 무례한 행동을 하는 아이들은 비만이 될 가능성이 5배 이상 더 높았다. 정상 몸무게이고 무례한 행동을 하지 않는 아이들에 비교했을 때 말이다.
38. Anna Bardone and colleagues, "Adult physical health outcomes of adolescent girls with conduct disorder, depression, and anxiety", *Journal of the American Academy of Child and Adolescent Psychiatry*, volume 37, p.594-601, 1998.
39. Melanie L'Eef, e-mail, May 2, 2015.

Chapter 3. 왜 그렇게 많은 아이들이 약물 치료를 받고 있는가?

1. 다음을 참조하라. Benedict Carey, "Bipolar illness soars as a diagnosis for the young" *New York Times*, September 4, 2007, www.nytimes.com /2007/09/04/health/04psych.html. 이 기사는 다음의 연구에 대한 것이다. C. Moreno and colleagues, "National trends in the outpatient diagnosis and treatment of bipolar disorder in youth" *Archives of General Psychiatry*, volume 64, p.1032-1039, 2007.
2. 다음을 참조하라. Joseph Biederman and colleagues, "Pediatric mania: A developmental subtype of bipolar disorder?" *Biological Psychiatry*, volume 48, p.458-466, 2000.
3. 도미닉 리쵸의 발언은 다음에 인용되어 있다. Rob Waters, "Children in crisis? Concerns about the growing popularity of the bipolar diagnosis" *Psychotherapy Networker*, September 24, 2009, www.psychotherapy networker.org/component/k2/item/675-networker-news.
4. 해리스 박사의 발언은 다음에 인용되어 있다. Waters, "Children in crisis?"
5. Mary Carmichael가 쓴 〈뉴스위크〉의 커버 스토리 제목은 다음과 같다. "Growing Up Bipolar" *Newsweek*, May 17, 2008, www.newsweek .com/growing-bipolar-maxs-world-90351.
6. 다음을 참조하라. Gardiner Harris and Benedict Carey, "Researchers fail to reveal full drug pay" *New York Times*, June 8, 2008, www.nytimes.com/2008/06/08/us/08conflict.html.

7. 비더만 박사와 그의 두 동료가 수백만 달러를 받았다는 뉴스가 터지고 난 후, 하버드 의과대학이 그들에게 내린 유일한 처벌은 제약 회사들로부터 더 돈을 받지 못하도록 1년 동안 금지시킨 것뿐이었다. 비더만 박사는 제약 회사들로부터 받은 돈을 돌려줄 필요가 없었다. 이 사건이 대중에게 폭로된 지 몇 년이 지난 지금도, 비더만 박사는 여전히 매사추세츠 종합병원의 소아 정신 약물학과의 연구 책임자로서 지위를 유지하고 있다. 매사추세츠 종합병원 웹사이트는 여전히 그의 다양한 업적들을 대문짝만하게 게재해 놓고 있지만, 그가 제약 회사들로부터 엄청난 돈을 받았고 그 사실을 상원의원 찰스 그래스리가 발의한 국정조사가 열릴 때까지 밝히지 않았다는 사실에 대해서는 어떠한 언급도 없다.
8. Elizabeth Root, *Kids Caught in the Psychiatric Maelstrom: How Pathological Labels and "Therapeutic" Drugs Hurt Children and Families* (Santa Barbara, CA: ABC-CLIO, 2009), p.40.
9. Elizabeth Roberts, "A rush to medicate young minds" *Washington Post*, October 8, 2006, www.washingtonpost.com/wp-dyn /content/article/2006/10/06/AR2006100601391.html.
10. Martin Holtmann and colleagues, "Bipolar disorder in children and adolescents in Germany: National trends in the rates of inpatients, 2000-2007" *Bipolar Disorders*, volume 12, pp. 155-163, 2010, http://onlinelibrary.wiley.com/doi/10.1111/j.1399-5618.2010.00794.x/full. 독일 연구자들은 15세~19세의 조울증 진단이 크게 증가한 반면, 15세 미만의 아동들에게는 조울증 진단이 '유의미하지 않을' 정도로 작게 감소했다는 사실을 발견했다. 독일 연구자들의 관점에서 보면 '유의미하지 않은' 감소일지도 모르지만 그럼에도 중요한 점은 감소했다는 사실이다. 미국에서 관찰되는 것처럼 엄청나게 증가한 게 아니고 말이다. 논문의 159페이지에서, 홀트반 박사와 그의 동료들은 미국 청소년은 10만 명당 204명의 비율로 조울증 진단을 받은 반면 독일 청소년은 10만 명당 5.22명의 비율로 조울증 진단을 받았다고 말했다. 여기에서 미국과 독일을 비교하여 교차비를 계산해 보자. 204를 5.22로 나누면 39.1이다. 다시 말해, 미국의 청소년은 독일의 청소년보다 조울증으로 진단받을 가능성이 거의 40배 가까이 더 높다는 뜻이다.
11. Juan Carballo and colleagues, "Longitudinal trends in diagnosis at child and adolescent mental health centres in Madrid, Spain" *European Child & Adolescent Psychiatry*, volume 22, p.47-49, 2013.
12. Kirsten van Kessel and colleagues, "Trends in child and adolescent discharges at a New Zealand psychiatric inpatient unit between 1998 and 2007" *New Zealand Medical Journal*, volume 125, p. 55- 61, 2012.
13. Holtmann and colleagues, "Bipolar disorder in children and adolescents in Germany" p.156, 159.
14. Anthony James and colleagues, "A comparison of American and English hospital discharge rates for pediatric bipolar disorder, 2000 to 2010" *Journal of the American Academy of Child and Adolescent Psychiatry*, volume 53, p.614-624, 2014.
15. 이 가이드라인은 Craig Anderson 교수와 Doug Gentile 교수의 연구에 근거하고 있다. 내 책《알파걸들에게 주눅 든 내 아들을 지켜라》(New York: Basic Books, 2007)의 3장에서 이들의 연구와 가

이드라인을 자세하게 소개하고 설명했다. 2016년에 개정판이 나왔다.

16. Alan Schwarz and Sarah Cohen, "A.D.H.D. seen in 11% of U.S. children as diagnoses rise" *New York Times*, March 31, 2013, www .nytimes.com/2013/04/01/health/more-diagnoses-of-hyperactivity -causing-concern.html.
17. 메릴랜드주와 펜실베이니아주에서 직접 의사로 일하며 약을 처방한 경험에 비추어 봤을 때, ADHD로 진단받은 미국 아이들 중 약물 치료를 받고 있는 아이의 비율은 69%보다 더 높다고 생각한다. 내가 개입한 대부분의 사례들에서는, 의사가 ADHD 진단을 내리면 약물 처방전 또한 쓰는 게 통상이었다. 하지만 여기에서는 일단 질병 관리 예방 센터(CDC)의 추정 수치를 받아들이기로 하자. 추정 수치의 출처는 다음과 같다. CDC, "Attention-Deficit / Hyperactivity Disorder (ADHD): Data and Statistics" November 13, 2013, www.cdc.gov/ncbddd /adhd/data.html.
18. Suzanne McCarthy and colleagues, "The epidemiology of pharmacologically treated attention deficit hyperactivity disorder (ADHD) in children, adolescents and adults in UK primary care" *BMC Pediatrics*, volume 12, 2012, www.biomedcentral.com/1471 -2431/12/78.
19. 질병 관리 예방 센터(CDC)가 2013년 3월에 발표한 데이터에 따르면, 4세~13세의 미국 아동 중 10%(이는 1,000명당 100명이라는 뜻이다)가 ADHD로 진단받았다고 한다. 별도로 CDC는 ADHD로 진단받은 미국 아이들 중 69%가 치료 약물을 처방받았다고 추정했다. 이러한 통계 수치는 미국 아이 1,000명 당 69명이 ADHD로 약물을 처방받았다는 사실을 나타낸다.
20. 연령 그룹이 정확히 일치하지는 않는다. 미국의 4세~13세의 아동들과 영국의 6세~12세의 아동들이 비교됐기 때문이다. 하지만 자릿수 비교를 할 수 있다는 것만으로도 충분하다.
21. Peter Conrad and Meredith Bergey, "The impending globalization of ADHD: Notes on the expansion and growth of a medicalized disorder" *Social Science and Medicine*, volume 122, p.31-43, 2014.
22. Gabrielle Weiss and Lily Hechtman, "The hyperactive child syndrome", *Science*, volume 205, pp. 1348-1354, 1979.
23. 나는 '문제 행동을 병원에서 치료한다 the medicalization of misbehavior'라는 표현을 내 책 《남자아이 여자아이》(New York: Doubleday, 2005), p.199에서 처음 사용했다.
24. 다음은 관련 논문들이다.

    덴마크: H.-C. Steinhausen and C. Bisgaard, "Nationwide time trends in dispensed prescriptions of psychotropic medication for children and adolescents in Denmark" *Acta Psychiatrica Scandinavica*, volume 129, p.221-231, 2014.

    프랑스: Eric Acquaviva and colleagues, "Psychotropic medication in the French child and adolescent population: Prevalence estimation from health insurance data and national self-report survey data" *BMC Psychiatry*, volume 9, 2009, www.biomedcentral.com/1471-244X/9/72.

    독일: M. Koelch and colleagues, "Psychotropic medication in children and adolescents in

Germany: Prevalence, indications, and psychopathological patterns" *Journal of Child and Adolescent Psychopharmacology*, volume 19, p.765-770, 2009.

이탈리아: Antonio Clavenna and colleagues, "Antidepressant and antipsychotic use in an Italian pediatric population" *BMC Pediatrics*, volume 11, number 40, 2011, www.biomedcentral.com/1471-2431/11/40. (저자들은 이 연구에 리탈린, 콘서타, 메타데이트, 포칼린 등과 같은 중추 신경 자극제들을 포함하지 않았다고 말한다. 애더럴, 리탈린, 콘서타, 메타데이트, 포칼린, 데이트라나, 바이반스 등과 같은 처방용 중추 신경 자극제들이다. 메틸페니데이트(이러한 약물들의 주요 유효 성분)가 2007년까지 이탈리아에서 판매 허가를 받지 못했기 때문이다.)

영국: Vingfen Hsia and Karyn Maclennan, "Rise in psychotropic drug prescribing in children and adolescents during 1992-2001: A population-based study in the UK" *European Journal of Epidemiology*, volume 24, p. 211-216, 2009.

25. 다음을 참조하라. Laurel Leslie and colleagues, "Rates of psychotropic medication use over time among youth in child welfare/child protective services" *Journal of Child and Adolescent Psychopharmacology*, volume 20, p.135-143, 2010. 이 연구자들은 아동 복지 시설에 있는 아이들 중 22% 이상이 지난 3년 안에 항정신 치료제를 처방받았다는 사실을 발견했다. 어떤 사람은 아동복지 시설에 있는 아이들이 일반 아이들에 비해 항정신 치료제의 사용률이 더 높을 것이라고 추측할지도 모른다. 하지만 이 추측은 연구자들에 의해 틀리다고 증명됐다. 다음을 참조하라. Jessica Wolff, Russel Carleton, and Susan Drilea, "Are rates of psychotropic medication use really higher among children in child welfare?" (presentation at the 26th Annual Children's Mental Health Research and Policy Initiative, March 4, 2013), http://cmhconference.com/files/2013/cmh2013-16b.pdf. 그럼에도 불구하고 Kathleen Merikangas 박사와 그의 동료들은 사실상 항정신 치료제가 미국의 아동과 청소년들에게 충분히 사용되고 있지 않다고 주장했다. 다음을 참조하라. Kathleen Merikangas and colleagues, "Medication use in US youth with mental disorders" *JAMA Pediatrics*, volume 167, p.141-148, 2013. 한편, 한 논평에서 David Rubin은 Merikangas 박사와 그의 동료들이 내린 추정들 가운데 일부에 대해 의문을 제기했다. 다음을 참조하라. David Rubin, "Conflicting data on psychotropic use by children: Two pieces to the same puzzle" *JAMA Pediatrics*, volume 167, p.189-190, 2013.

26. Mark Olfson and colleagues, "National trends in the office-based treatment of children, adolescents, and adults with antipsychotics" *JAMA Psychiatry*, volume 69, p.1247-1256, 2012, http:// archpsyc.jamanetwork.com/article.aspx?articleid=1263977.

27. 내가 중추 신경 자극제들-애더럴, 리탈린, 콘서타, 포칼린, 메타데이트, 데이트라나, 바이반스-을 줄줄이 읊을 때마다 아마 7개의 서로 다른 약을 언급하고 있는 것처럼 들릴 것이다. 하지만 사실 이 7개의 약들은 단지 두 개의 약들에 불과하다. 애더럴과 바이반스는 암페타민 계열 약제이다. 리탈린, 콘서타, 포칼린, 메타데이트, 데이트라나는 모두 메틸페니데이트의 다양한 버전이다. 메틸페니데이트는 시냅스에서 도파민의 활동을 증가시키는 방법으로 효과를 나타낸다는 사실에 연구자

들의 의견이 일치한다. 다음을 참조하라. Nora Volkow and colleagues, "Imaging the effects of methylphenidate on brain dopamine: New model on its therapeutic actions for attention-deficit/hyperactivity disorder" *Biological Psychiatry*, volume 57, p.1410-1415, 2005. 암페타민은 두뇌에서 도파민의 활동을 흉내 내고 도파민 시스템은 ADHD에 있어 핵심이라고 오랫동안 인식돼 왔다. 다음을 참조하라. James Swanson and colleagues, "Dopamine and glutamate in attention deficit disorder" *Dopamine and Glutamate in Psychiatric Disorders*, edited by Werner Schmidt and Maarten Reith (New York: Humana Press, 2005), p.293-315.

28. 애더럴, 리탈린, 콘서타, 포칼린, 메타데이트, 데이트라나, 바이반스에 대한 배경 지식을 위해서는 앞의 주석을 읽어 보기 바란다. 많은 학술 연구들은 이러한 항정신 치료제의 주요 유효 성분인 메틸페니데이트와 암페타민이 도파민 수용기들이 있는, 발달 중인 두뇌의 영역들에 영구적인 변화를 야기할 수 있다고 입증했다. 이러한 저해 영향은 측좌핵에 집중되어 나타나는 것으로 보인다. 이는 전혀 놀라운 사실이 아니다. 측좌핵에는 도파민 수용기들이 매우 밀집되어 있기 때문이다. 이 분야의 초기 연구자인 하버드 대학교의 William Carlezon 교수가 이 주제에 관해 공저한 다음의 세 논문을 참조하라. "Enduring behavioral effects of early exposure to methylphenidate in rats" *Biological Psychiatry*, volume 54, p.1330-1337, 2003; "Understanding the neurobiological consequences of early exposure to psychotropic drugs" *Neuropharmacology*, volume 47, Supplement 1, p.47-60, 2004; "Early developmental exposure to methylphenidate reduces cocaine-induced potentiation of brain stimulation reward in rats" *Biological Psychiatry*, volume 57, p.120-125, 2005. 측좌핵이 인간의 동기와 관련하여 중심 역할을 한다는 사실에 대해 더 알고 싶다면 다음을 참조하라. Dr. Carlezon, "Biological substrates of reward and aversion: A nucleus accumbens activity hypothesis" *Neuropharmacology*, volume 56, Supplement 1, p.122-132, 2009.

미시건 대학교의 Terry Robinson 교수와 Bryan Kolb 교수는 저량의 암페타민 복용이 측좌핵에 있는 가지돌기에 손상을 입힐 수 있다는 사실을 처음으로 증명한 학자들에 속한다. 이들은 이 발견을 다음 학술지에 처음 발표했다. "Persistent structural modifications in nucleus accumbens and prefrontal cortex neurons produced by previous experiences with amphetamine" *Journal of Neuroscience*, volume 17, p.8491-8497, 1997. 또한 이들은 다음 논문에서 이 분야에 대해 리뷰했다. "Structural plasticity associated with exposure to drugs of abuse", *Neuropharmacology*, volume 47, pp. 33-46, 2004. 또한 다음도 참조하기 바란다. Claire Advokat, "Literature review: Update on amphetamine neurotoxicity and its relevance to the treatment of ADHD" *Journal of Attention Disorders*, volume 11, p.8-16, 2007.

다른 관련 논문들은 다음과 같다(알파벳 순). Esther Gramage and colleagues, "Periadolescent amphetamine treatment causes transient cognitive disruptions and long-term changes in hippocampal LTP" *Addiction Biology*, volume 18, pp. 19-29, 2013; Rochellys D. Heijtz, Bryan Kolb, and Hans Forssberg, "Can a therapeutic dose of amphetamine during pre-adolescence modify the pattern of synaptic organization in the brain?" *European Journal of*

Neuroscience, volume 18, p.3394-3399, 2003; Yong Li and Julie Kauer, "Repeated exposure to amphetamine disrupts dopaminergic modulation of excitatory synaptic plasticity and neurotransmission in nucleus accumbens" *Synapse*, volume 51, pp. 1-10, 2004; Manuel Mameli and Christian Lüscher, "Synaptic plasticity and addiction: Learning mechanisms gone awry" *Neuropharmacology*, volume 61, p.1052- 1059, 2011; Shao-Pii Onn and Anthony Grace, "Amphetamine withdrawal alters bistable states and cellular coupling in rat prefrontal cortex and nucleus accumbens neurons recorded in vivo" *Journal of Neuroscience*, volume 20, p.2332-2345, 2000; Margery Pardey and colleagues, "Long-term effects of chronic oral Ritalin administration on cognitive and neural development in adolescent Wistar Kyoto Rats" *Brain Sciences*, volume 2, p.375-404, 2012; Scott Russo and colleagues, "The addicted synapse: Mechanisms of synaptic and structural plasticity in the nucleus accumbens" *Trends in Neuroscience*, volume 33, p.267-276, 2010; and Louk J. Vanderschuren and colleagues, "A single exposure to amphetamine is sufficient to induce long-term behavioral, neuroendocrine, and neurochemical sensitization in rats" *Journal of Neuroscience*, volume 19, p.9579-9586, 1999.
이 연구들 중 대부분은 인간이 아닌 실험실 동물을 대상으로 실험에 근거하고 있다. 하지만 연구자들은 최근 ADHD에 처방된 중추 신경 자극제들이 실제로 측좌핵과 인간 두뇌의 관련 구조를 줄어들게 만든다고 발표했다. 이러한 변화가 일시적일지도 모르지만 말이다. 다음을 참조하라. Elseline Hoekzema and colleagues, "Stimulant drugs trigger transient volumetric changes in the human ventral striatum" *Brain Structure and Function*, volume 219, p.23-34, 2013. 다른 연구자들은 이러한 중추 신경 자극제들을 대학생들이 가끔 복용하기만 해도 두뇌의 구조에 변화가 생겼다고 밝혔다. 다음을 참조하라. Scott Mackey and colleagues, "A voxel-based morphometry study of young occasional users of amphetamine-type stimulants and cocaine" *Drug and Alcohol Dependence*, volume 135, p.104-111, 2014. 이러한 현상 기저의 신경 화학, 처방된 중추 신경 자극제들과 코카인 사이의 유사성, 이러한 약제들을 복용한 사람들에게 생기는 장기적인 위험의 평가 등에 대해 자세히 알고 싶다면 다음을 참조하기 바란다. Heinz Steiner and Vincent Van Waes, "Addiction-related gene regulation: Risks of exposure to cognitive enhancers vs. other psychostimulants" *Progress in Neurobiology*, volume 100, p.60-80, 2013.
이러한 연구들 대부분은 암페타민이나 메틸페니데이트에 짧은 기간 노출되기만 해도(특히 청소년의 두뇌가) 구조적인 면(특히 측좌핵과 변연계에서)과 행동적인 면 모두에서 장기적인 변화가 생길 수 있다고 강하게 주장한다. Iva Mathews 박사와 그의 동료들은 청소년기 동물에게는 극적으로 나타나지만 성인기 동물에게는 나타나지 않는 영향들을 발견했다. 다음을 참조하라. Iva Mathews and colleagues, "Low doses of amphetamine lead to immediate and lasting locomotor sensitization in adolescent, not adult, male rats" *Pharmacology, Biochemistry and Behavior*, volume 97, p.640-646, 2011. 1장에서 언급했듯이, 사춘기 전의 두뇌나 사춘기의 두뇌는 성인의 두뇌와 다르게 쉽게 바뀐다. 신경 가소성 때문이다. 최소한 실험실 동물들에게서는, 이러한 변화들이 사회적 유대 맺기 능력의 영구적 손상 같은 심각한 결과를 낳았다. 다음을 참조하라. Yan Liu and colleagues, "Nucleus accumbens dopamine mediates amphetamine-induced impairment of social bonding in a monogamous rodent species" *Proceedings of the National Academy of Sciences*, volume 107, p.1217-1222, 2010.

29. 나는 이미 이 문제를 〈뉴욕타임스〉 'Room for Debate' 코너에서 지적한 바 있다. 다음의 글을 참조하라. "A.D.H.D. drugs have long-term risks" *New York Times*, June 9, 2012, http://nyti.ms/1dr390L.

30. 이 수치들은 다음에서 인용했다. Christian Bachmann and colleagues, "Antipsychotic prescription in children and adolescents" *Deutsches Ärzteblatt International*, volume 111, pp. 25-34, 2014. 독일 데이터는 매년 1,000명 당 3.2명의 아동이라는 분포를 보여 준다. 이 중 대부분은 청소년이다. 또한 나는 같은 논문에서 인용한 3개의 다른 연구들도 참조했다:

    미국: Olfson and colleagues, "National trends in the office-based treatment of children" (2012), 이 논문은 2009년 미국 청소년 1000명당 37.6명, 아동 1000명당 18.3명이 비정형 항정신 치료제를 복용하였으며, 즉, 0세~19세 평균 27.9명((37.6+18.3)÷2)이라고 보고했다. 미국의 수치 27.9를 독일의 수치 3.2로 나누면 8.7이므로 미국이 8.7배 높은 것이다. 노르웨이(아래 참조)는 1000명 당 0.5명이므로 미국이 56배 높고(27.9÷0.5), 이탈리아(아래 참조)는 1000명 당 0.3명이므로 미국이 93.9배 높다(27.9÷0.3).

    노르웨이: Svein Kjosavik, Sabine Ruths, and Steinar Hunskaar, "Psychotropic drug use in the Norwegian general population in 2005: Data from the Norwegian Prescription Database" *Pharmacoepidemiology and Drug Safety*, volume 18, pp. 572-578, 2009.

    이탈리아: Clavenna and colleagues, "Antidepressant and antipsychotic use in an Italian pediatric population."

31. 이러한 항정신 치료제와 체중 증가 사이의 관계에 대해 더 알고 싶다면 다음을 참조하기 바란다. Dr. James Roerig and colleagues, "Atypical antipsychotic-induced weight gain" *CNS Drugs*, volume 25, p.1035-1059, 2011. 또한 다음을 참조하라. José María Martínez-Ortega and colleagues, "Weight gain and increase of body mass index among children and adolescents treated with antipsychotics: A critical review" *European Child & Adolescent Psychiatry*, volume 22, pp. 457-479, 2013. 항정신 치료제와 당뇨병 사이의 관계(특히 아동들에 있어서)에 대해 더 알고 싶다면 다음을 참조하라. William Bobo and colleagues, "Antipsychotics and the risk of type 2 diabetes mellitus in children and youth" *JAMA Psychiatry*, volume 70, p.1067- 1075, 2013.

32. Martínez-Ortega and colleagues, "Weight gain and increase of body mass index among children and adolescents treated with antipsychotics."

33. Bobo 박사와 그의 동료들의 "Antipsychotics and the risk of type 2 diabetes mellitus in children and youth"를 보면, 항정신 치료제를 끊은 후 1년 동안 위험은 높게 유지됐다. 더 긴 후속 기간에 대

한 연구는 아직 나오지 않았다. 약물 치료를 중단한 지 1년이 지난 후, 항정신 치료제 복용을 끊은 사람들과 계속 복용한 사람들 사이에는 당뇨병이 생길 위험에 있어 통계적으로 커다란 차이가 보이지 않았다.

34. Frank Elgar, Wendy Craig, and Stephen Trites, "Family dinners, communication, and mental health in Canadian adolescents" *Journal of Adolescent Health*, volume 52, p.433-438, 2013.
35. Jerica Berge and colleagues, "The protective role of family meals for youth obesity: 10-year longitudinal associations" *Journal of Pediatrics*, volume 166, p.296-301, 2015.
36. Rebecca Davidson and Anne Gauthier, "A cross-national multi-level study of family meals" *International Journal of Comparative Sociology*, volume 51, p.349-365, 2010.
37. Daniel Miller, Jane Waldfogel, and Wen-Jui Han, "Family meals and child academic and behavioral outcomes" *Child Development*, volume 83, pp. 2104-2120, 2012.
38. 그런데 가족 식사 시간이 그 자체로는 별로 중요하지 않다고 주장한 보스턴 대학교 연구의 책임 연구자 Daniel Miller 교수는 〈월스트리트저널〉과 나눈 인터뷰에서 조금 다른 메시지를 전달했다. 교수는 칼럼니스트 Carl Bialik에게 이렇게 말했다. "내게는 가정이 있습니다. 아이들도 있습니다. 우리는 함께 식사를 하려고 노력하고 있고 다른 가정들에게도 그렇게 하라고 권장할 것입니다." 다음을 참조하라. Carl Bialik, "What family dinners can and can't do for teens" *Wall Street Journal*, November 29, 2013, http://blogs.wsj.com/numbersguy/what-family-dinners-can-and-cant-do-for-teens-1302.

Chapter 4. 왜 미국 학생들은 뒤처지고 있는가?

1. 내가 이 이야기를 하면 일부 미국인들은 자신도 비슷한 경험을 했다고 말한다. 훌륭한 수업에 대해 교사에게 감사 인사를 하는, 교사를 존경하는 학생 말이다. 하지만 이 경험은 1975년이나 1985년에 자신이 학교에 다니던 시절에서 비롯된 것일 때가 많다. 2015년이 아니라 말이다.
2. Eamonn Fingleton, "America the Innovative?" *New York Times*, March 30, 2013, www.nytimes.com/2013/03/31/sunday-review /america-the-innovative.html.
3. 상위 20위 안에 든 4개의 미국 회사는 퀄컴, 인텔, 마이크로소프트, 유나이티드테크놀로지스였다. 궁금해할 수도 있을까 봐 말하자면, 구글은 22위였고 애플은 38위였다. 전체 목록을 보고 싶다면 세계 지적 소유권 기구(WIPO)의 홈페이지를 방문해 보기 바란다. www.wipo.int/export/sites/www / pressroom/en/documents/pr_2015_774_annexes.pdf#page=1.
4. 이 두 단락에 나오는 증거들은 에몬 핑글턴의 "America the Innovative?"에서 인용했다.
5. 1인당 국제 특허 출원 순위를 구하기 위해, 우선 국가당 국제 특허 출원 순위에 대한 최신 수치를 세계 지적 소유권 기구(WIPO)로부터 얻었다. www.wipo.int/export/sites/www/pressroom/en/documents /pr_2015_774_annexes.pdf#page=2. 그런 다음 국가당 국제 특허 출원의 수를 그 나라의 전체 인구로 나눴다. 결과는 다음과 같다.

1인당 국제 특허 출원 순위

나라	특허	전체 인구(백만 기준)	1인당 특허 출원
중국	25,539	1,357	18.8
덴마크	1,301	5.6	232
핀란드	1,815	5.4	336
독일	18,008	80	225
이스라엘	1,596	8.0	199
일본	42,459	127	334
룩셈부르크	392	0.54	726
네덜란드	4,218	17	248
노르웨이	690	5.1	135
싱가포르	944	5.4	174
한국	13,151	50	263
스웨덴	3,925	9.6	409
스위스	4,115	8.1	508
미국	61,492	319	192

6. 여기에서 나는 리차드 닉슨 대통령의 연설을 암시하고 있다. 이 연설에서 닉슨 대통령은 '훌륭한 말없는 다수인 친애하는 미국 국민들'에게 호소했다. 닉슨 대통령이 한 연설의 전체 원문은 온라인에서 찾아볼 수 있다. "Address to the Nation on the War in Vietnam" Richard Nixon Presidential Library and Museum, www.nixonlibrary.gov/forkids/speechesforkids/silentmajority/silentmajority_transcript.pdf.
7. '토랜스의 창의적 사고력 검사(Torrance Tests of Creative Thinking)'는 입증이 잘된, 몇 안 되는 창의력 검사 중 하나이다. 이 검사는 초등학교 1학년부터 성인기에 이르기까지 다양한 연령 그룹을 대상으로 하고 있고 여러 문화권에 걸쳐서도 효과가 입증됐다. 더 많은 정보가 필요하다면 다음을 참조하라. Scholastic Testing Service, "Gifted Education" www.ststesting.com/ngifted.html.
8. 처음 김경희 교수의 연구를 접한 것은 Hanna Rosin의 기사 "The Overprotected Kid" *The Atlantic*, March 19, 2014, www.theatlantic.com/features/archive/2014/03/hey-parents-leave -those-kids-alone/358631에서였다. 이 인용문은 이 기사에서 인용한 것이다. 다음 사이트에서 김경희 교수의 연구 발표를 읽어 볼 수 있다. 그의 학위 논문들의 원문 전체 또한 링크되어 있다. K. H. Kim, "Yes, There IS a Creativity Crisis!" *The Creativity Post*, July 10, 2012, www.creativity post.com/education/yes_there_is_a_creativity_crisis.
9. 정확하게 말하자면, PISA 시험은 시험 당일 기준으로 15세 3개월에서 16세 2개월 사이의 학생들만 볼 수 있다. 다음을 참조하라. "PISA FAQ" Organisation for Economic Co-operation and Development, www.oecd.org/pisa/aboutpisa /pisafaq.htm.

10. 이 순위에 아시아 국가는 포함시키지 않았다. 학부모들, 학교 행정가들과 교사들에게 강연을 할 때, 아시아 국가들의 점수를 포함시키면 주제와 별로 관계가 없는 불편한 논쟁이 벌어지는 것을 자주 목격했다. 한국이 최고에 가까운 순위를 거둔 PISA 순위를 보여 주자 한 학부모는 이렇게 말했다. "한국이 우리보다 순위는 더 높을지 모릅니다. 하지만 저는 한국 교육 시스템의 순응주의와 압박이 맘에 들지 않습니다." 맞는 말일지도 모른다. 하지만 이 의견은 왜 미국이 대부분의 유럽 국가들에 비해 순위가 하락했는지에 대한 우리의 논의와 별로 관련돼 있지 않다. 폴란드나 독일의 순위와 미국의 순위를 비교하는 일에 집중하는 것이 더 도움이 된다고 생각한다. 한국보다 폴란드나 독일에서 자신의 뿌리를 찾는 미국인이 훨씬 더 많을 것이기 때문이다. 2000년에 미국 학생들은 PISA 시험에서 폴란드와 독일보다 더 높은 순위를 기록했다. 반면 2012년에는 폴란드와 독일의 학생들이 미국 학생들보다 더 높은 순위를 기록했다. 2000년도 PISA 시험의 수치들은 다음에서 인용했다. Figure 10, "Mathematics and science literacy average scores of 15-year-olds, by country," *Outcomes of Learning: Results from the 2000 Program for International Student Assessment of 15-Year-Olds in Reading, Mathematics, and Science Literacy* (Washington, DC: Na- tional Center for Education Statistics, December 2001).
11. 이 데이터들은 다음에서 인용했다. Figure 1.2.13, "Comparing countries' and economies' performance in mathematics" in OECD, *PISA 2012 Results: What Students Know and Can Do, vol. 1: Student Performance in Mathematics, Reading and Science*, revised edition (Paris: OECD, 2014), http://dx.doi.org/10.1787/9789264208780-en.
12. Amanda Ripley, *The Smartest Kids in the World: And How They Got That Way* (New York: Simon and Schuster, 2013), p.136. 아만다 리플리는 2007년의 PISA 데이터를 분석해서 이를 계산했다. 폴란드는 6세~15세(학생들이 PISA 시험을 보는 나이)의 학생 한 명을 교육하기 위해 약 39,964달러를 썼다. 반면 미국은 6세~15세의 학생 한 명을 교육하기 위해 약 105,752달러를 썼다. 수치는 '구매력 지수를 사용하여 전환한 후' 미국 달러로 표시했다. 다음의 페이지를 참조하기 바란다. Ripley, The Smartest Kids in the World, p. 281.
13. 이 문장은 다음에서 인용했다. Ripley, *The Smartest Kids in the World*, p. 52.
14. 아만다 리플리는 PISA 시험의 시작부터 현재에 이르기까지, 이 시험에 관련된 핵심 인물인 Andreas Schleicher의 말을 인용한다. 그는 이렇게 말했다. "가장 높은 학업 성취도를 보이는 대부분의 교육 시스템에서, 과학 기술은 놀라울 정도로 교실과 동떨어져 있습니다...... 이 교육 시스템들은 디지털 기기보다 교육학 실행에 대부분의 노력을 쏟는 것처럼 보입니다." (p. 214).
15. 아만다 리플리는 자신의 책에서 내내 미국의 스포츠 강조를 못마땅해 한다. 이 인용문은 그의 다음 글에서 인용한 것이다. "The case against high school sport," *The Atlantic*, October 2013, www.theatlantic .com/magazine/archive/2013/10/the-case-against-high-school-sports/309447.
16. Ripley, *The Smartest Kids in the World*, p.85.
17. Ripley, *The Smartest Kids in the World*, p.93. 그는 전국 교사 자격 평가 협의회(National Council on Teacher Quality)의 다음 보고서를 인용하였다. "It's easier to get into an education school

than to become a college football player" *ISSUU*, http://issuu.com/nctq/docs/teachers_and_football_players.

18. Ripley, *The Smartest Kids in the World*, p.59.
19. 이 단락에 나오는 수치들은 다음에서 인용한 것이다. John Cookson's essay, "How US graduation rates compare with the rest of the world" *Global Public Square*(blog), CNN, November 3, 2011, http:// globalpublicsquare.blogs.cnn.com/2011/11/03/how-u-s-graduation-rates-compare-with-the-rest-of-the-world.
20. 현재 다음의 OECD 국가들은 미국보다 대학 졸업 비율이 더 높다. 아이슬란드, 폴란드, 영국, 덴마크, 호주, 슬로바키아, 핀란드, 뉴질랜드, 아일랜드, 네덜란드, 노르웨이, 일본, 포르투갈. 다음을 참조하라. Table A3.2 in the OECD report, *Education at a Glance 2012: Highlights*, www.oecd.org/edu/highlights.pdf (accessed May 7, 2015).
21. Richard Arum and Josipa Roksa, *Aspiring Adults Adrift: Tentative Transitions of College Graduates*(Chicago: University of Chicago Press, 2014), p.38.
22. Arum and Roksa, *Aspiring Adults Adrift*, p.29-32, "The Necessity of the Social."
23. 여기서는 Philip Babcock과 Mindy Marks의 연구에 대한 에이럼 박사와 록사 박사의 요약본을 따랐다. *Aspiring Adults Adrift*, p.35.
24. Arum and Roksa, *Aspiring Adults Adrift*, p. 35.
25. Kevin Carey, "Americans think we have the world's best colleges. We don't" *New York Times*, June 28, 2014, www.nytimes .com/2014/06/29/upshot/americans-think-we-have-the-worlds-best-colleges-we-dont.html.
26. Carey, "Americans think we have the world's best colleges."
27. 캐리 박사의 글을 읽은 한 독자가 이러한 논평을 게재했다. 논평 전체를 읽고 싶다면 캐리 박사의 글(앞의 주석 25에 링크가 있다)로 간 다음 'Comments' 부분을 클릭하고 나서 'Reader Picks'를 클릭하라. "OSS Architect"라는 아이디를 가진 사람이 쓴 이 논평은 내가 2015년 2월에 확인했을 때 'Reader Picks' 코너에서 추천 순위가 2위였다.
28. 다음을 참조하라. John Bound, Michael Lovenheim, and Sarah Turner, "Understanding the decrease in college completion rates and the increased time to the baccalaureate degree" University of Michigan, Institute for Social Research, 2007, www.psc.isr.umich.edu/pubs/pdf/rr07-626.pdf.

Chapter 5. 왜 그렇게 많은 아이들이 그토록 나약한가?

1. Jean Twenge, "Generational differences in mental health: Are children and adolescents suffering more, or less?" *American Journal of Orthopsychiatry*, volume 81, p.469-472, 2011.
2. Twenge, "Generational differences."
3. 인구 조사는 이러한 차이를 가늠하지 못한다. 미국 인구 조사는 어디에 사는지와 누구와 함께 사는지

를 묻는다. 만약 당신이 혼자 살고 있는 성인이라면, 당신의 부모가 당신을 경제적으로 지원하고 있다는 사실은 인구 조사가 발표한 데이터에 분명하게 나타나지 않는다.

4. 이 목록들의 근거가 되는 원 데이터를 알고 싶다면 다음을 참조하라.
"ALFS summary tables" OECD.StatExtracts, June 25, 2015, http://stats .oecd.org/Index.aspx?DatasetCode=ALFS_SUMTAB. 이 발견에 대한 일반적인 논평이 궁금하다면 다음을 참조하라. David Leonhardt, "The idled young americans" *New York Times*, May 5, 2013, www.nytimes.com/2013 /05/05/sunday-review/the-idled-young-americans.html?hp&_r=0.
5. Leonhardt, "The idled young americans."
6. 연구 그 자체가 궁금하다면 다음을 참조하라. Ian Hathaway and Robert Litan, "Declining business dynamism in the United States: A look at states and metros" Brookings Institution, May 5, 2014, www.brookings.edu /research/papers/2014/05/declining-business-dynamism-litan. 이 인용문은 Hathaway와 Litan의 보고서에 대한 Thomas Edsall의 칼럼에서 인용했다. 다음을 참조하라. Thomas Edsall, "America out of whack" *New York Times*, September 23, 2014, www.nytimes.com/2014/09/24 /opinion/america-out-of-whack.html.
7. Hathaway and Litan, "Declining business dynamism in the United States."
8. 미국 10대들 사이에 불안 장애와 우울 장애가 증가하는 현상은 남자아이들보다 여자아이들에게 더 뚜렷하게 나타난다. 이러한 여자아이/남자아이 차이의 기저에 있는 몇 가지 요소들에 대해 더 알아보고 싶다면 내 책 《위기의 여자아이들》의 1~4장을 보기 바란다.
9. Reif Larsen, "How doing nothing became the ultimate family vacation" *New York Times*, May 1, 2015, www.nytimes.com/2015 /05/03/travel/how-doing-nothing-became-the-ultimate-family-vacation.html?src=xps.
10. 캐나다는 특별한 사례이다. 우리가 검토한 각각의 기준 척도들에 대해서, 미국은 부유한 국가들 중 최악의 사례에 해당한다. 스위스와 같은 서유럽 국가들은 훨씬 더 잘 해내고 있다. 이러한 기준 척도들의 대부분에서 캐나다는 중간 어딘가에 해당한다. 지난 40년 동안, 캐나다는 영국에서 떨어져 나와 미국을 향했다. 캐나다인들은 내게 1970년대에는 많은 캐나다 문화(TV와 라디오를 포함하여)가 영국, 특히 BBC에서 기원했다고 말했다. 오늘날 캐나다를 방문해 보면 전국 곳곳의 미디어가 압도적으로 미국적이라는(가령 미국 프로그램을 수입했다든지) 사실을 알 수 있다. BBC도 아직 존재하지만 작은 틈새시장에 불과하다.
앞에서 나는 고든 뉴펠드 박사에 대해 언급했다. 그는 Gabor Maté와 함께 *Hold On to Your Kids: Why Parents Need to Matter More Than Peers*, second edition (Toronto: Vintage Canada, 2013)를 공저했다. 그는 캐나다에서 40년 동안 임상 연구를 하면서 부모의 권위 약화 현상을 목격했고 이는 캐나다인들도 미국 부모들이 직면하고 있는 것과 똑같은 문제들 때문에 고생하고 있다는 사실을 여실히 보여 준다. 하지만 캐나다의 수십 개 지역에서 부모들을 만나 보고 미국의 수백 개 지역에서 부모들을 만나 본 사람으로서, 부모의 권위 약화 문제는 캐나다보다 미국에서 더 심각하다고 생각한다.

뉴펠드 박사는 이 책을 집필하고 있던 2014년에 친히 나와 만나 대화를 나눠 줬다. 우리는 밴쿠버에 있는 그의 집 근처 레스토랑에서 아침 식사를 함께 했다. 그는 캐나다인들에게 가장 큰 과제는 캐나다가 점점 더 미국적으로 변해 가는 것을 막는 것이라고 생각한다. 북아메리카 밖에 있는 다른 세상과 더 소통하고 특히 영연방 국가들과 더 소통해야 하는 것이다. "쉬운 일은 아닙니다."라고 그는 인정했다.

11. 치어리더와 코치를 예로 들어 각각 다른 양육 스타일을 비유한 것은 내가 처음이 아니다. 다음을 참조하라. Dan Griffin, "Motivating teenagers: How do you do it?" *Slate*, February 14, 2014, www.slate.com/articles/life/family/2014/02/motivating_teenagers_how_do_you_do_it.html.
12. Nicola Clark, "France rethinks its no-school-on-Wednesdays week" *International Herald Tribune*, February 12, 2013, http://rendezvous.blogs.nytimes.com/2013/02/12/france-rethinks-its-no-school-on-wednesdays-week.
13. Eva Shimaoka 박사와 2014년 1월에 나눈 개인적 대화에서 인용했다. 그는 내 의과대학 친구로 현재 스위스에 살고 있다.
14. 나는 오하이오주의 셰이커하이츠에 있는 로몬드 초등학교에, 유치원부터 초등학교 6학년까지 다녔다. 학교 소풍 같은 드문 경우를 제외하고는 매일 집에서 점심을 먹었다. 그 이후 바이런 중학교에 진학했는데 이 학교는 내가 다닌 학교 중 구내 식당이 있는 첫 학교였다.
15. Neufeld and Maté, *Hold On to Your Kids*, p.140.
16. 여기에서는 "성공은 하나의 실패에서 다음으로 열정을 잃지 않은 채 나아가는 것을 의미한다."라는 경구를 다른 말로 바꾸어 표현했다. 이 경구의 출처에 대해서는 의견의 일치가 없다. 윈스턴 처칠이 이 말을 했다는 주장이 많기는 하지만, 처칠의 일대기를 연구한 학자들은 그가 이런 말을 한 적이 없다고 주장한다. 에이브러햄 링컨이 한 말일지도 모른다.

Chapter 6. 무엇이 중요한가?

1. 이 원칙(지능은 성격과 별개이다)을 특히 가슴 아프게 보여 주는 사례는 알츠하이머병과 싸우고 있는 사람들에게서 볼 수 있다. 점점 지능이 저하되고 인지 기능이 사라져 가는 가운데 성격의 핵심은 맨 끝까지 거의 온전한 채로 남는다. 저널리스트 Robin Marantz Henig는 작고한 Sandy Bem 교수와 그의 남편 Daryl이 Bem 교수가 알츠하이머병으로 쇠약해지고 있었을 때 나눈 대화를 예로 들어 이를 설명한다.

   "여전히 나인 것처럼 느껴져요." 샌디가 한번은 차에서 대릴에게 이렇게 말했다. "동의해요?" 대릴도 동의했다. 사실 대릴은 샌디가 상당 부분 자기 자신으로 아직까지 남아 있는 것에 대해 놀라고 있었다. 비록 항상 알아 왔던 어마어마한 지식인에서 점점 멀어지고 있다 해도 말이다. 또한 대릴은 이 사실이 자신에게 전혀 중요하지 않다는 사실에 놀랐다. "샌디가 지식인이라는 사실이 샌디에 대한 저의 감정에 그다지 큰 역할을 하지 않았다는 걸 깨달았습니다." 대릴이 말했다. "중요한 건 샌디에 대한 감정이었어요. 샌디의 지성이 아니라. 그리고 여전히 모두 그대로 있죠." (Robin Marantz Henig, "The Last Day of Her Life," *New York Times*, May 14, 2015, www.nytimes.com/2015/05/17/

magazine/the–last–day -of–her–life.html.)

2. '성격의 5요인' 이론의 가장 유용한 설명은 이 이론이 탄생하게 된 역사에서 얻을 수 있다. 이 역사는 1960년대에서 1990년대에 이르기까지 많은 연구자들이 독립적으로, 또 협력하여 연구한 결과 이 이론이 어떻게 진화했는지를 보여 준다. 이 이야기를 알고 싶다면 다음을 참조하라. Oliver John and his colleagues Laura Naumann and Christopher Soto, "Paradigm shift to the integrative Big Five trait taxonomy: History, measurement, and conceptual issues" *Handbook of Personality: Theory and Research*, third edition, edited by Oliver John and colleagues (New York: Guilford Press, 2008).
3. Angela Duckworth and colleagues, "Who does well in life? Con scientious adults excel in both objective and subjective success" *Frontiers in Psychology*, volume 3, September 2012, article 356, http:// journal.frontiersin.org/Journal/10.3389/fpsyg.2012.00356/full.
4. 다음을 참조하라. Margaret Kern and Howard Friedman, "Do Conscientious individuals live longer? A quantitative review" *Health Psychology*, volume 27, pp. 505-512, 2008. 또한 다음을 참조하라. Tim Bogg and Brent Roberts, "The case for Conscientiousness: Evidence and impli– cations for a personality trait marker of health and longevity" *Annals of Behavioral Medicine*, volume 45, pp. 278-288, 2013. 특히, 10세에 측정된 아동기의 성실성이 51세가 됐을 때의 낮은 비만 가능성을 예측한다는 사실에 대해 알고 싶다면 다음을 참조하라. Sarah Hampson and colleagues, "Childhood Conscientiousness relates to objectively measured adult physical health four decades later" *Health Psychology*, volume 32, p.925-928, 2013.
5. 다음을 참조하라. Helen Cheng and Adrian Furnham, "Personality traits, education, physical exercise, and childhood neurological function as in dependent predictors of adult obesity" *PLOS One*, November 8, 2013, http://journals.plos.org/plosone/article?id=10.1371/journal.pone.0079586. 이 논문의 초록은 혼란을 야기한다. 이 초록에는 성실성이 '성인 비만과 크게 연관되어 있다'라고 나와 있다. 맞는 말이지만 상관관계가 '부정적'이라는 점이 표현되지 않았다. 즉, 아이가 더 성실성이 높을수록 성인이 된 후 비만이 될 가능성이 더 낮았다. 다음도 참조하기 바란다. Hampson and colleagues, "Childhood Conscientiousness relates to objectively measured adult physical health four decades later."
6. 다음을 참조하라. Robert Wilson and colleagues, "Conscientiousness and the incidence of Alzheimer disease and mild cognitive impairment" *Archives of General Psychiatry*, volume 64, p.1204-1212, 2007. 또한 다음을 참조하라. Paul Duberstein, "Personality and risk for Alzheimer's disease in adults 72 years of age and olde," *Psychology and Aging*, volume 26, p.351-362, 2011.
7. 다음을 참조하라. Bogg and Roberts, "The case for Conscientiousness." 또한 다음을 참조하라. Terrie Moffitt, Richie Poulton, and Avshalom Caspi, "Lifelong impact of early self–control: Childhood self–discipline predicts adult quality of life" *American Scientist*, volume 101,

p.352-359, 2013. 또한 다음을 참조하라. Jose Causadias, Jessica Salvatore, and Alan Sroufe, "Early patterns of self-regulation as risk and promotive factors in development: A longitudinal study from childhood to adulthood in a high-risk sample" *International Journal of Behavioral Development*, volume 36, pp. 293-302, 2012, www.ncbi.nlm.nih.gov/pmc/articles/PMC3496279. 7개의 서로 다른 집단 연구들(영국, 독일, 호주, 미국에서 한)에서 얻은 데이터를 주의 깊게 연구한 결과, 연구자들은 피실험자들의 건강한 행동, 결혼 유무, 연령, 성별, 민족성 등을 맞춘 후, '오직' 성실성만이 장수를 예측하고 '성격의 5요인' 중 다른 어떤 특징도 장수를 예측하지 않는다는 사실을 발견했다. 다음을 참조하라. Markus Jokela and colleagues, "Personality and all-cause mortality: Individual-participant meta-analysis of 3,947 deaths in 76,150 adults" *American Journal of Epidemiology*, volume 178, p.667-675, 2013.

8. "Who does well in life?"에서 Duckworth와 동료들은 성실성이 삶에 대한 만족도와 긍정적으로 연관되어 있지만, 정서적 안정과 외향성이 삶에 대한 만족도와 더욱더 강하게 긍정적으로 연관되어 있다는 사실을 발견했다. 하지만 정서적 안정은 경제적 부유함과는 긍정적이든, 부정적이든 아무 연관이 없다. 반면 성실성은 경제적 부유함과 긍정적으로 연관되어 있다. 외향성은 경제적 부유함과 중간 규모 정도 연관돼 있지만, 수입 수준과는 연관이 없고, 건강과도 긍정적인 연관이 없다. 반면 성실성은 경제적 부유함, 수입, 건강뿐만 아니라 삶에 대한 만족도와도 긍정적으로 연관되어 있다.
9. Silvia Mendolia and Ian Walker, "The effect of non-cognitive traits on health behaviours in adolescence" *Health Economics*, volume 23, p.1146-1158, 2014.
10. Brent Roberts and colleagues, "The power of personality: The comparative validity of personality traits, socioeconomic status, and cognitive ability for predicting important life outcome," *Perspectives on Psychological Science*, volume 2, p.313-345, 2007.
11. 이 연구 결과는 다음에서 인용한 것이다. Figure 2 in Terrie Moffitt and colleagues, "A gradient of childhood self-control predicts health, wealth, and public safety" *Proceedings of the National Academy of Sciences*, volume 108, p. 693-2698, 2011.
12. 안타깝게도 짐 모리슨에 대한 학술적이고 종합적인 전기는 아직 나와 있지 않다. 가장 근접한 전기는 다음이다. James Riordan and Jerry Prochnicky, *Break on Through: The Life and Death of Jim Morrison* (New York: William Morrow, 2006).
13. Moffitt and colleagues, "A gradient of childhood self-control predicts health, wealth, and public safety."
14. 이 연구 결과는 다음에서 인용했다. Moffitt, Poulton, and Caspi, "Lifelong impact of early self-control." The figures are from p.355.
15. Moffitt, Poulton, and Caspi, "Lifelong impact of early self-control," p. 353.
16. 어린 아이들에게 자기 통제력을 키워 주는 개입 방법에 대한 연구를 알고 싶다면 다음을 참조하라. Alex Piquero and colleagues, "Self-control interventions for children under age 10 for improving self-control and delinquency and problem behaviors" *Campbell Systematic*

Reviews, no. 2, 2010. Piquero와 동료들은 Michael Gottfredson과 Travis Hirschi이 한, 자기 통제력을 키워 주기 위한 개입 방법은 10세~12세 이상의 아이들에게는 효과적이지 않다는 주장을 받아들였다. 하지만 나는 이 주장에 동의하지 않는다. Gottfredson과 Hirschi는 자신들이 비행청소년들을 만난 직접 경험들(1990년대 이전)을 근거로 하여 이러한 주장을 펼쳤다. 감옥에 수감된 10대들의 자기 통제력을 강화하는 일에 있어 형사 사법 제도가 효과적이지 않다는 증거가 있다는 사실은 나도 인정한다. 다음을 참조하라. Ojmarrh Mitchell and Doris Mackenzie, "The stability and resiliency of self-control in a sample of incarcerated offenders" *Crime and Delinquency*, volume 52, p.432-449, 2006. 하지만 감옥에 수감된 청소년 범죄자들을 근거로 한 데이터는 일반 부모들에게는 유효하지 않을 수 있다. 당신의 아이가 중범죄를 저지르지 않은 한 말이다. 게다가 개인적으로 내 진료실에서 10세 이상의 아이들이 개선되고 더 성실해지는 모습을 수없이 많이 봤다. 부모가 이 책에서 설명한 전략들을 실행한 덕분에 말이다. 매우 단순한 개입 방법이라 할지라도 중대하고 지속적인 긍정적 결과를 낳을 수 있다. 가령 아이에게 "일단 멈추고 생각해! 행동하기 전에 말이야."라고 반복적으로 말하는 것만으로도 긍정적 결과를 낳는다. 심지어 ADHD 진단을 받은 아이들에게도 그랬다. 다음을 참조하라. Molly Reid and John Borkowski, "Causal attributions of hyperactive children: Implications for teaching strategies and self-control" *Journal of Educational Psychology*, volume 79, p.296-307, 1987.

여기에서 더 일반적인 전제들은 '성격은 어느 나이에도 바뀔 수 있다.'와 '성실성이 높아지면 유익하다.'이다. 이 전제들을 뒷받침하는 증거를 알고 싶다면 다음을 참조하라. Christopher Boyce and col- leagues, "Is personality fixed? Personality changes as much as 'variable' economic factors and more strongly predicts changes to life satisfaction" *Social Indicators Research*, volume 111, p.287-305, 2013; 또한 다음을 참조하라. Brent Roberts and Daniel Mroczek, "Personality trait change in adulthood" *Current Directions in Psychological Science*, volume 17, p.31-35, 2008; Christopher Magee and colleagues, "Personality trait change and life satisfaction in adults: The roles of age and hedonic balance" *Personality and Individual Differences*, volume 55, p.694-698, 2013. Magee와 동료들은 나이가 많아질수록 성격이 변화할 가능성은 더 낮아진다는 사실을 발견했다. 그리 놀랍지 않다. 나는 65세인 사람이 더 성실해지는 일이 쉽다고 주장하는 것이 아니다. 하지만 15세인 아이들이 더 성실해지는 것은 많이 목격했다.

17. 이는 영국의 집단 연구이다. 개요를 보고 싶다면 다음을 참조하라. Tyas Prevoo and Bas ter Weel, "The importance of early Conscientiousness for socio-economic outcomes: Evidence from the British Cohort Study" IZA Discussion Paper 7537, Institute for the Study of Labor, 2013, http://ftp.iza.org/dp7537.pdf.
18. James J. Heckman and Yona Rubinstein, "The importance of noncognitive skills: Lessons from the GED testing program" *AEA Papers and Proceedings*, May 2001, p.145, www.econ-pol.unisi.it /bowles/Institutions%20of%20capitalism/heckman%20on%20ged .pdf.
19. 이것은 다음에서 인용하였다. Dr. Heckman's essay "Lacking character, American education

fails the test" http://heckmanequation.org /content/resource/lacking-character-american-education-fails-test.

20. Carol Dweck, "The secret to raising smart kids" *Scientific American Mind*, volume 18, p.36-43, 2008.

21. 드웩 교수의 유명한 실험에 대한 내용과, 이것과 비슷한 보다 많은 연구에 대해서는 교수의 저서 *Mindset: The New Psychology of Success* (New York: Ballantine, 2007)에서 볼 수 있다.

22. Christopher Bryan, Gabrielle Adams, and Benoit Monin, "When cheating would make you a cheater: Implicating the self prevents unethical behavior" *Journal of Experimental Psychology*, volume 142, p.1001-1005, 2013.

23. 이 부분의 많은 내용은 다음의 기사에서 언급된 것이다. Adam Grant, "Raising a moral child" *New York Times*, April 13, 2014, www.nytimes.com/2014/04/12/opinion/sunday/raising-a-moral-child.html.

24. Christopher Bryan의 3-6세에 대한 연구 "Raising a moral child."

25. 이 통계는 다음의 기사에서 처음 만났다. Richard Pérez-Peña, "Studies find more students cheating, with high achievers no exception" *New York Times*, September 7, 2012, www.nytimes .com/2012/09/08/education/studies-show-more-students-cheat-even-high-achievers.html? Pérez-Peña는 Josephson Institute에서 4만명의 미국 학생을 대상으로 한 연구를 인용하였다. 온라인에서도 확인할 수 있다. "The Ethics of American Youth: 2010" *Character Counts!*, February 10, 2011, http://charactercounts.org/programs/reportcard/2010/installment02_report-card_honesty-integrity.html.

26. Pérez-Peña, "Studies find more students cheating, with high achievers no exception."

27. Pérez-Peña, "Studies find more students cheating, with high achievers no exception."

28. William James, *Principles of Psychology* (Notre Dame, IN: University of Notre Dame Press, originally published in 1892, republished in 1985), volume 2, p.449-450.

29. 잠언 22:6. 잠언의 유래에 대한 학문 소개는 다음의 책을 참조하라. Robert Alter, *The Wisdom Books: Job, Proverbs, and Ecclesiastes* (New York: W. W. Norton, 2011), p.183-192.

30. 여기에서 참조한 연구는 이 장의 앞 부분에서 인용한 집단 연구들을 포함하고 있다. 아동기의 높은 자기 통제력은 성인기의 더 나은 결과를 예측한다는 사실을 보여 주는 연구들이었다. 다음을 참조하라. Moffitt and colleagues, "A gradient of childhood self-control predicts health, wealth, and public safety."

31. 다음을 참조하라. Eric Owens and colleagues, "The impact of Internet pornography on adolescents: A review of the research" *Sexual Addiction and Compulsivity*, volume 19, p.99-122, 2012. 어떻게 포르노의 일상화가 미국 10대 여자아이들과 남자아이들의 직접 경험을 바꾸고 있는지에 대한 통찰력 있는 관점이 궁금하다면, 다음을 참조하라. Nancy Jo Sales, "Friends without benefits" *Vanity Fair*, September 2013, www.vanityfair.com/culture/2013/09/social-media

-internet-porn-teenage-girls.

32. Will Durant, *The Story of Philosophy: The Lives and Opinions of the World's Greatest Philosophers* (New York: Pocket Books reprint edition, 1991), p. 98.

33. 다음을 참조하라. Dov Peretz Elkins, *The Bible's Top Fifty Ideas: The Essential Concepts Everyone Should Know* (New York: SPI Books, 2006), p. 229.

34. Grant, "Raising a moral child."

35. C. S. Lewis, *Mere Christianity*, Book IV, chapter 7, "Let's Pretend" (San Francisco: Harper San Francisco, 2009), p.188.

36. William Deresiewicz, *Excellent Sheep: The Miseducation of the American Elite and the Way to a Meaningful Life* (New York: Free Press, 2014).

37. 제니퍼 피니 보이랜, "A Common Core for all of us" *New York Times*, March 23 2014, Sunday Review, p.4. 보이랜의 칼럼은 심각한 혼란을 보인다. 그는 부모가 '공동체의 공유 가치를 다음 세대에게' 전달해야 한다는 개념을 폄하한 후에, 다음과 같은 권고를 하며 결론을 맺는다. '엄마와 아빠, 아들과 딸은 모두 같은 책을 읽고 그런 다음 테이블에 앉아서 그에 대해 대화를 나누어야 한다.' 하지만 부모가 공동체의 공유 가치를 다음 세대에게 전달해야 한다고 믿지 않는다면, 도대체 어떤 권위에 근거해 부모가 아이에게 특정한 책을 읽으라고 명령할 수 있겠는가? 저녁 식사 시간에 그 책에 대해 토론하는 것은 둘째치고라도 말이다. 부모가 자신의 가치들을 자녀에게 전달해야 한다는 개념을 비난하는 사람들과 마찬가지로, 보이랜은 자신의 권고에 함축된 의미를 주의 깊게 고려하지 않은 것처럼 보인다. 부모와 아이가 같은 책을 읽고 토론을 해야 한다는 그의 권고는 아이가 부모가 추천하는 책을 순순히 읽고 토론할 것이라는 추정에 근거하고 있다. 하지만 '공동체의 공유 가치'를 배우지 않을 것이라면, 도대체 왜 그렇게 해야 하는가? 보이랜은 다음과 같이 말하는 아이에게 대답해야 하는 부모에게 어떤 충고를 해 줄 수 있을까? "저는 부모님이 추천한 어떤 책에도 관심이 없어요. 저는 저만의 검열 받지 않은 진실을 찾아냈어요. 포르노와 소셜 미디어에서요. 부모님은 제게 아무것도 가르칠 게 없어요."

38. Roger Scruton, "The End of the University," *First Things*, April 2015, pp. 25-30. "문화적 허무로 향하는 통과 의례"는 p.28에서 인용한 것이다.

Chapter 7. 오해들

1. 연구자들 사이에서 이 연구(청소년부터 성인까지의 건강에 관한 국가 종적 연구)는 'Add 건강' 연구라고 알려져 있다. 'Add'는 대문자 A 한 개와 소문자 d 두 개로 적혀 있다. 나는 이 전문 용어가 혼란을 야기한다고 생각한다. 많은 사람들은 이 맥락에서 'Add'가 ADHD, 즉 주의력 결핍 과잉 행동 장애와 연관되어 있을지도 모른다고 생각한다. ADHD의 이전 명칭이 ADD였기 때문이다. 그러나 Add 건강 연구는 ADHD와 아무런 직접적 관계가 없고 ADHD를 염두에 두고 개발되지도 않았다.

2. 똑같은 데이터베이스에 대한 두 개의 개별적 분석은 이 점에서 똑같은 결론에 도달했다. 다음을 참조하라. Matthew Johnson, "Parent-child relationship quality directly and indirectly influences

hooking up behavior reported in young adulthood through alcohol use in adolescence" *Archives of Sexual Behavior*, volume 42, p.1463-1472, 2013. 또한 다음을 참조하라. Kathleen Roche and colleagues, "Enduring consequences of parenting for risk behaviors from adolescence into early adulthood" *Social Science and Medicine*, volume 66, p.2023-2034, 2008.

3. Matthew Johnson and Nancy Galambos, "Paths to intimate relationship quality from parent-adolescent relations and mental health" *Journal of Marriage and Family*, volume 76, p.145-160, 2014.
4. Emily Harville and colleagues, "Parent-child relationships, parental attitudes toward sex, and birth outcomes among adolescents" *Journal of Pediatric and Adolescent Gynecology*, volume 27, p.287-293, 2014.
5. 바움린드 박사는 '권위적인', '관대한', 그리고 '권위 있는'이라는 용어들을 사용했다. 그 대신 나는 '너무 엄격한 양육 방식', '너무 부드러운 양육 방식', '딱 적당한 양육 방식'이라는 용어들을 사용했다. 내 책《위기의 여자아이들》에서 지적했듯이, 나는 바움린드 박사가 두 가지 서로 매우 다른 양육 스타일을 설명하기 위해 두 개의 비슷한 단어들('권위적인'과 '권위 있는')을 사용한 것이 혼란스럽다고 항상 생각했다. '권위적인', '관대한', 그리고 '권위 있는'이라는 용어를 대신해 '너무 엄격한 양육 방식', '너무 부드러운 양육 방식', '딱 적당한 양육 방식'이라는 용어들을 사용한 것은 나의 독창적인 아이디어가 아니고 다음에서 빌려 왔다. Judith Rich Harris, *The Nurture Assumption: Why Children Turn Out the Way They Do, revised and updated* (New York: Free Press, 2009), p.44. 나는 거의 모든 요지에서 해리스 박사의 의견에 동의하지 않지만, 그가 바움린드 박사의 카테고리들을 더 단순하게 표현한 것은 좋아한다. 최근에 바움린드 박사가 직접 자신의 연구 프로그램을 리뷰한 것을 보고 싶다면 다음을 참조하라. "Authoritative parenting revisited: History and current status," *Authoritative Parenting: Synthesizing Nurturance and Discipline for Optimal Child Development*, edited by Robert Larzelere, Amanda Sheffield, and Amanda Harrist (Washington, DC: American Psychological Association, 2013), p.11-34.
6. '너무 부드러운' 부모들 사이에, 연구자들은 이제 두 개의 하부 유형을 구분한다. 바로 너그러운 부모와 태만한 부모이다. 태만한 부모들은 대체로 자녀 교육서를 구입하지 않는다. 당신이 태만한 부모일 가능성은 거의 없다. 나도 마찬가지이다. 구미가 당기는 스타일이 아니다. 만약 너그러운 부모와 태만한 부모 사이의 차이에 대해 더 알고 싶다면 다음의 글을 참조하기 바란다. Susie Lamborn and colleagues, "Patterns of competence and adjustment among adolescents from authoritative, authoritarian, indulgent, and neglectful families" *Child Development*, volume 62, p.1045-1065, 1991.
7. Baumrind, "Authoritative parenting revisited."
8. Baumrind, "Authoritative parenting revisited." '명확한 변화'에 대한 언급은 p.12에 나와 있다. 어떤 학자들 그룹이 '태평한/느긋한'을 '권위 있는 양육 방식'의 특징 중 하나로 꼽고, 엄격함과 관련된

어떠한 매개 변수도 꼽지 않았다. 바움린드 박사가 비판하는 논문은 다음을 참조하기 바란다. Clyde Robinson and colleagues, "Authoritative, authoritarian, and permissive parenting practices: Development of a new measure" *Psychological Reports*, volume 77, p.819-830, 1995.

9. 다음을 참조하라. Diana Baumrind, "The impact of parenting style on adolescent competence and substance use" *Journal of Early Adolescence*, volume 11, p.56-95, 1991. 이 연구 결과들이 미국 부모들에게는 잘 알려져 있지 않지만, 이 논문은 자녀 교육 분야의 학자들 사이에 매우 영향력이 높다. 2015년 7월 기준으로, 이 논문은 2,700개의 다른 학술 논문에서 인용됐다.
10. Sarah-Jayne Blakemore and Kathryn Mills, "Is adolescence a sensitive period for sociocultural processing?" *Annual Review of Psychology*, volume 65, p.187-207, 2014. 이 논문은 어떤 메커니즘에 의해 청소년기의 두뇌 발달이 사회화, 만족의 연기 등에 영향을 미치는지에 대해 유용한 분석을 제공한다.
11. 다음을 참조하라.Douglas Gentile and colleagues, "Mediators and moderators of long-term effects of violent video games on aggressive behavior" *JAMA Pediatrics*, volume 168, p.450-457, 2014.
12. 다음을 참조하라. Jan Hoffman, "Cool at 13, adrift at 23" *Well* (blog), *New York Times*, June 23, 2014, http://well.blogs.nytimes.com/2014/06/23/cool-at-13-adrift-at-23. Hoffman은 다음의 연구에 대해 기사를 작성했다. Joseph Allen and colleagues, "What ever happened to the 'cool' kids? Long-term sequelae of early adolescent pseudomature behavior" *Child Development*, volume 85, p.1866-1880, 2014.
13. 학술서에서, '행복'과 '즐거움' 사이의 차이는, 아리스토텔레스의 인식론에서 진정한 행복을 뜻하는 '에우다이모닉 웰빙'과 단순한 즐거움을 뜻하는 '헤도닉 웰빙'의 면에서 서술되기도 한다. 한편, 어떤 학자들은 '감사'가 진정으로 행복해지기 위한 열쇠라고 생각하고 그들은 이 전제가 유대교, 기독교, 이슬람교의 근본이라고 생각한다. 이에 대해 더 알고 싶다면 다음을 참조하기 바란다. Robert Emmons and Cheryl Crumpler, "Gratitude as a human strength: Appraising the evidence" *Journal of Social and Clinical Psychology*, volume 19, p.56-69, 2000.
14. David Brooks, "Baseball or Soccer?" *New York Times*, July 10, 2014, www.nytimes.com/2014/07/11/opinion/david-brooks-baseball-or-soccer.html.
15. Arthur C. Brooks, "Love people, not pleasure" *New York Times*, July 18, 2014, www.nytimes.com/2014/07/20/opinion/sunday /arthur-c-brooks-love-people-not-pleasure.html?src=xps.
16. 이 교사는 내가 2013년 10월 22일, 캘리포니아주 멘로파크에 있는 힐뷰 중학교에서 강연을 했을 때 이 이야기를 했다. 이 교사가 근무하는 곳은 힐뷰 중학교가 아니라 근처에 있는 다른 학교였다.

Chapter 8. 첫 번째 열쇠: 겸손을 가르치라

1. 여기에서 "인생이 계획대로만 흘러가지는 않는다는 사실을 잊지 말라(Life is what happens while

you are making other plans)."라는 문구는 존 레논이 1980년에 발표한 노래 '아름다운 소년 Beautiful Boy'의 가사를 다른 말로 바꾸어 표현한 것이다. 이 노래의 원래 가사는 다음과 같다. "Life is what happens to you while you're busy making other plans." 이 노래에서 존 레논은 그 당시 만 4세였던, 자신의 아들 숀 타로 오노 레논에게 이야기하고 있다. 존 레논은 1980년 12월 8일에 총에 맞아 숨을 거둔다. 이 노래가 발표된 1980년 11월 17일로부터 3주밖에 지나지 않았을 때였다.

2. 작가 David McCullough가 2012년에 한 고등학교에서 했던 악명 높은 졸업식 연설을 저널리스트 Alina Tugend가 인용한 것을 재인용했다. 연설의 원문은 다음과 같다. "어떤 사람이 주위로부터 놀랍다는 말을 계속 들어 왔다고 해서 진짜 그 사람이 놀랍다는 사실을 의미하지는 않습니다(Just because they've been told they're amazing doesn't mean that they are)." Alina Tugend의 기사는 다음과 같다. "Redefining success and celebrating the ordinary," *New York Times*, June 29, 2012, www.nytimes.com/2012/06/30 /your-money/redefining-success-and-celebrating-the-unremarkable. html.
3. 다음을 참조하라. Alex Wood and colleagues, "Gratitude predicts psychologi- cal well-being above the Big Five facets" *Personality and Individual Differences*, volume 46, pp. 443-447, 2009. Robert Emmons와 Michael McCullough는 '다행스러운 점들을 세어 보는 것'만으로도 중대하고 지속적인 이점들이 생긴다는 사실을 발견했다. 이들의 논문은 다음과 같다. "Counting blessings versus burdens: An experimental investigation of gratitude and subjective well-being in daily life" *Journal of Personality and Social Psychology*, volume 84, p.377-389, 2003; 다음도 참조하라 "Gratitude in intermediate affective terrain: Links of grateful moods to individual differences and daily emotional experience" *Journal of Personality and Social Psychology*, volume 86, p.295-309, 2004.
4. Wood and colleagues, "Gratitude predicts psychological well-being above the Big Five facets"
5. 이 발언은 덴젤 워싱턴이 2006년 10월 31일, 오프라 윈프리의 토크쇼에 출연해서 나눈 인터뷰에서 인용한 것이다. 전체 대본은 다음에서 볼 수 있다. Boys and Girls Clubs of the Mississippi Delta, www.bgcmsdelta.org/Boys_&_Girls_Clubs_of_the_Mississippi_Delta/Media_files/Denzel%20Transcript%20-%20Oprah.pdf.
6. 어떻게 소셜 미디어가 가정의 기반을 약화시키는지에 대한 의견을 듣고 싶다면 Catherine Steiner-Adair 박사의 다음 책을 추천한다. *The Big Disconnect: Protecting Childhood and Family Relationships in the Digital Age* (New York: Harper, 2013). 어떻게 소셜 미디어가 문해력과 다른 사회적 기술들을 약화시키는지에 대해 개략적으로 알고 싶다면 Mark Bauerlein의 다음 책을 추천한다. *The Dumbest Generation: How the Digital Age Stupefies Young Americans and Jeopardizes Our Future(or, Don't Trust Anyone Under 30)* (New York: Tarcher, 2009).

Chapter 9. 두 번째 열쇠: 즐기라

1. Daniel Kahneman and colleagues, "Toward national well-being accounts" *AEA Papers*

and Proceedings, May 2004, p.429-434, http://www2.hawaii.edu/~noy/300texts/nationalwellbeing.pdf.

2. Daniel Kahneman and colleagues, "The structure of well-being in two cities: Life satisfaction and experienced happiness in Columbus, Ohio; and Rennes, France" *International Differences in Well-Being*, edited by Ed Diener, Daniel Kahneman, and John Helliwell (New York: Oxford University Press, 2010), p.26.
3. 세 개 모두 다음에서 인용하였다. Kahneman and colleagues, "The structure of well-being in two cities" p.29.
4. Jennifer Senior, *All Joy and No Fun: The Paradox of Modern Parenthood* (New York: Ecco [HarperCollins], 2014), p.55-59.
5. Suzanne Bianchi and colleagues, "Housework: Who did, does or will do it, and how much does it matter?" *Social Forces*, volume 91, p.55-63, 2012.
6. Senior, *All Joy and No Fun*, p. 57.
7. Senior, *All Joy and No Fun*, p. 59.
8. 나의 요청에, 브론슨 브루노는 내게 수상 목록을 제공했다(전체 목록을 보고 싶다면 내게 연락하라). 상들 중 일부는 학업 성취나 운동 성취에 대한 것이었다. 다른 일부는 공동체 봉사에 대한 것이었다. 그리고 어떤 상들은, 가령 동창회장으로 선출돼서 받은 상은, 단순히 인기 측정 수단이었다. 브루노는 부모에게 무례하게 굴지 않아도 미국에서 친구들 사이에 인기가 있을 수 있다는 사실을 잘 보여 준다. 운동 챔피언이 되는 방법도 도움이 된다.
9. 이는 프리드리히 니체가 *Also sprach Zarathustra*에서 사용한 경구를 다른 말로 바꾸어 표현한 것이다. 원문은 다음과 같다. "Wenig macht die Art des besten Glücks" (작은 것이 최고의 행복을 만든다).
10. 최근 20년 동안, 우리는 평균적으로 미국인들이 다른 선진국의 노동자들보다 일주일에 더 많은 시간을 일한다는 사실을 확인했다. 다음을 참조하라. Jerry Jacobs and Kathleen Green, "Who are the overworked Americans?" *Review of Social Economy*, volume 56, p.442-459, 1998. 이 매개변수에 대한 미국과 유럽 사이의 문화적 차이에 대해 사례를 더 보고 싶다면 다음을 참조하라. John de Graaf, "Wake up Americans: It's time to get off the work treadmill. We need to come up with a different approach to work" *Progressive*, September 2010, pp. 22-24.
    미국인들이 평균적으로 다른 선진국의 노동자들보다 일주일에 더 많은 시간을 일한다는 사실을 보여주는 증거는 찾기가 상당히 쉽다. 하지만 미국인들이 다른 나라 사람들보다 자신의 바쁜 상태를 더 자랑하는 경향이 있다는 사실을 보여 주는 증거를 찾기는 더 힘들다. 이는 내 개인적 관찰 결과이다. 또한 다음에서도 나온 관찰 결과이기도 하다. Tim Kreider in "The 'Busy' Trap" *Opinionator*(blog), *New York Times*, July 1, 2012, http://opinionator.blogs.nytimes.com/2012/06/30/the-busy-trap.
11. Kreider, "The 'Busy' Trap."

1. 다음을 참조하라. Jennifer Lee, "Generation Limbo" *New York Times*, August 31, 2011, www.nytimes.com/2011/09/01/fashion /recent-college-graduates-wait-for-their-real-careers-to-begin.html. 이 기사는 하버드 대학교, 다트머스 대학교, 예일 대학교의 졸업생들이 특이한 일들을 하며 근근이 생활하고 있는 사례들을 소개했다. 물론 이 일화들은 단지 일화들일 뿐이지 데이터가 아니다. 명문대 졸업생들 중 높은 비율의 졸업생들이 직장으로 성공적으로 이동하지 못하고 있다는 사실에 대한 정량적 증거가 필요하다면 다음을 참조하기 바란다. Richard Arum and Josipa Roksa, *Aspiring Adults Adrift: Tentative Transitions of College Graduates* (Chicago: University of Chicago Press, 2014).

   명문 대학에 입학하는 것에 대한 집착은 장기적 결과의 데이터에 의해서만 역효과가 증명되는 것은 아니다. 이는 청소년들에게 노골적으로 유해할 수 있다. 청소년들의 관심 분야를 좁히고 시야를 제한한다. 이러한 집착이 어떠한 피해를 미치는지에 대해 신랄한 설명을 듣고 싶다면 다음을 참조하기 바란다. Frank Bruni, *Where You Go Is Not Who You'll Be: An Anti- dote to the College Admissions Mania* (New York: Hachette, 2015).

2. 매슬로의 핵심 이론 중 하나는 '욕구 단계설'이다. 모든 인간은 의식주에 대한 욕구와 같은 기본 욕구가 충족돼야 한다. 또한 대부분의 인간은 애정과 소속에 대한 욕구도 가지고 있다. 매슬로는 일단 이러한 욕구들이 충족되고 나면 사람들이 타인들의 존경과 존중을 구하고자 할 것이라고 생각했다. 매슬로의 욕구 단계 중 가장 높은 단계의 욕구는 자기실현의 욕구로서 자신의 가장 깊은 목적을 달성하는 것이다. 매슬로는 부를 축적하는 일에만 집중하면 만족을 얻을 수가 없다고 생각했다. 궁극적으로 인간은 자신의 욕심을 채우는 것 이상을 필요로 하기 때문이다. 매슬로의 관점에서 보면, 모든 사람은 '자기실현'을 하기 위해 자신이 무엇이 되어야 하는지를 발견해야만 한다. 예를 들어, 다음을 참조하라. Abraham Maslow, *The Farther Reaches of Human Nature*, reprint edition (New York: Penguin, 1993).

   매슬로에 이론들에 어떤 비판들이 제기되고 있는지 잘 알고 있다. 다음을 참조하라. Mahmoud Wahba and Lawrence Bridwell, "Maslow reconsidered: A review of research on the need hierarchy theory" *Organizational Behavior and Human Performance*, volume 15, p.212-240, 1976. 나는 매슬로의 이론들 전부를 완전히 받아들이라고 요구하는 것이 아니다. 자신이 인생에서 원하는 것이 무엇인지 알아내는 것, 그리고 무엇이 자신을 진정으로 행복하게 만드는지 알아내는 것이 결코 사소한 일이 아니라는 사실을 강조하고 싶을 뿐이다. 오히려, 사람마다 서로 다른 대답을 내놓기 때문에 무척 어렵고 힘든 일일 것이다.

   강조하고 싶은 또 다른 하나는 현대 미국인들이 이러한 질문들에 대답을 하지 않는다는 점이다. 현대 미국 문화는 물질적 성공(많은 돈을 버는 것)이 만족스러운 삶을 가져다주리라는 암묵적 추정을 내포하고 있다. Arthur c. Brooks는 최근 21세기 미국 라이프스타일의 이러한 기본 추정이 이 주제에 관한 연구 결과들과 양립되지 않는다는 사실을 발견했다. 이 책의 6장을 읽었다면 이 사실이 크게 놀랍지는 않을 것이다. 6장에서 읽었다시피, 소득 수준보다 성실성 수준이 삶에 대한 만족감을 더 잘 예측한다. 돈 자체만을 추구하는 일에 몰두하는 삶은 높은 수준의 성실성을 특징으로 하는 삶과 같지 않다. 다음을 참조하라. Arthur C. Brooks, "Love people, not pleasure" *New York Times*, July 18, 2014.

3. 한 추산에 따르면, 21세기의 평균 노동자는 평생 동안 19개의 서로 다른 직장을 가질 수 있다. 다음을 참조하라. Sarah Womack, "19 jobs for workers of the future" *Daily Telegraph*, February 25, 2004, www.telegraph.co.uk/news/uknews/1455254/19-jobs -for-workers-of-the-future.html. 또한 잡지 〈포브스 *Forbes*〉는 젊은 미국 노동자들 중 60%가 3년 혹은 그 이하마다 직장을 옮기고 있다고 보도했다. Kate Taylor, "Why Millennials are ending the 9 to 5" August 23, 2013, www.forbes.com/fdc/welcome_mjx.shtml.
4. 스티브 잡스가 한 2005년도 스탠포드 대학교 졸업식 연설의 전체 원고를 보고 싶다면 다음을 참조하라. "'You've got to find what you love,' Jobs says" *Stanford University*, June 14, 2005, http://news.stanford.edu/news/2005/june15/jobs-06 1505.html.
5. David Brooks, "The ambition explosion" *New York Times*, November 28, 2014, www.nytimes.com/2014/11/28/opinion/david-brooks-the-ambition-explosion.html.
6. Mark Shiffman, "Majoring in fear" *First Things*, November 2014, p.19-20.
7. '타이거 맘(Tiger Mom)'이라는 용어는 다음에서 인용했다. Amy Chua, *Battle Hymn of the Tiger Mother*(New York: Penguin, 2011). '사냥개 아빠(Irish Setter Dad)'라는 용어는 다음에서 인용했다. P. J. O'Rourke "Irish Setter dad," *Weekly Standard*, April 4, 2011, www.weeklystandard.com/articles/irish-setter-dad_55 5534.html.
8. 테론 '테리' 스미스에 관한 이러한 세부 사항들은 연합통신사(Associated Press, AP)의 다음 기사에서 인용했다. "Ted Stevens plane crash: NTSB issues report on cause of crash that killed Alaska senator" *Huffington Post*, May 25, 2011, www.huffingtonpost.com/2011/05/24/ted-stevens-plane-crash-n _n_866585.html.
9. 비행기 추락이 발생한 후 몇 시간 안에 나온 언론 기사들에는(4명의 생존자 중 어느 한 명도 인터뷰하기 전에), 비행기가 그날 오후 3시 무렵 이륙했다고 나와 있다. 하지만 윌리와 윌리의 어머니인 재닛은 내게 비행기가 그날 오전 11시 무렵에 이륙했다고 말했다. 그들이 실종됐다는 사실을 누군가 알아차릴 때까지 6시간 이상이 흐른 것이다.
10. 연합통신사의 기사에 따르면 생존자가 없을 거라고 판단한 조종사는 섀넌 에어 택시 소유주인 Eric Shade였다. Mark Thiessen and Becky Bohrer, "Rescuers saw a waving hand," *Boston.com*, August 12, 2010, www.boston.com/news/nation/articles/2010/08/12/rescuers_saw_a_waving_hand. 충돌 장면에 대한 묘사는 알래스카주 공군 장교 Jonathan Davis의 사고적요에 따른 것이다. Jim Kavanagh, "Rescuers battled weather, terrain at Alaska crash site" CNN, August 11, 2010, www.cnn.com/2010/US/08/11/alaska.crash.conditions.
11. 이 묘사는 다음에서 인용했다. Thiessen and Bohrer, "Rescuers saw a waving hand."
12. 이 문장은 Brooks의 다음 문장을 다른 말로 바꾸어 표현한 것이다. "사람들을 사랑하라. 쾌락 말

고.(Love people, not pleasure)."

결론

1. '우리가 중요시하는 가치들을 재평가하자.'라는 나의 주장은 프리드리히 니체의 주장인 '움베르퉁 알러 베르테(Umwertung aller Werte)', 즉 '모든 가치들에 대한 재평가'를 암시한 것이다. 니체는 18세기 계몽주의 시대 이전에는 대부분의 사람들이 종교를 자신이 중요시하는 가치들의 기반으로 여겼다고 주장한다. 하지만 현재의 세계에서는 많은 사람들이 더 이상 종교적 교리나 성경을 자신의 도덕적 관점의 기반으로 여기지 않는다. 니체는 이러한 세상에서는 도덕성에 관한 '그 어떤 것도' 진정한 가치를 인정받지 못한다는 사실을 인식한 거의 최초의 사람이다. 니체는 자신의 후기 저서들 중 하나인 *Twilight of the Idols* 에서 이 점을 단호하게 지적하고 있다.
   니체에 대한 내 글을 더 보고 싶다면 다음을 참조하라. "What was the cause of Nietzsche's dementia?" *the Journal of Medical Biography*, volume 11, p.47-54, 2003, www.leonardsax.com/Nietzsche.pdf. 가치들에 대한 니체의 결론은 내가 내린 결론과 매우 다르다. 하지만 그와 나 둘 다 같은 '전제'에서 출발한다. 즉, 포스트 기독교 시대에는 그 어떤 것도 진정한 가치를 인정받지 못한다는 전제이다. 모든 가치들은 재평가되어야만 한다. 우리는 현재 니체가 1888년에 예언한 세상에 살고 있다. 모든 도덕성들이 논쟁의 도마에 올라 있는 세상이다. 그러므로 모든 가치들은 재평가되어야만 한다. 우리가 이 임무를 진지하고 분명하게 수행하지 않는다면 오늘날의 미국에 계속 살게 될 것이다. 그렇게 되면 아이들은 미국 팝문화의 가치들을 수용할 가능성이 높아질 것이다. 미국 팝문화에서 가장 중요한 것은 유명세, 부, 뛰어난 외모, 혹은 '자신이 좋아하는 그 무엇'을 추구하는 것이다.
2. 다음에서 인용했다. "Redefining success and celebrating the ordinary" *New York Times*, June 29, 2012, www.nytimes .com/2012/06/30/your-money/redefining-success-and-celebrating-the-unremarkable.html.
3. 여기에서 나는 제니퍼 피니 보이랜을 지칭하고 있다. 6장 말미에서 인용한 바로 그 사람이다. 그가 쓴 다음 글을 참조하라. "A Common Core for all of us" *New York Times*, March 23, 2014, Sunday Review, p.4.
   또한 아이에게 자신이 내리는 모든 선택이 직접적이고, 광범위하고, 예측하지 못한 결과를 낳는다는 사실을 가르쳐야 한다.
4. 8장에서 나는 베스 페이야드와 그의 남편인 제프 존스를 '딱 적당한' 부모로 소개했다. 베스는 내게 여러 번 말했다. 아이들에게 '자신이 내리는 모든 선택이 직접적이고, 광범위하고, 예측하지 못한 결과를 낳는다.'라는 점을 가르치려고 노력한다고 말이다.
5. 여기에서 나는 '상위 계층을 위한 일종의 특별한 일'이 아닌 반드시 해야만 하는 일로서의 의무들에 대해 C. S. Lewis가 한 말을 다른 말로 바꾸어 표현했다. Lewis는 '선택할 수 있는 문제와 마주치면 자신이 풀 수 있을지 없을지를 고려하게 되지만, 의무적인 문제와 마주치면 최대한 최선을 다할 수밖에 없다.'라고 말했다. 다음을 참조하라. C. S. Lewis, *Mere Christianity*(San Francisco: Harper-Collins, 2009), p.195, 100-101.

- **24~25쪽 《내가 알아야 할 모든 것은 유치원에서 배웠다 All I Really Need to Know I Learned in Kindergarten》 본문 :** Ballantine Books의 승인 하에 사용.
  Fifteenth Anniversary Edition Reconsidered, Revised, & Expanded With TwentyFive
  New Essays by Robert Fulghum, copyright ©1986, 1988 by Robert L. Fulghum. Used by permission of Ballantine Books, an imprint of Random House, a division of Penguin Random House LLC. All rights reserved. Any third party use of this material, outside of this publication, is prohibited. Interested parties must apply directly to Penguin Random House LLC for permission.

- **47쪽 '미국 아동과 10대의 비만 유병률' 도표 :** 퍼블릭 도메인.
  미국 질병 관리 예방 센터(Centers for Disease Control and Prevention, CDC), "CDC Grand Rounds: Childhood obesity in the United States," January 21, 2011, www.cdc.gov/mmwr/preview/mmwrhtml/mm6002a2.htm#fig1.

- **126쪽 '미국 경제는 기업가적인 특징이 현저히 줄어들었다: 미국의 기업 등장 비율과 기업 퇴장 비율, 1978~2011년' 도표 :** the Brookings Institution의 승인 하에 사용.
  the Brookings Research Paper titled "Declining business dynamism in the United States: A look at states andmetros," by Ian Hathaway and Robert E. Litan, May 2014.

- **149쪽 '아동기의 자기 통제력이 성인기의 재산과 신용 등급을 예측한다' 도표 :**

American Scientist, magazine of Sigma Xi, The Scientific Research Societ.의 승인하에 사용.
Terrie Moffitt and colleagues, 266 CredItS And PerMISSIonS "Lifelong impact of early self–control: Childhood selfdiscipline predicts adult quality of life," American Scientist, volume 101, 2013.

찾아보기

무너지는 부모들

초판 1쇄 발행 2018년 9월 19일
초판 2쇄 발행 2020년 6월 15일

글쓴이 레너드 색스
옮긴이 안진희

펴낸이 김명희
책임편집 이정은 | **디자인** 데시그, 박두레
펴낸곳 다봄
등록 2011년 6월 15일 제 2020-000029호
주소 서울시 광진구 아차산로 51길 11 4층
전화 070-4117-0120 | 팩스 0303-0948-0120
전자우편 dabombook@hanmail.net

ISBN 979-11-85018-58-4 13590

이 도서의 국립중앙도서관 출판예정도서목록(CIP)은 서지정보유통지원시스템 홈페이지
(http://seoji.nl.go.kr)와 국가자료공동목록시스템(http://www.nl.go.kr/kolisnet)에서
이용하실 수 있습니다.(CIP제어번호:2018024254)

* 책값은 뒤표지에 표시되어 있습니다.
* 파본이나 잘못된 책은 구입하신 곳에서 바꿔 드립니다.